普通高等教育“十二五”规划教材

土木工程施工组织

（第二版）

主　编　郑少瑛
副主编　徐　菁　杨松森　王力强
　　　　周东明　李祥城
编　写　周少瀛　杨淑娟　许婷华
　　　　黄伟典　张英杰　于　群
　　　　路殿成　曲成平　梁振辉
　　　　刘学贤　范　宏　王林凯
　　　　张志照
主　审　刘景园

中国电力出版社
CHINA ELECTRIC POWER PRESS

内 容 提 要

本书为普通高等教育“十二五”规划教材。全书共分七章，主要内容包括施工组织总论、土木工程施工准备工作、土木工程流水施工、网络计划技术、建筑工程的单位工程施工组织设计、建筑工程施工组织总设计、公路工程施工组织设计等。本书从我国土木工程管理的实际需要出发，针对土木工程专业的特点编写，内容通俗易懂，文字规范、简练，图文并茂。每章后均附有思考题及练习题，以便巩固所学知识。

本书可作为普通高等院校土木工程、工程管理专业及相近专业本科教材，也可作为高职高专院校及成人教育教材，还可作为施工管理人员参考用书。

图书在版编目（CIP）数据

土木工程施工组织/郑少瑛主编．—2版．—北京：中国电力出版社，2014.1

普通高等教育“十二五”规划教材

ISBN 978-7-5123-4565-2

Ⅰ.①土…　Ⅱ.①郑…　Ⅲ.①土木工程—施工组织—高等学校—教材　Ⅳ.①TU721

中国版本图书馆CIP数据核字（2013）第124969号

中国电力出版社出版、发行

（北京市东城区北京站西街19号　100005　http：//www.cepp.sgcc.com.cn）

北京丰源印刷厂印刷

各地新华书店经售

*

2007年8月第一版

2014年1月第二版　2014年1月北京第四次印刷

787毫米×1092毫米　16开本　13.5印张　326千字

定价 **24.00** 元

前　言

随着我国市场经济体制的逐步建立与完善，以及建设管理体制改革的不断深化，特别是应对中国加入 WTO 和经济全球化的挑战，对建设项目的施工组织和管理提出了新的要求，对工程技术人员的技术及管理能力提出了更高的要求。

土木工程施工组织是土木工程专业学生的一门必修课，旨在培养学生从事建筑工程的组织管理能力。本书在编写过程中注重培养学生的实践能力，基础知识采用广而不深、点到为止的编写方法，力求文字叙述简明扼要、通俗易懂。书中综合了目前建筑工程施工组织中常用的基本原理、方法、步骤、技术。针对本学科具有实践性强、涉及面广、综合性大的特点，内容体现适应性、可用性。教材中凡涉及国家建筑规范及其他部门规范、标准的一律按最新规范、标准编写，第二版特别注意教材的普适性，更加强调教材的实践性。

本书介绍了土木工程的施工准备、流水施工、网络计划技术、建筑和公路工程施工组织设计及建筑工程施工组织总设计等内容。通过对本书的学习，熟悉基本建设的概念及步骤，以及建筑工程施工的特点，熟悉流水施工及网络计划技术的基本原理、方法和步骤；并掌握单位工程施工组织设计的内容、方法和步骤；同时掌握一般民用建筑、高层建筑、单层工业厂房及公路工程的施工组织设计的编制方法。内容上体现适应性和可应用性，每章后附有思考题、练习题，以便巩固所学知识。

全书共分七章。由青岛理工大学郑少瑛、周东明、张英杰、于群、杨松森、徐菁、梁振辉、路殿成、张志照、刘学贤、杨淑娟、许婷华、曲成平、范宏、李祥城及山东建筑大学黄伟典、沈阳高等公路专科学校王力强、腾远设计院周少瀛、青岛四方建管局王林凯编写，由郑少瑛统稿，北京工业大学刘景园教授审阅了全书。具体分工如下：

绪论及第一章	郑少瑛　周少瀛　梁振辉　路殿成
第二章	周东明　张英杰　许婷华　李祥城
第三章	郑少瑛　杨淑娟　张志照
第四章	郑少瑛　黄伟典　刘学贤
第五章	郑少瑛　徐　菁　杨松森
第六章	周东明　曲成平　范　宏
第七章	王力强　于　群　王林凯

编写过程中参考了有关教材资料和手册，并得到许多同志的帮助，在此一并表示感谢。由于编者水平有限，缺点和错误在所难免，恳请广大读者批评指正。

编　者

2013 年 3 月于青岛

第一版前言

随着我国市场经济体制的逐步建立与完善，建设管理体制改革的不断深化，特别是为了应对中国加入 WTO 和经济全球化的挑战，建筑业市场已经对建设项目的施工组织和管理提出了新的要求，工程技术人员的技术及管理能力也必须相应提高。

土木工程施工组织是土木工程专业学生的一门必修课，旨在培养学生从事建筑工程的组织管理能力。

本书介绍了土木工程的施工准备、流水施工、网络计划技术、建筑及公路工程施工组织设计及建筑工程施工组织总设计等内容。通过对本书的学习，熟悉基本建设的概念及步骤，以及建筑工程施工的特点，熟悉流水施工及网络计划技术的基本原理、方法和步骤；并掌握单位工程施工组织设计的内容、方法和步骤；同时掌握一般民用建筑、高层建筑、单层工业厂房及公路工程的施工组织设计的编制方法。本书在内容上体现适应性和可应用性，每章后附有思考题、练习题，以便巩固所学知识。

全书共分七章，由青岛理工大学郑少瑛、周东明、于群、杨松森、徐菁、梁振辉、路殿成、张志照、范宏、许婷华、曲成平，山东建筑大学黄伟典，沈阳高等公路专科学校王力强，腾远设计院周少瀛，青岛四方建管局王林凯完成初稿，北京工业大学刘景园教授审阅了全书。本书由郑少瑛统稿。具体分工如下：

绪论及第一章	郑少瑛　周少瀛　梁振辉　路殿成
第二章	周东明　许婷华
第三章	郑少瑛　周东明　张志照
第四章	郑少瑛　黄伟典
第五章	郑少瑛　徐　菁　杨松森
第六章	周东明　曲成平　范　宏
第七章	王力强　于　群　王林凯

本书在编写过程中参考了有关教材资料和手册，并得到许多同志的帮助，在此一并表示感谢。由于编者水平有限，缺点和错误在所难免，恳请广大读者批评指正。

编　者

2007 年 4 月于青岛

目　录

绪　论

现代化的土木工程施工是一项多工种、多专业的复杂的系统工程，要使施工全过程顺利进行，以期达到预定的目标，就必须用科学的方法进行施工管理。施工组织是施工管理重要组成部分，它对统筹工程施工全过程、推动企业技术进步及优化工程施工管理起到核心作用。

一、土木工程施工组织的研究对象

施工组织是研究各种不同类型的工业与民用建筑、道路、桥梁工程施工活动及其组织规律的科学，它有自己特定的研究对象和任务。组织土木工程施工必须遵循其施工的客观规律，采用现代科学技术和方法，对建筑、道路、桥梁的施工过程及有关的工作进行统筹规划、合理组织与协调控制，以实现建筑工程施工最优化的目标。

土木工程施工组织是研究和制定组织建筑安装工程、道路和桥梁工程施工全过程既合理又经济的方法和途径。

现代建筑、道桥工程是许许多多施工过程的组合体，每一项施工过程都能用多种不同的方法和机械来完成。对于某施工过程，由于施工进度、气候条件及其他许多因素的关系，所采用的方法也不同。施工组织要善于在每一独特的场合下，找到最合理的施工方法和组织方法，并善于应用它。为此，必须运用一定的科学方法来解决土木施工组织的问题。

土木工程施工在基本建设中有重要的作用和地位。任何一个基本建设项目都要通过规划、设计与施工三个阶段来完成。施工阶段是基本建设中历时最长，耗用人力、物力和财力最多的一个阶段。该阶段根据计划文件和设计图纸的规定及要求，直接组织工程建造，从而使设计的蓝图变成客观的现实。因此，组织好土木工程施工是完成基本建设任务的重要环节。

二、土木工程施工组织课程的任务

（1）全面阐述党和国家制定的基本建设方针政策及各项具体的技术经济政策；

（2）以工程项目为对象，论述建筑、道路、桥梁施工组织的一般原理及施工组织设计的内容、方法和编制程序；

（3）介绍现代土木工程施工组织的优化理论、管理技术与方法；

（4）研究和探索在我国社会主义条件下，施工过程的系统管理和协调技术。

总体来说，土木工程施工组织课程的任务就是系统研究如何在党和国家基本建设方针的指导下，遵循施工的客观规律，统筹规划、合理组织、协调控制土木工程产品生产的全过程，以使建筑施工达到最优化的目标。

三、土木工程施工组织课程的学习方法

土木工程施工组织是一门实践性、政策性很强的学科。任何一项工程的施工，都必须从该工程实际的技术经济特点、工程特点和施工条件出发，规划符合客观实际的组织施工方案，并在实践中进行检验、丰富和完善。因此，学习本门课程，一定要坚持理论联系实际的学习方法。除了加深对基本理论、基本知识的理解和掌握以外，必须重视实践应用，完成一定数量的习题和施工组织设计。此外通过现场调查或实习，结合实际工程，运用所学知识，分析施工问题，对学习本门课程尤为重要。

组织任何一项工程的施工，必须以党和政府制定的基本建设的各项方针政策为指导，遵循建筑、道桥施工组织的基本原则。因此，作为一个合格的土木工程施工技术人员，必须重视对党和政府颁布的有关基本建设的方针政策的学习和领会，加强政策观念，提高政策水平。

土木工程施工组织是一门软科学，从知识构成因素来说，是一门多学科交叉的学科。与它相关的学科有房屋建筑、工程结构、工程力学、土木工程施工技术、建筑材料、建筑机械、工程经济等。同时，本学科中还要运用计算机科学、系统科学、现代管理科学以及应用数学等专门知识。因此，学习本门课程必须有广阔的知识面，注意锻炼综合运用各种专业知识、全面思考、统筹规划的决策能力，以及运用一定的科学方法来解决施工组织的问题。

总之，学习本门课程既要重视基本理论和基本方法，又要重视提高分析问题和解决实际问题的能力。只有这样，一面学习理论，一面努力实践，才能成为一名合格的建筑施工管理人员。

第一章　施工组织总论

学习要点

了解施工准备工作，理解与施工组织有关的基本概念，熟悉施工组织设计的作用与分类，施工组织的基本原则。

第一节　施工组织概述与施工准备工作

随着社会经济的发展，现代土木工程施工已成为一项十分复杂的生产活动。施工企业的基本任务是发展社会生产力，为社会积累更多资金，提供更多、更好的土木工程产品，以满足人民和社会不断增长的物质文化需要。然而，土木工程产品与其他各种工业产品相比，有其独具的一系列技术经济特点。由于土木工程产品的固定性和庞大性决定了土木工程施工中要投入大量的生产要素（劳动力、材料、机具等）随建筑物（构筑物）不同的施工部位而流动，所以要求通过组织平行、交叉、流水作业，使生产要素按一定的顺序、数量和比例投入，实现时间、空间的最佳利用，以达到连续、均衡施工，缩短工期，使建筑物、道路、桥梁工程早日交付生产和使用。这些工作的规划和组织协调，关系到能否高速度、高质量、高效益地完成工程建设的施工任务，尽快发挥施工企业的经济效益和项目投资效益。

由于土木工程产品具有多样性和复杂性，每一个建筑物（构筑物）或一个建筑群的施工准备工作、施工工艺、施工方法也不相同，所以在每一个施工项目开始施工之前必须根据施工对象的特点和规模、地质水文和气候条件、机械设备和材料供应等客观条件，运用先进技术，选择合理的施工方案。

施工准备工作是为了创造有利的施工条件，保证施工任务能够顺利完成。根据时间和内容的不同，施工准备工作可以分为项目建设前期施工准备工作、单位工程开工前的施工准备工作、施工期间的经常性施工准备工作和冬、雨季施工特殊准备等。

由于土木工程施工的特点，要求每个工程开工之前，根据土木工程施工露天作业、高空作业、地下作业、手工操作多的特点和要求，结合工程施工的条件和程序，提出相应的技术、组织、质量、安全、节约等保证措施，编制出拟建工程的施工组织设计。土木工程施工组织设计应当按照基本建设程序和客观的施工规律的要求，从施工全局出发，研究施工过程中带有全局性的问题。包括确定开工前的各项准备工作、选择施工方案和组织流水施工、各工种工程在施工中的搭接与配合、劳动力的安排和各种技术物资的组织与供应、施工进度的安排和现场的规划与布置等。用以全面安排和正确指导施工的顺利进行，达到工期短、质量好、成本低的目标。

第二节　与施工组织有关的基本概念

一、基本建设与基本建设工程的分类

（一）基本建设

基本建设是国民经济各部门、各单位新增固定资产的一项综合性的经济活动。基本建设是固定资产的建设，也就是指建造、购置和安装固定资产的活动以及与此相联系的其他工作。基本建设是国民经济的组成部分，是社会扩大再生产、提高人民物质文化生活和加强国防实力的重要手段。

基本建设按其内容构成来说包括以下几方面：

(1) 固定资产的建筑和安装。它包括建筑物和构筑物的建造和机械设备的安装两部分工作。建筑工程主要包括各种建筑物（如厂房、宿舍、办公楼、教学楼、医院、仓库等）和构筑物（如烟囱、水塔、水池等）的建造工作。安装工程主要包括生产设备、电气、管道、通风空调、自动化仪表、工业窑炉的安装砌筑等工作。

固定资产的建筑和安装，必然兴工动料，通过施工活动才能实现。它是创造物质财富的生产性活动，是基本建设的重要组成部分。

(2) 固定资产购置。它包括各种机械、设备、工具和器具的购置。固定资产，有的需要安装，如发电机组、空压机、散装锅炉等；有的不需要安装，如车辆、船舶、飞机等。

(3) 其他基本建设工作。主要是指勘察设计、土地征购、拆迁补偿、建设单位管理、科研实验等工作及其所需费用等。这些工作和投资是进行基本建设必不可少的，没有它们，基本建设就难以进行，或者工程建成后也无法投产和交付使用。

基本建设的范围包括：各种固定资产的新建、扩建、改建、恢复和迁建工作。

（二）基本建设工程的分类

基本建设工程按照其用途，可分为生产性建设和非生产性建设两大类。生产性建设是指直接或间接用于物质生产的建设工程，如工业建设、运输邮电建设、农林水利建设、商业及物资供应建设等，其中运输及商业等部门在商品流通过程中，也可产生和追加一部分商品的价值，故应属于生产性建设。非生产性建设是指用以满足人民物质和文化生活需要的建设，如住宅建设、文教卫生建设、公用事业建设（城市的供水、排水、道路和环境绿化等），以及行政建设等。

基本建设工程按照其性质，可分为新建、改建、扩建、迁建和恢复工程等五类。

新建工程是指从无到有，新开始建设的工程项目。某些建设项目原有规模较小，经扩建后如新增固定资产超过原有固定资产三倍以上，也属于新建工程。

扩建工程是指企、事业单位原有规模或生产能力较小，而予以增建的工程项目。

改建工程是指为了提高生产效率、改变产品方向、改善产品质量以及综合利用原材料等，而对原有固定资产进行技术改造的工程项目。改建与扩建工程往往同时进行，即在扩建的同时又进行技术改造，或在技术改造的同时又扩大原固定资产的规模，故一般常统称为改扩建工程。

恢复工程是指企、事业单位的固定资产，因各种原因（自然灾害、战争或矿井生产能力的自然减少等）已全部或部分报废，而后又恢复建设的工程项目。无论是原有规模的恢复或

扩大规模的恢复均属于恢复工程。

迁建工程是指企、事业单位由于各种原因而迁移到其他地方进行建设的工程项目，它包括原有规模的迁建或扩大规模的迁建。

在基本建设中，新建与改扩建工程都是以扩大再生产为目的，属于扩大再生产的范畴；而恢复与迁建工程一般只是补偿原有的固定资产，故属于简单再生产的范畴。因此，基本建设的性质虽是固定资产的扩大再生产，但实际上也包括了少量整体性固定资产的简单再生产。

基本建设工程按照其规模或投资额大小，可划分为大型、中型和小型工程三类。划分的标准是：生产单一产品的工业企业按其设计生产能力划分；生产多种产品的工业企业按其主要产品的设计生产能力划分；产品种类繁多或不按生产能力划分者则按总投资额划分；对国民经济有特殊意义的某些工程，即使其生产能力或投资额不够大、中型标准，也可按大、中型项目管理。

我国为了控制固定资产投资的使用方向，将固定资产投资划分为基本建设投资与更新改造投资两大类，但是二者的界限往往容易混淆。一般凡以扩大生产能力为主要目的而进行的整体性改造工程，应归基本建设投资安排，纳入基本建设项目管理。凡属于局部性的技术改造工程，虽然它也可能带来生产能力的增加，但其主要目的不是为了量的扩大，而是着眼于质的提高，故一般称为企业的更新改造措施，由更新改造投资安排，以有别于基本建设工程。

二、基本建设项目及其组成

1. 建设项目

凡是按一个总体设计组织施工，建成后具有完整的系统，可以独立地形成生产能力或使用价值的建设工程，称为一个建设项目。基本建设项目的组成如图 1 - 1 所示。执行该项目投资的企业或事业单位在经济上实行独立核算，在行政上具有独立的组织形式。在工业建设中，一般以一个企业为一个建设项目，如一个棉纺厂、一个钢铁厂等。在民用建设中，一般以一个事业单位为一个建设项目，如一所学校、一所医院等。在公路建设中以一条公路为一个建设项目。

建设单位是在行政上独立的组织，独立进行经济核算，可以直接与其他单位建立经济往来关系。

2. 单项工程

凡是具有独立的设计文件，竣工后可以独立发挥生产能力或效益的工程，称为一个单项工程。一个建设项目，可由一个单项工程组成，也可由若干个单项工程组成。例如，工业建设项目中，各个独立的生产车间、实验楼、各种仓库等；民用建设项目中，学校的教学楼、实验室、图书馆、学生宿舍等。公路建设中的独立的桥梁工程、隧道工程，这些工程一般包括与已有公路的接线，建成后可以独立发挥交通功能，也属于单项工程。

3. 单位工程

凡是具有单独设计，可以独立施工，但完工后不能独立发挥生产能力或效益的工程，称为一个单位工程。一个单项工程一般都由若干个单位工程组成。例如，一个复杂的生产车间，一般由土建工程、管道安装工程、设备安装工程、电气安装工程等单位工程组成；一条公路的路线工程、桥涵工程也为单位工程。

4. 分部工程

一个单位工程可以由若干个分部工程组成，一般是按照单位工程的各个部分划分的。例如：一幢房屋的土建单位工程，按结构或构造部位划分，可以分为基础、主体结构、屋面、装修等分部工程；按工种工程划分，可以分为土（石）方工程、桩基工程、混凝土工程、砌筑工程、防水工程、抹灰工程等分部工程。路线工程中的路面工程、路基工程、材料采集加工工程也是分部工程。

5. 分项工程

一个分部工程可以划分为若干个分项工程。可以按不同的施工内容或施工方法来划分，以便于专业施工班组的施工。现浇钢筋混凝土结构的主体，可以划分为安装模板、绑扎钢筋、浇筑混凝土等分项工程；路基工程可划分为土方工程、石方工程、软土地基处理等分项工程。

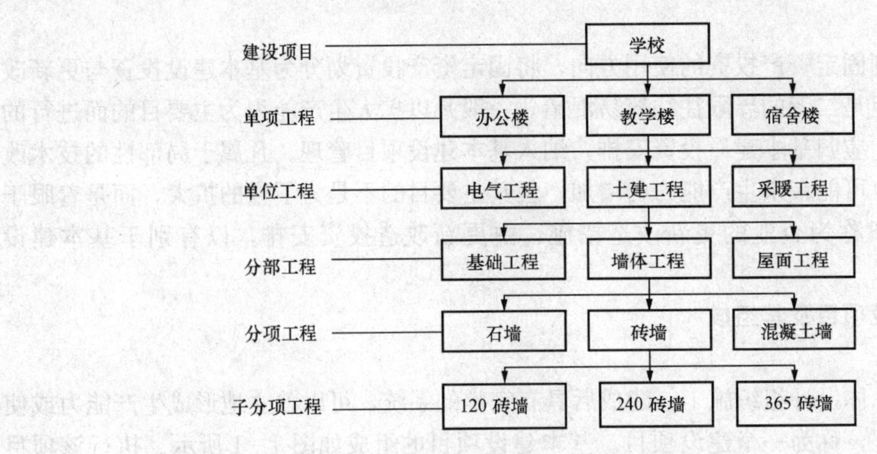

图 1-1 基本建设项目的组成

三、基本建设程序

基本建设程序是基本建设全过程中各项工作必须遵循的先后顺序，见图 1-2。这个顺序反映了整个建设过程必须遵循的客观规律。基本建设程序一般可分为决策、设计、准备、施工及竣工验收五个阶段。

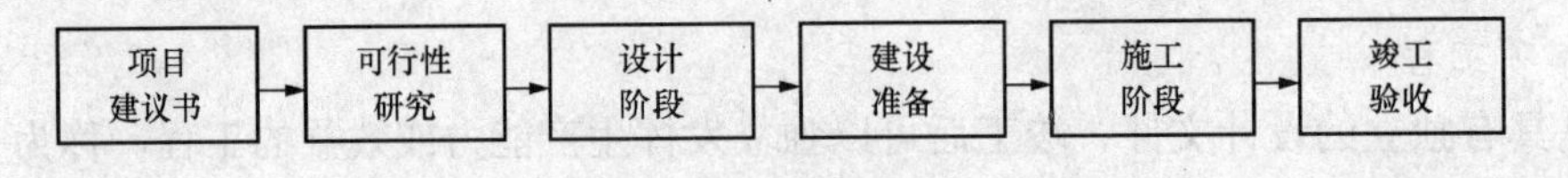

图 1-2 基本建设程序

（一）决策阶段

这个阶段包括建设项目建议书、可行性研究等内容。

1. 项目建议书

项目建议书是建设项目的轮廓设想和立项的先导；项目建议书经国家计划部门初步审查和审批后，便可委托有关单位对项目进行可行性研究。

项目建议书是要求建设某一项目的建设文件。项目建议书经批准后，并不说明项目必须进行，只是表明项目可以进行详细的可行性研究工作，它不是项目的最终决策。

项目建议书的内容，视项目的不同情况而有繁有简。一般应包括：①建设项目提出的必要性和依据；②产品方案、拟建规模和建设地点的初步设想；③资源情况、建设条件、协作关系等的初步分析；④投资估算和资金筹措设想；⑤经济效益和社会效益的估计。

项目建议书按要求编制完成后，按照建设总规模和限额的划分审批权限，报批项目建议书。

2. 可行性研究

可行性研究是对项目在技术上是否可行和经济上是否合理进行科学的分析和论证。可行性研究是在项目建议书批准后着手进行的。我国从80年代初将可行性研究正式纳入基本建设程序和前期工作计划，规定大中型项目、利用外资项目、引进技术和设备进口项目都要进行可行性研究。其他项目有条件的也要进行可行性研究。通过对建设项目在技术、工程和经济上的合理性进行全面分析论证和多种方案比较，提出评价意见，写出可行性报告。

3. 编制可行性研究报告

原基本建设程序中可行性研究报告是对外资项目而言，内资项目则称为设计任务书。由于两者的内容和作用基本相同，为了进一步规范基本建设程序，国家计委计划投资（1991）1969号文件颁发了统一规范为可行性研究报告的通知，取消了设计任务书的名称。

各类建设项目的可行性研究报告，内容不尽相同。大中型项目一般应包括以下几个方面：

（1）项目提出背景和依据；

（2）根据经济预测、市场预测确定的建设规模和产品方案；

（3）资源、原材料、燃料、动力、供水、运输条件；

（4）建厂条件和厂址方案；

（5）技术工艺、主要设备选型和相应的技术经济指标；

（6）主要单项工程、公用辅助设施、配套工程；

（7）环境保护、城市规划、防震防洪等要求和采取的相应措施方案；

（8）企业组织、劳动定员和管理制度；

（9）建设工期和实施进度；

（10）投资估算和资金筹措方式；

（11）经济效益和社会效益。

4. 审批可行性研究报告

可行性研究报告的审批是国家计委或地方计委根据行业归口主管部门和有关投资部门的意见以及有资格的工程咨询公司的评估意见进行的。其审批权限为：总投资在2亿元以上的项目，经国家计委审查后报国务院审批；地方投资2亿元以下项目，由地方计委审批。

可行性研究报告经批准后，不得随意修改和变更。经过批准的可行性研究报告是初步设计的依据。

5. 组建建设单位

按现行规定，大中型和限额以上项目可行性研究报告经批准后，项目可根据实际需要组成筹建机构，即建设单位（项目法人）。

（二）设计文件阶段

设计文件是指工程设计图及说明书，它一般由建设单位通过招标投标或直接委托设计单位编制。编制设计文件时，应根据批准的可行性研究报告，将建设项目的要求逐步具体化为可用于指导建筑施工的工程设计图及其说明书。对一般不太复杂的中小型项目采用两阶段设计，即扩大初步设计（或称初步设计）和施工图设计；对重要的、复杂的、大型的项目，经主管部门指定，可采用三阶段设计，即初步设计、技术设计和施工图设计。

初步设计是对批准的可行性研究报告所提出的内容进行概略的设计，做出初步规定。技术设计是在初步设计的基础上，进一步确定建筑、结构、设备、防火、抗震智能化系统等的技术要求。施工图设计是在前一阶段的基础上进一步形象化、具体化、明确化，完成建筑、结构、设备、工业管道智能化系统等全部施工图纸以及设计说明书、结构计算书和设计概预算等。

初步设计由主要投资方组织审批，其中大中型和限额以上项目要报国家计委和行业归口主管部门备案。初步设计文件经批准后，总平面布置、主要工艺过程、主要设备、建筑面积、建筑结构、总概算一般不能随意修改、变更。

（三）建设准备阶段

建设项目在施工之前必须做好各项准备工作，其主要内容是：工程地质勘察、组织设备、材料订货、准备必要的施工图纸、组织施工招标投标和择优选定施工单位。

（四）施工阶段

建筑施工是基本建设程序中的一个重要环节。要做到计划、设计、施工三个环节互相衔接，投资、工程内容、施工图纸、设备材料、施工力量五个方面的落实，以保证建设计划的全面完成。施工前要认真做好图纸会审工作、编制施工图预算和施工组织设计，明确投资、进度、质量的控制要求。施工中要严格按照施工图施工，如需要变动应取得设计单位同意，要坚持合理的施工程序和顺序；要严格执行施工验收规范，按照质量检验评定标准进行工程质量验收，确保工程质量。对质量不合格的工程要及时采取措施，不留隐患。不合格的工程不得交工。施工单位必须按合同规定的内容全面完成施工任务。

（五）竣工验收，交付使用

按批准的设计文件和合同规定的内容建成的工程项目，其中生产性项目经负荷试运转和试生产合格，并能够生产合格产品的；非生产性项目符合设计要求，能够正常使用的，都要及时组织验收，办理移交手续，交付使用。

单位工程完工后，施工单位应自行组织有关人员进行检查评定，并向建设单位提交工程验收报告。建设单位收到工程竣工验收报告后，应由建设单位（项目）负责人组织施工（含分包单位）、设计、监理单位（项目）负责人进行单位（子单位）工程验收。单位工程质量验收合格后，建设单位应在规定时间内将工程竣工验收报告和有关文件，报建设行政管理部门备案。

建设工程验收备案制度是加强政府监督管理，防止不合格工程流向社会的一个重要手段。建设单位应依据《建设工程质量管理条例》和建设部有关规定，到县级以上人民政府建设行政主管部门或其他有关部门备案。否则，该工程不允许投入使用。

四、土木工程施工程序

土木工程施工程序是拟建工程项目在整个施工阶段中必须遵循的先后顺序。这个顺序反映了整个施工阶段必须遵循的客观规律，它一般包括以下几个阶段：

1. 承接施工任务

施工单位承接任务的方式是：通过投标，中标后承接施工任务。施工单位应检查其施工项目是否有批准的正式文件，是否列入基本建设年度计划，是否落实投资等等。

2. 签订施工合同

承接施工任务后，建设单位与施工单位签订施工合同。施工合同应规定承包的内容、要求、工期、质量、造价及材料供应等，明确合同双方应承担的义务和职责以及应完成的施工准备工作。施工合同经双方法人代表签字后具有法律效力，必须共同遵守。

3. 做好施工准备，提出开工报告

签订施工合同后，施工单位应全面展开施工准备工作。

首先调查收集有关资料，进行现场勘察，熟悉图纸，编制施工组织总设计。然后根据批准后的施工组织总设计，由施工单位与建设单位密切配合，抓紧落实各项施工准备工作。如会审图纸，编制单位工程施工组织设计，落实劳动人员、材料、构件、施工机具及现场“三通一平”等。具备开工条件后，提出开工报告并经审查批准，即可正式开工。

4. 组织施工

施工单位应按照施工组织设计精心施工。一方面，应从施工现场的全局出发，加强各个单位、各部门的配合与协作，协调解决各方面问题，使施工活动顺利开展。另一方面，应加强技术、材料、质量、安全、进度等各项管理工作，落实施工单位内部承包的经济责任制，全面做好各项经济核算与管理工作，严格执行各项技术、质量检验制度，抓紧工程收尾和竣工。

5. 竣工验收，交付使用

建设单位收到工程竣工验收报告后，应由建设单位（项目）负责人组织施工（含分包单位）、设计、监理单位（项目）负责人进行单位（子单位）工程验收。单位工程质量验收合格后，建设单位应在规定时间内将工程竣工验收报告和有关文件报建设行政管理部门备案。

第三节 施工组织设计的作用与分类

一、施工组织设计的作用

施工组织设计是规划和指导拟建工程投标、签订承包合同、施工准备到竣工验收全过程的一个综合性的技术经济文件。它是根据承包组织的需要编制的技术和经济相结合的文件，既解决技术问题又考虑经济效果。

施工组织设计作为指导拟建工程项目的全局性文件，要适应施工过程的一次性、复杂性和具体施工项目的特殊性，并且尽可能做到施工生产的连续性、均衡性和协调性，以实现施工生产活动的最佳经济效果。

施工过程的连续性是指施工工程的各个阶段、各工序之间，在时间上具有紧密衔接的特性。保持施工过程的连续性，可以缩短施工周期、保证产品质量和节约流动资金。

施工过程的均衡性是指施工项目的各个环节，具有在相等的时段内产出相等或稳定递增的特性，即施工生产各环节不出现前松后紧、时松时紧的现象，施工过程是均衡的。保持施工过程的均衡性，可以充分利用设备和人力，减少浪费，提高劳动生产力，可以保证生产安全和产品质量。

施工过程的协调性是指施工过程的各个阶段、各环节、各工序之间在施工机具、劳动力的配备及工作面积的占用上保持适当比例关系的特性。施工过程的协调性是施工过程连续性的基础。

施工组织设计主要有以下几方面的作用：

（1）指导工程投标与签订工程承包合同，作为投标书的内容和合同文件的一部分。

（2）实现基本建设计划的要求，沟通工程设计与施工之间的桥梁；既要体现拟建工程的设计和使用要求，又要符合建筑施工的客观规律；可进一步验证设计方案的合理性与可行性。

（3）保证各施工阶段的准备工作及时地进行。

（4）明确施工重点和影响工期进度的关键施工过程，并提出相应的技术、质量、文明、安全等各项生产要素管理的目标及技术组织措施，提高综合效益。

（5）协调各施工单位、各工种、各类资源、资金、时间等方面在施工程序、现场布置和使用上的相应关系。

（6）施工组织设计是在开工前编制的，可提高工程施工过程的预见性，减少盲目性，使管理者和生产者做到心中有数。

（7）竞标性施工组织是投标书的重要组成部分，充分和准确地体现业主对工程的意图和要求，对能否中标起着重要的作用。

二、施工组织设计的分类

（一）按施工项目设计与施工阶段不同分类

施工组织设计根据阶段的不同，可以分为两类：一类是投标前编制的施工组织设计（简称标前设计），另一类是签订工程承包合同后编制的施工组织设计（简称标后设计）。两类施工组织设计的区别见表 1-1。

表 1-1　标前、标后施工组织设计的不同点

种　类	服务范围	编制时间	编制者	主要特性	追求主要目标
标前设计	投标与签约	投标前	经营管理层	规划性	中标和经济效益
标后设计	施工准备至验收	签约后开工前	项目管理层	作业性	施工效率和效益

（二）按项目对象和范围不同分类

施工组织设计根据编制对象、编制依据、编织时间、编制单位的不同可分为三类：施工组织总设计、单项（或单位）工程施工组织设计和分部分项工程施工组织设计。

1. 施工组织总设计

施工组织总设计是以一个建设项目或建筑群体为组织施工对象而编制的，用以规划整个拟建工程施工活动的技术经济文件。它是整个建设项目施工任务总的战略性的部署安排，涉及范围较广，内容比较概括，由该工程的总承建单位牵头，会同建设、设计及分包单位共同编制。它的目的是对整个工程的施工进行全盘考虑，全面规划，用以指导全场性的施工准备和有计划地运用施工力量，开展施工活动。其作用是确定拟建工程的施工期限、各临时设施及现场总的施工部署；是指导整个施工全过程的组织、技术、经济的综合设计文件；是修建全工地暂设工程、施工准备和编制年（季）度施工计划的依据。它包括的内容如下：

（1）工程概况　应着重说明工程的规模、造价、工程的特点、建设期限，以及外部施工条件等。

(2) 施工准备工作 应列出准备工作一览表，各项准备工作的负责单位、配合单位及负责人，完成的日期及保证措施。

(3) 施工部署及主要施工对象的施工方案 包括建设项目的分期建设规划，各期的建设内容，施工任务的组织分工，主要施工对象的施工方案和施工设备，全场性的技术组织措施（如全工地的土方调配，地基的处理，大宗材料的运输，施工机械化及装配化水平等），以及大型临设工程的安排等。

(4) 施工总进度计划 包括整个建设项目的开竣工日期，总的施工程序安排，分期建设进度，土建工程与专业工程的穿插配合，主要建筑物及构筑物的施工期限等。

(5) 全场性施工总平面图 图中应说明场内外主要交通运输道路、供水供电管网和大型临时设施的布置，施工场地的用地划分等。

(6) 主要原材料、半成品、预制构件和施工机具的需要量计划。

2. 单项（单位）工程施工组织设计

单项（单位）工程施工组织设计是以单项（单位）工程（一个建筑物或构筑物）作为组织施工对象而编制的。用以直接指导单位或单项工程的施工，它一般是在施工图设计后，由工程项目部组织编制，具体地安排人力、物力和建筑安装的进行，是单项（单位）工程施工全过程的组织、技术、经济的指导文件，并作为编制季、月、旬施工计划的依据。

根据施工对象的规模大小和技术复杂程度的不同，单位工程施工组织设计在内容的广度和深度上可以有所区别，但一般均包括：单位工程的施工方案及施工方法；单位工程的施工平面图；单位工程的施工进度计划（包括物资资源需要量计划）等三部分。一般简称一案、一图、一表。

3. 分部分项工程施工组织设计

分部分项工程施工设计是以施工难度较大或技术较复杂的分部分项工程为编制对象，用来指导其施工活动的技术、经济文件。它是以某些特别重要和复杂的或者缺乏施工经验的分部（分项）工程或冬、雨季施工工程为对象的专门的更为详尽的施工设计文件。它结合施工单位的月、旬作业计划，把单位工程施工组织设计进一步具体化，是专业工程的具体施工设计。一般在单位工程施工组织设计确定了施工方案后，由项目部技术负责人编制。它的内容包括：施工方案、施工进度表、技术组织措施等。

施工组织总设计、单位工程施工组织设计和分部分项工程施工组织设计之间有以下关系：施工组织总设计是对整个建设项目的全局性战略部署，其内容和范围比较概括；单位工程施工组织设计是在施工组织总设计的控制下，以施工组织总设计和企业施工计划为依据编制的，针对具体的单位工程，把施工组织总设计的内容具体化；分部分项工程施工组织设计是以施工组织总设计、单位工程施工组织设计和企业施工计划为依据编制的，针对具体的分部分项工程，把单位工程施工组织设计进一步具体化，它是专业工程具体的组织施工的设计。

第四节 土木工程产品及其生产的特点

土木工程的最终产品是指各种不同类型的工业、民用、交通建筑物或构筑物，与其他工业产品相比较，不仅是产品本身，在产品的生产过程中也有其自身特点。

一、土木工程产品的特点

1. 土木工程产品的固定性

土木工程产品根据建设单位的要求，在满足城市规划的前提下，在指定地点进行建造。建筑产品在建造过程中直接与地基基础连接，只能在建造地点长期固定地使用，而无法转移。这种一经造就就在空间固定的属性，叫做建筑产品的固定性。

2. 土木工程产品的庞大性

各种建筑物和构筑物是为人们的生产、生活提供场所和空间的，故其体积庞大，占用空间多。土木工程产品与一般工业产品相比，其体形远比工业产品庞大，自重也大；建造时需耗费的人工、材料、机械设备等资源也较多。

3. 土木工程产品的多样性

建筑业根据不同的使用要求、规模、用途及不同的地区和结构类型等各不相同的特点，建造不同类型的房屋和构筑物，这就表现出建筑产品的多样性。建造每一个建筑产品，都需要一套单独的设计图纸，而在施工时，又要根据所在地的施工条件，采用不同的施工方法和施工组织。即使采用结构完全相同的设计图纸的建筑产品，也由于地形、地质、水文、气候等自然条件的影响，以及交通、材料资源等社会条件的不同，在施工时往往需要对设计图纸及其施工方法、施工组织等作相应的调整、改变。

二、土木工程产品生产的特点

1. 土木工程产品生产的流动性

土木工程产品的固定性决定了其施工的流动性。一般工业产品，生产者和生产设备是固定的，产品在生产线上流动。而土木工程产品则相反，产品是固定的，生产者和生产工具不仅要随着建筑物（构筑物）建造地点的变动而流动，而且还要随着建筑物（构筑物）的施工部位的改变而在不同的空间流动。即从一个施工段转移到另一个施工段，从房屋的这个部位转移到另一个部位，这就要求事先有一个周密的施工组织设计，使流动的人员、机械、材料等互相协调配合，做到连续、均衡施工。

2. 土木工程产品生产的周期长

土木工程产品的庞大性决定了土木工程施工的周期长。土木工程产品的生产周期是指建设项目或单位工程在建设过程中所耗用的时间；即从开始施工起，到全部建成投产或交付使用、发挥效益时止所经历的时间。

土木工程产品在建造过程中要投入大量劳动力、材料、机械等，因而与一般工业产品相比，其生产周期较长，少则几个月，多则几年。这就要求事先有一个合理的施工组织设计，尽可能缩短工期。

3. 土木工程产品生产的单件性

土木工程产品的多样性决定了建筑生产的单件性。每个土木工程产品都有专门的用途，都需采用不同的造型、结构和施工方法，使用不同的材料、设备和建筑艺术形式。根据使用性质、耐用年限和防震要求，采用不同的耐用等级、耐火等级和防震等级。

随着建筑科学技术、新的建筑材料、新的建筑结构的不断涌现，建筑艺术形式经常推陈出新，即使用途相同的土木工程产品，采用的材料、结构和艺术形式也会不同。

4. 土木工程产品生产过程具有综合性

土木工程产品的生产首先由勘察单位进行勘测，设计单位进行设计，建设单位进行施工准备，建筑施工单位进行施工，最后经过竣工验收交付使用。所以建安单位在生产过程中，要和兴建单位、银行、设计单位、材料供应部门、分包等单位配合协作。

5. 土木工程产品生产受影响的因素多

土木工程产品生产过程中，受影响的因素很多。如设计的变更、环境的变化、资金和物资的供应条件、专业化协作状况、城市交通环境等等，这些因素对工程进度、工程质量、建筑成本等都有很大的影响。

由于建筑产品的固定性，在露天进行施工，受气候条件影响很大。

第五节 施工组织的基本原则

在组织施工或编制施工组织设计时，应根据土木工程施工的特点和以往积累的经验，遵循以下基本原则：

（1）严格遵守合同规定的工程竣工和交付使用期限。

（2）恰当安排冬雨季施工项目，科学合理的安排施工程序，采用新工艺、新技术。

（3）在保证工程质量和生产安全的情况下，尽量缩短建设工期。

（4）提高施工技术方案的工业化、标准化水平。

（5）组织流水施工，合理安排人力、物力、财力，以保证施工连续、均衡的进行。

（6）扩大机械化施工范围，提高机械化程度，减轻劳动强度，提高劳动生产率。

（7）认真贯彻施工验收规范与操作规程。

（8）减少临时设施的投入，合理安排施工现场，节约施工现场用地。

思考题

1. 试述土木工程施工组织课程的研究对象。
2. 试述土木工程产品的施工特点。
3. 试述施工组织设计的作用与分类。
4. 试述基本建设程序的主要内容。
5. 何谓建筑施工程序？
6. 一个建设项目由哪些工程内容组成？
7. 施工组织设计可分为哪几种？各种施工组织设计包括哪些主要内容？
8. 土木工程产品及其生产特点有哪些？
9. 试述施工组织的基本原则。

第二章 土木工程施工准备工作

了解土木工程施工准备工作的意义和内容，熟悉收集有关施工资料、技术资料的准备、施工现场的准备、物资准备、施工队伍的准备、冬雨季施工准备。

第一节 土木工程施工准备工作的意义和内容

一、土木工程施工准备工作的任务和意义

土木工程施工是一个复杂的组织和实施过程，开工之前，必须认真做好施工准备工作，以提高施工的计划性、预见性和科学性，从而保证工程质量、加快施工进度、降低工程成本，保证施工能够顺利进行。土木工程施工准备工作是为了保证工程顺利开工和施工活动正常进行而必须事先做好的各项准备工作。它是施工程序中的重要环节，不仅存在于开工之前，而且贯穿在整个施工过程之中。施工准备之所以重要是因为工程施工是一项非常复杂的生产活动，需要处理复杂的技术问题，耗用大量的物资，使用众多的人力，动用许多机械设备，涉及的范围很广。为了保证工程项目顺利地进行施工，必须做好土木工程施工准备工作。

1. 土木工程施工准备工作的任务

（1）办理各种施工文件的申报与批准手续、以取得施工的法律依据。

（2）通过调查研究，掌握工程的特点和关键环节。

（3）组织人力调查各种施工条件。

（4）从计划、技术、物资、劳动力、设备、组织、场地等方面为施工创造必备的条件，以保证工程顺利开工和连续施工。

（5）预测可能发生的变化，提出应变措施，做好应变准备。

2. 土木工程施工准备工作的意义

（1）遵循建筑施工程序。土木工程施工准备是建筑施工程序的一个重要阶段。现代工程施工是十分复杂的生产活动，其技术规律和社会主义市场经济规律要求工程施工必须严格按土木工程施工程序进行。只有认真做好施工准备工作，才能取得良好的建设效果。

（2）降低施工风险。就工程项目施工的特点而言，其生产受外界干扰及自然因素的影响较大，因而施工中可能遇到的风险较多，只有充分做好工程施工准备工作，采取预防措施，加强应变能力，才能有效地降低风险损失。

（3）为工程开工和顺利施工创造条件。工程项目施工中不仅需要耗用大量材料，使用许多机械设备，组织安排各工种人力，涉及广泛的社会关系，而且还要处理各种复杂的技术问题，协调各种配合关系，因而需要通过统筹安排和周密准备，才能使工程顺利开工，开工后

能连续顺利的施工且能得到各方面条件的保证。

（4）提高企业经济效益。认真做好工程项目施工准备工作，能调动各方面的积极因素，合理组织资源，加快施工进度，提高工程质量，降低工程成本，从而提高企业经济效益和社会效益。

实践证明，土木工程施工准备工作的充分与否，将直接影响土木工程产品生产的全过程。如果重视并做好施工准备工作，积极为工程项目创造一切有利的施工条件，则该工程能顺利开工，取得施工的主动权；反之，如果违背土木工程施工程序，忽视工程施工准备工作，或工程仓促开工，必然在工程施工中受到各种矛盾的制约，处处被动，以致造成重大经济损失。

二、土木工程施工准备工作的内容和要求

1. 土木工程施工准备工作的内容

（1）调查研究与收集资料；

（2）技术经济资料准备；

（3）施工现场准备；

（4）施工物资准备；

（5）施工人员准备；

（6）季节施工准备。

每项工程施工准备工作的内容，根据该工程本身及其具备的条件而异。有的比较简单，有的却十分复杂。如只有一个单项工程的施工项目和包含多个单项工程的群体项目，一般小型项目和规模庞大的大中型项目，新建项目和改扩建项目等等，都因工程的特殊需要和特殊条件而对施工准备工作提出各种不相同的具体要求。只有按照施工项目的规划来确定准备工作的内容，并拟定具体的、分阶段的施工准备工作实施计划，才能充分地为施工创造一切必要的条件。

2. 土木工程施工准备工作的要求

做好土木工程施工准备工作应注意抓好以下几点：

（1）编制施工准备工作计划。作业条件的施工准备工作，要编制详细的计划，列出工程施工准备工作内容，要求完成的时间，负责人（单位）等。作业条件的工程施工准备工作计划，应当在施工组织设计中予以安排，作为施工组织设计的基本内容之一，同时注重施工过程中的安排。

（2）建立严格的土木工程施工准备工作责任制。由于土木工程施工准备工作项目多，范围广，因此必须要有严格的责任制，按计划将责任落实到有关部门甚至个人，同时明确各级技术负责人在施工准备工作中所负的责任。各级技术负责人应是各阶段施工准备工作的负责人，负责审查施工准备工作计划和施工组织计划，督促检查各项施工准备工作的实施，及时总结经验教训。在施工准备阶段，也要实行单位工程技术负责制，将建设、设计、施工三方组织在一起，并组织土建、专业协作配合单位，共同完成工程施工准备工作。

（3）土木工程施工准备工作检查制度。土木工程施工准备工作不仅要有计划、有分工，而且要有布置、有检查。检查的目的在于督促，发现薄弱环节，不断改进工作。不仅要做好日常检查，还要在检查施工计划完成情况时同时检查工程施工准备工作的完成情况。

（4）坚持按基本建设程序办事，严格执行开工报告制度。只有在做好开工前的各项施工

准备工作后才能提出开工报告，经申报上级批准方能开工。

（5）土木工程施工准备工作必须贯彻在施工全过程的始终。工程施工准备工作不仅要在开工前，而且要贯穿在整个施工过程中。随着工程施工的不断进展，在各分部分项工程施工开始之前，都要不断地做好准备工作，为各分部分项工程施工的顺利进行创造必要的条件。

（6）土木工程施工准备工作应取得建设单位、设计单位及有关协作单位的大力支持，要统一步调，分工协作，共同做好工程施工准备工作。

第二节 收集有关施工资料

为了有效地组织土木工程施工，必须具有可靠的基础资料。其中包括：自然条件资料；社会条件资料；定额资料；技术标准、规范及规程资料等。为了取得这些资料首先可向勘测设计等单位收集，其次还可从当地的有关部门及类似工程中收集。如现有的资料尚不能满足施工的需要，则可通过实地调查或勘测加以补充。

基础资料的来源主要有：建设项目的设计任务书、厂址选择报告、工程地质与水文地质勘察报告、地形测量资料以及工程概预算资料等。此外，还可从当地气象、水文和地震台等直接收集有关自然条件方面的资料，从当地建设主管部门收集有关技术经济方面的资料。对取得的资料应进行研究分析，有疑虑者须反复核实以保证资料的可靠性。

一、原始资料的调查

原始资料的调查主要是对工程条件、工程环境特点和施工自然、技术经济条件的调查，对施工技术与组织的基础资料进行调查，以此作为项目准备工作的依据。

（一）调查与工程项目特征及要求有关的资料

（1）向建设单位或设计单位了解并取得可行性研究报告或设计任务书、工程地质资料、扩大初步设计等方面的资料，以便了解建设目的、任务、设计意图。

（2）清楚设计规模、工程特点。

（3）了解生产工艺流程与工艺设备特点及来源。

（4）明确工程分期、分批施工、配套交付使用的顺序要求，图纸交付时间，以及工程施工的质量要求和技术难点等。

（二）调查建设地区的自然条件

1. 地形与环境资料

收集工程所在区域的地形图、城市规划图、工程位置图、控制桩、水准点资料，掌握障碍物，摸清建筑红线及施工边界及地上地下工程技术管线状况等以便于规划施工用地；布置施工总平面图；计算现场土方量，制定清除障碍物的实施计划。

2. 工程地质、水文资料的调查

这项调查包括工程钻孔布置图、钻孔柱状图、地质剖面图、地基各项物理力学指标试验报告、地质勘探资料、暗河及地下水水位变化、流向、流速及流量和水质等资料。这些资料一般可作选择基础施工方法的依据。是组织地下和基础施工所不可缺少的，目的在于确定建设地区的地质构造、人为的地表破坏现象和土壤特征、承载能力等。

3. 气象资料的调查

气象资料的调查目的在于确定建设地区的气候条件。主要内容有：

（1）气温资料。包括最低温度及其持续天数、绝对最高温度和最高月平均温度、冻结期、解冻期。最低温度用以计算冬季施工技术措施的各项参数；最高温度确定防暑措施的参考。

（2）降雨、雪资料。包括每月降雨量和最大降雨量、降雪量。根据这些资料可以制定冬雨季施工措施，预先拟定临时排水措施，避免在暴雨后淹没施工地区。

（3）风的资料。收集主导风向及频率每年大风时间几天数等资料，包括常年风向、风速、风力和每个方向刮风次数等，为布置临时设施，制定高空作业及防雷工作提供依据。

二、建设地区的技术经济条件的调查

（一）水、电、蒸汽资料的调查

1. 收集当地给排水资料

调查施工现场用水与当地现有水源连接的可能性、供水能力、接管距离、地点、水压、水质、管径、材料、埋深及水费等资料。若当地现有水源不能满足施工用水要求，则要调查附近可作施工生产、生活、消防用水的地面水或地下水源的水质、水量、取水方式、距离等条件。还要调查利用当地排水设施的可能性、排水距离、去向、有无洪水影响、现有防洪设施等资料。

2. 收集供电资料

调查可供施工使用的电源位置、引入工地的路径和条件；可以满足的容量、电压、导线截面及电费等资料；接线地点至工地的距离，地形地物情况；建设单位、施工单位自有的发变电设备、台数、供电能力。

3. 收集供热、供汽资料

调查冬季施工时有无蒸汽来源，蒸汽的供应量，接管地点、管径、埋深，蒸汽价格；建设单位及施工自有的供热能力，所需燃料以及当地或建设单位可以提供的煤气、压缩空气、氧气的能力和它们至工地的距离等资料。

（二）收集交通运输资料

建筑施工中主要的交通运输方式一般有：铁路、公路、水运和航运等。收集交通运输资料是调查主要材料及构件运输通道的情况，包括道路、街巷、途经的桥涵宽度、高度，允许载重量和转弯半径限制等资料。有超长、超高、超宽或超重的大型构件、大型起重机械和生产工艺设备需整体运输时，还要调查沿途架空电线、天桥的高度，并与有关部门商议避免大件运输对正常交通产生干扰的路线、时间及解决措施。

（三）收集“三材”、地方材料及装饰材料等资料

“三材”即钢材、木材和水泥。一般情况下应摸清“三材”市场行情，了解地方材料如砖、砂、灰、石等材料的供应能力、质量、价格、运费情况；当地构件制作、木材加工、金属结构、钢木门窗、商品混凝土、建筑机械供应与维修、运输等情况；脚手架、定型模板和大型工具租赁等能提供的服务项目、能力、价格等条件；收集装饰材料、特殊灯具、防水、防腐材料等市场情况。这些资料用作确定材料的供应计划、加工方式、储存和堆放场地及建造临时设施的依据。

三、施工现场情况的调查

施工现场情况的调查包括施工用地范围、有否周转场地、现场地形、可利用的建筑物及设施、附近建筑物的情况。

施工场地应按设计标高进行平整，清除地上障碍物，如旧建筑、构筑物、电力架空线路、树苗、秧苗、腐殖土和大石块；整理地下障碍物如旧基础、古墓、文物、地下管线、枯井、沟渠等并记入资料。这些资料可作为布置现场施工平面的依据。

四、社会劳动力和生活条件调查

建设地区的社会劳动力和生活条件调查主要是了解当地能提供的劳动力的人数、技术水平、来源和生活安排；能提供作为施工用的现有房屋情况；当地主副食产品供应、日用品供应、文化教育、消防治安、医疗单位的基本情况以及能为施工提供的支援能力。这些资料是拟订劳动力安排计划、建立职工生活基地、确定临时设施的依据。

第三节 技术资料的准备

技术资料的准备是工程施工准备工作的核心。其主要内容包括：熟悉与会审图纸、编制施工组织设计、编制施工图预算和施工预算。

一、熟悉与会审图纸

一个建筑物或构筑物的施工依据就是施工图纸，施工技术人员必须在施工前熟悉施工图中各项设计的技术要求。在熟悉施工图纸的基础上，由建设、设计、施工、监理共同对施工图纸组织会审。图纸会审是指工程开工之前，由建设单位组织，设计单位对图纸中技术要求和有关问题交底，施工单位、监理单位参加，共同对施工图纸进行审查，经充分协商将意见形成图纸会审纪要，由建设单位正式行文，参加会议各单位加盖公章，作为与设计图纸同时使用的技术文件。

1. 熟悉与会审图纸的目的

（1）保证能够按设计图纸的要求进行施工。

（2）使从事施工和管理的工程技术人员充分领会设计意图、熟悉图纸内容和技术要求。

（3）通过审查发现图纸中存在的问题和错误，以便正确无误地进行施工。

2. 熟悉施工图纸的重点

熟悉及掌握施工图纸应抓住以下重点：

（1）基础及地下室部分。核对建筑、结构、设备施工图中关于基础留口、留洞的位置及标高的相互关系是否处理恰当；排水及下水的去向；变形缝及人防出口做法；防水体系的做法要求；特殊基础形式做法等。

（2）主体结构部分。弄清建筑物墙体轴线的布置；主体结构各层的砖、砂浆、混凝土构件的强度等级有无变化；墙、柱与轴线的关系；梁、柱（包括圈梁、构造柱）的配筋及节点做法；设备图和土建图上洞口尺寸及位置的关系；阳台、雨篷、挑檐的细部做法；楼梯间的构造；卫生间的构造；对标准图有无特别说明和规定等。

（3）屋面及装修部分。结构施工应为装修施工提供的预埋件或预留洞，内、外墙和地面的材料做法；屋面防水节点；地面装修与工程结构施工的关系；变形缝的做法及防水处理的特殊要求；防火、保温、隔热、防尘、高级装修等的类型和技术要求。

3. 设计技术资料

审查设计图纸及其他技术资料时，应注意以下问题：

（1）设计图纸是否符合国家有关的技术规范、技术政策、规划的要求；

（2）核对图纸说明是否齐全完整、明确，有无矛盾，规定是否明确，图纸有无遗漏，图纸之间有无矛盾和错误；

（3）核对建筑图与其结构图主要轴线、尺寸、位置、标高有无错误和遗漏；

（4）总图的建筑物坐标位置与单位工程建筑平面是否一致，基础设计与实际地质是否相符，建筑物与地下构筑物及管线之间有无矛盾；

（5）设计图本身的建筑构造与结构构造之间、结构与各构件之间以及各种构件、配件之间的联系是否清楚；

（6）建筑安装与建筑施工的配合上存在哪些技术问题，能否合理解决；

（7）设计中所采用的各种材料、配件、构件等能否满是设计要求；

（8）对设计技术资料有什么合理化建议及其他问题。

在熟悉和审查图纸过程中，对发现的问题应做出标记，做好记录，以便在图纸会审时提出。图纸会审由建设单位组织，设计、施工、监理单位参加，设计单位进行图纸技术交底后，各方面提出意见，经充分协商后形成图纸会审纪要，由建设单位正式行文，参加会议各单位加盖公章，作为设计图纸的修改文件。对施工过程中提出的一般问题，经设计单位同意，即可办理手续进行修改，涉及技术和经济的较大问题、则必须经建设单位、设计单位和施工单位共同协商，由设计单位修改，向施工单位签发设计变更单，方可有效。

4. 熟悉技术规范、规程和有关技术规定

技术规范、规程是由国家有关部门制定的实践经验的总结，在技术管理上是具有法令性、政策性和严肃性的建设法规。

各级工程技术人员在接受任务后，一定要结合本工程实际，熟悉有关技术规范、规程，为保证优质、安全、按时完成工程任务打下坚实的技术基础。

二、定额及施工图预算和施工预算

（一）施工定额

施工定额是以同一施工过程或工序为测定对象，确定建筑安装工人在正常的施工条件下，为完成一定计量单位的某一施工过程或工序所需人工、材料和机械台班等消耗的数量标准。施工定额是建筑安装施工企业进行科学管理的基础，是编制施工预算实行内部经济核算的依据，它是一种企业内部使用的定额。

通过施工定额施工企业可以编制施工预算，进行工料分析和两算对比；编制施工组织设计、施工作业计划和确定人工、材料及机械需要计划；向工人班（组）签发施工任务单，限额领料；组织工人班（组）开展劳动竞赛、经济核算。施工定额也是实行承发包，计取劳动报酬和奖励等工作的依据和编制预算定额的基础。

通常，施工定额是由劳动定额、材料消耗定额和机械台班使用定额三部分组成的。

1. 劳动定额

劳动定额也称人工定额，它是在正常的施工技术组织条件下，完成单位合格产品所必需的劳动消耗量标准。这个标准是国家和企业对工人在单位时间内完成产品数量、质量的综合要求。

劳动定额由于其表现形式不同，可分为时间定额和产量定额两种。

（1）时间定额。指某种专业，某种技术等级工人班组或个人，在合理的劳动组织和合理使用材料的条件下，完成单位合格产品所必需的工作时间，包括准备与结束时间、基本生产时间、辅助生产时间、不可避免的中断时间及工人必需的休息时间。时间定额以工日为单位，每一工日按八小时计算。

其计算方法如下

$$单位产品时间定额（工日）=\frac{1}{每工日产量}$$

或

$$单位产品时间定额（工日）=\frac{小组成员工日数总和}{机械台班产量}$$

（2）产量定额。就是在合理的劳动组织和合理使用材料的条件下，某种专业、某种技术等级的工人班组或个人在单位工日中所应完成的合格产品的数量。其计算方法如下

$$每工日产量=\frac{1}{单位产品时间定额}$$

产量定额的计量单位有：米（m）、平方米（m^2）、立方米（m^3）、吨（t）、块、根、件、扇等。

时间定额与产量定额互为倒数，即

$$时间定额\times产量定额=1$$

$$时间定额=\frac{1}{产量定额}$$

$$产量定额=\frac{1}{时间定额}$$

2．材料消耗定额

材料消耗定额是在合理和节约使用材料的条件下，生产单位质量合格产品所消耗的一定规格的材料、成品、半成品和水、电等资源的数量。

（1）主要材料消耗定额。主要材料消耗定额包括直接使用在工程上的材料净用量和在施工现场内运输及操作过程中的不可避免的废料和损耗。

材料的损耗一般以损耗率表示。材料损耗率可以通过观察法或统计法计算确定。材料损耗率可有两种不同定义，由此材料消耗量计算有两个不同的公式

$$损耗率=\frac{损耗量}{总消耗量}\times100\%$$

$$总消耗量=净用量+损耗量=\frac{净用量}{1-损耗率}\times100\%$$

或

$$总消耗量=净用量+损耗量=净用量\times(1+损耗率)$$

（2）周转性材料消耗定额。周转性材料指在施工过程中多次使用，周转的工具性材料，如钢筋混凝土工程用的模板，搭设脚手架用的杆子、跳板，挖土方工程用的挡土板等。

3．机械台班使用定额

机械台班使用定额也称机械台班定额。它反映了施工机械在正常的施工条件下，合理地、均衡地组织劳动和使用机械时，该机械在单位时间内的生产效率。按其表现形式不同，可分为时间定额和产量定额。

（1）机械时间定额。是指在合理劳动组织与合理使用机械条件下，完成单位合格产品所必需的工作时间，包括有效工作时间（正常负荷下的工作时间和降低负荷下的工作时间）、不可避免的中断时间、不可避免的无负荷工作时间。机械时间定额以“台班”表示，即一台

机械工作一个作业班时间，一个作业班时间为八小时。

由于机械必须由工人小组配合，所以计算完成单位合格产品的时间定额，同时可得出人工时间定额，即

$$人工时间定额 = 小组成员总人数 / 台班产量$$

（2）机械产量定额。是指在合理劳动组织与合理使用机械条件下，机械在每个台班时间内，应完成合格产品的数量。

（二）预算定额

预算定额是确定一定计量单位的分项工程或结构构件的人工、材料、施工机械台班消耗量的标准。它是工程建设中一项重要的技术经济文件。它的各项指标反映了国家要求施工企业和建设单位在完成施工任务中消耗人工、材料、机械的限度。这种限度最终决定着国家和建设单位能够为建设工程向施工企业提供多少物质资料和建设资金。可见，预算定额体现的是国家、建设单位和施工企业之间的一种经济关系。

（三）概算定额和概算指标

概算定额是确定建筑安装工程一定计量单位扩大结构分布的人工、材料、机械消耗量的标准。

概算指标是以每 $100m^2$ 建筑面积或每座构筑物为计量单位，规定人工、材料及造价的定额指标。它比概算定额进一步扩大、综合，所以依据概算指标来估算造价就更为简便了。

（四）施工图预算和施工预算

建筑工程预算是反映工程经济效果的经济文件，在我国现阶段也是确定建筑工程预算造价的一种形式。建筑工程预算按照不同的编制阶段和不同的作用，可以分为设计概算、施工图预算和施工预算三种。

施工图预算是按照施工图确定的工程量、施工组织设计所拟定的施工方法、建筑工程预算定额及其取费标准来编制的确定建筑安装工程造价和主要物资需要量的经济文件。

施工预算是根据施工图预算、施工图纸、施工组织设计、施工定额等文件进行编制的。它是企业内部经济核算和班组承包的依据，是企业内部使用的一种预算。

施工图预算与施工预算存在很大的区别：施工图预算是甲乙双方确定预算造价、发生经济联系的经济文件；而施工预算则是施工企业内部经济核算的依据。施工预算直接受施工图预算的控制。

（五）工程量清单计价

建设部于 2003 年 2 月 17 日发布第 119 号公告，批准国家标准《建设工程工程量清单计价规范》（GB 50500—2003）（以下简称《计价规范》）自 2003 年 7 月 1 日起实施。推行工程量清单计价方法不仅是工程造价计价方法改革的一项具体措施，也是有效推行“计价管理办法”的重要手段，是我国工程建设管理体制改革和加入 WTO 与国际惯例接轨的必然要求，是实现我国深化工程造价全面改革的革命性措施。《计价规范》的主要内容包括正文和附录两大部分，正文共五章，包括总则、术语、工程量清单编制、工程量清单计价、工程量清单及其价格式等内容，分别就《计价规范》的适用范围、遵循的原则、编制工程量清单应遵循的规则、工程量清单计价活动的规则、工程量清单及其价格式作了明确规定。工程量清单计价是指投标人完成由招标人提供的工程量清单所需的全部费用，包括分部分项工程费、措施项目费、其他项目费和规费、税金。工程量清单是表现拟建工程的分部分项工程项目、措施

项目、其他项目名称和相应数量的明细清单。

实行工程量清单计价，必须做到统一项目编码、统一项目名称、统一工程量清单计算单位、统一工程量计算规则等四统一，达到清单项目工程量统一的目的。

《计价规范》中，工程量清单综合单价是指完成规定计量单位项目所需的人工费、材料费、机械使用费、管理费、利润，并考虑风险因素。

工程量清单计价的特点具体体现在以下几个方面：

（1）统一计价规则。通过制定统一的建设工程量清单计价方法、统一的工程量计量规则、统一的工程量清单项目设置规则，达到规范计价行为的目的。

（2）有效控制消耗量。通过由政府发布统一的社会平均消耗量指导标准，为企业提供一个社会平均尺度，避免企业盲目或随意大幅度减少或扩大消耗量，从而达到保证工程质量的目的。

（3）彻底放开价格。将工程消耗量定额中的工、料、机价格和利润、管理费全面放开，由市场的供求关系自行确定价格。

（4）企业自主报价。投标企业根据自身的技术专长、材料采购渠道和管理水平等，制定企业自己的报价定额，自主报价。企业尚无报价定额的，可参考使用造价管理部门颁布的《建设工程消耗量定额》。

（5）市场有序竞争形成价格。通过建立与国际惯例接轨的工程量清单计价模式，引入充分竞争形成价格的机制，制定衡量投标报价合理性的基础标准，在投标过程中，有效引入竞争机制，淡化标底的作用，再在保证质量、工期的前提下，按国家《招标投标法》及有关条款规定，最终以“不低于成本”的合理低价者中标。

第四节 施工现场的准备

一项工程开工之前，除了做好各项技术经济的准备工作外，还必须做好现场的各项施工准备工作。主要内容有：清除障碍物、三通一平、测量放线、搭设临时设施等。

一、清除障碍物

设计场地应按设计标高进行平整，清除地上障碍物，如旧建筑、树苗、腐殖土和大石块等；对地下障碍物，如旧基础、文物、古墓、管线等进行拆除或改道，使场地具备放线、开槽的基本条件。这些工作一般是由建设单位来完成，但也有委托施工单位来完成的。如果由施工单位来完成工作，一定要事先摸清现场情况，尤其是在城市的老区内，由于原有建筑物和构筑物情况复杂，而且往往资料不全，在清除前需要采取相应的措施，防止发生事故。

对于房屋的拆除，一般只要把水源、电源切断后即可进行拆除。若房屋较大，较坚固，则有可能采用爆破的方法，这需要由专业的爆破作业人员来承担，并且必须经有关部门批准。

架空电线（电力，通讯）、地下电缆（包括电力、通讯）的拆除，要与电力部门或通讯部门联系并办理有关手续后方可进行。

自来水、污水、煤气、热力等管线的拆除，最好由专业公司来完成。

场地内若有树木，需报园林部门批准后方可砍伐。

拆除障碍物后，留下的渣土等杂物都应清除出场外。运输时，应遵守交通、环保部门的有关规定，运土的车辆要按指定的路线和时间行驶，并采取封闭运输车或在渣土上洒水等措施，以免渣土飞扬而污染环境。

二、现场“三通一平”

在工程用地范围内，接通施工用水、用电，道路和平整场地的工作简称为“三通一平”。其实工地上的实际需要往往不止是水通、电通，路通，有的工地还需要供应蒸汽，架设热力管线，称为“热通”；通煤气，称为“气通”；通电话作为联络通讯工具，称为“话通”；还可能因为施工中的特殊要求，有其他的“通”，但最基本的还是“三通”。

1. 平整施工场地

清除障碍物后，即可进行场地平整工作。平整场地工作是根据建筑施工总平面图规定的标高，通过测量，计算出填、挖土方工程量，计算出挖方与填方的数量，按土方调配方案，组织人力或机械进行挖、填、运土方施工，进行平整工作。如果工程规模较大，这项工作可以分段进行，先完成第一期开工的工程用地范围内的场地平整工作，再依次进行后续的平整工作，为第一期工程项目尽早开工创造条件。

2. 修通道路

施工现场的道路是组织施工物资进场的动脉，为保证物资的早日进场，须先修通道路。为节省工程费用，施工运输应尽量利用永久性道路，或与建设项目的永久性道路结合起来修建。对必须修建的临时道路，应将仓库、加工厂和施工点贯串起来，按货流量的大小设计双行或单行道，道路末端应设置回车场；对施工机械进入现场所经过的道路、桥梁和卸车设施，应事先加宽和加固。修好施工场地内机械运行的道路，并开辟适当的工作面，以利施工；同时，施工现场的道路应满足防火要求。为保证施工物资能及时进场，必须按施工总平面图的要求，修好现场永久性道路以及必要的临时道路。

3. 通水

施工现场的通水包括给水和排水两个方面。

施工用水包括生产、生活与消防用水。施工用水应尽量与建设项目的永久性给水系统结合起来，以减少临时给水管线；对必须铺设的临时管线，在方便施工和生活的前提下尽量缩短管线的长度，以节省施工费用。

施工现场的排水也十分重要，尤其是在雨季，场地排水不畅，会影响施工和运输的顺利进行，因此要做好排水工作。主要干道的排水设施，应尽量利用永久性设施，支道应在两侧挖明沟排水，沟底坡度一般为2%～8%；对施工中产生的施工废水，应经过沉淀处理后再排入城市排水系统。

4. 通电、通讯

通电包括施工生产用电和生活用电。通电应按施工组织设计、要求布设线路和通电设备。电源首先应考虑从国家电力系统或建设单位已有的电源上获得。如供电系统不能满足施工生产、生活用电的需要，则应考虑在现场建立临时发电系统，以供施工照明用电和动力用电，以保证施工的连续顺利进行。如因条件限制而只能部分供电或不能供电时，则需自行配置发电设备。另外，施工现场应有方便的通讯条件，城市电话网范围内的工地应安设电话，远离城镇的工地应安设无线电话、电传等通讯设备，以便与有关单位及时联系材料供应和灾害报警等。

施工中如需要通热、通汽或通电讯，也应按施工组织设计要求，事先完成。

三、测量放线

为了使建筑物或构筑物的平面位置和高程符合设计要求，施工前应按设计单位提供的总平面图、给定的永久性的经纬坐标桩、水准基桩，建立工程测量控制网，以便进行建筑物或构筑物在施工前的定位放线。建筑物或构筑物的定位、放线，一般通过设计定位图中平面控制轴线来确定建筑物或构筑物四周的轮廓位置。经自检合格后，提交有关技术部门和甲方（或监理人员）验线，以保证定位的正确性。

定位放线工作的进行，一般是在土方开挖之前，在施工场地内设置坐标控制网和高程控制点来实现的；这些网点的设置应视工程范围的大小和控制的精度而定。建筑物或构筑物控制网是确定整个平面位置的关键环节，实测中必须保证精度、杜绝错误，否则出现问题难以处理。应注意下列几点：

1. 了解核对设计图纸

通过设计交底，了解工程全貌和设计意图，掌握现场情况和定位条件，主要轴线尺寸的相互关系，地上、地下的标高以及测量精度要求。在熟悉施工图纸过程中，应仔细核对图纸尺寸，对轴线尺寸、标高是否齐全以及边界尺寸要特别注意。

2. 校核红线桩与水准点

建设单位提供的由城市规划勘测部门给定的建筑红线，在法律上起着建筑用地边界的作用。在使用红线桩前要进行校核，施工过程中要保护好桩位，以便将它作为检查建筑物定位的依据，水准点也同样要校核和保护。如红线和水准点经校核发现问题，应提请建设单位处理。

3. 制定测量、放线方案

根据设计图纸的要求和施工方案，制定切实可行的测量、放线方案，主要包括平面控制、标高控制、±0 以下实测、±0 以上实测、沉降观测和竣工测量等项目。

四、临时设施的搭设

为了施工方便和安全，对于指定的施工用地的周边，应用围栏围挡起来，围挡的形式、材料及高度应符合市容管理的有关规定和要求。在主要入口处设标牌，标明工程名称、施工单位、工地负责人等。

现场生活和生产用的临时设施，在布置安排时，要遵照当地有关规定进行规划布置。如房屋的间距、标准是否符合卫生和防火要求，污水和垃圾的排放是否符合环境的要求等。因此，临时建筑平面图及主要房屋结构图，都应报请城市规划、市政、消防、交通、环境保护等有关部门审查批准。

各种生产、生活用的临时设施，包括各种仓库、混凝土搅拌站、预制构件场、机修站、各种生产作业棚、办公用房、宿舍、食堂、文化生活设施等等，均应按批准的施工组织设计规定的数量、标准、面积、位置等要求组织修建；大、中型工程可分批分期修建。

此外，在考虑施工现场临时设施的搭设时，应尽量利用原有建筑物，尽可能减少临时设施的数量，以便节约用地，节省投资。

五、做好现场补充勘查

对施工现场的补充勘查是为了进一步寻找枯井、防空洞、古墓、地下管道、暗沟和枯树根等，以便及时拟定处理方案并进行实施，消除隐患，保证基础工程施工的顺利进行。

第五节 物 资 准 备

施工管理人员需尽早计算出各阶段对材料、施工机械、设备、工具等的需用量，并说明供应单位、交货地点、运输方法等。对预制构件，应尽早从施工图中摘录出构件的规格、质量、品种和数量，制表造册，向预制加工厂订货并确定分批交货清单和交货地点。对大型施工机械、辅助机械及设备要精确计算工作日并确定进场时间，做到进场后立即使用，用毕立即退场，提高机械利用率，节省机械台班费及停留费。

一、土木工程材料的准备

1. 工程材料的采购

对主要材料尽早申报数量、规格，落实地方材料来源，办理订购手续，对特殊材料需确定货源或安排试制。建筑材料的准备主要是根据工料分析，按照施工进度计划的使用要求以及材料储备定额和消耗定额，分别按材料名称、规格、使用时间进行汇总，编出建筑材料需要量计划。建筑材料的准备包括："三材"、地方材料、装饰材料的准备。准备工作应根据材料的需要量计划，组织货源，确定加工、供应地点和供应方式，签订物资供应合同。

2. 工程材料进场

提出各种资源分期分批进入现场的数量、运输方法和运输工具，确定交货地点、交货方式（例如水泥是袋装还是散装）、卸车设备，各种劳力和所需费用均需在订货合同中说明。

材料的储备应根据施工现场分期分批使用材料的特点，按照以下原则进行材料储备：

首先应按工程进度分期分批进行。现场储备的材料多了会造成积压，增加材料保管的负担，同时，也多占用了流动资金；储备少了又会影响正常生产。所以材料的储备应合理、适量。

其次，做好现场保管工作，以保证材料的原有数量和原有的使用价值。

再次，现场材料的堆放应合理。现场储备的材料，应严格按照施工平面布置图的位置堆放，以减少二次搬运，且应堆放整齐，标明标牌，以免混淆。此外，亦应做好防水、防潮和易碎材料的保护工作。

3. 特殊材料的准备

尽早提出预埋件、钢筋混凝土预制构件及钢结构的数量和规格。对某些特殊的或新型的构件需要进行研究和试制。对钢筋及预埋件，土建开工前应先安排钢筋下料、制作，安排钢结构的加工，安排铁件加工。尤其是在工业建筑中，为结构安装和设备安装预埋的铁件很多，加工工作量很大，施工准备应十分重视。对设备的供应，工业建筑中的生产设备往往由建设单位负责，如实行建筑安装总承包，有些也需施工单位进行订货，同时还应注意非标准设备和短线产品的加工订货，这些器材如供应不及时，极易延误工期。

4. 进场材料验收

安排进场材料、构件及设备的验收，并检查其数量和规格。建筑施工的大宗材料，其质量、价格、供应情况对施工影响极大，施工单位应作为准备工作的重点，落实货源，办理订购，择优购买。

5. 材料的技术试验和检验

应做好技术试验和检验工作，对于无出厂合格证明和没有按规定测试的原材料，一律不得使用。不合格的建筑材料和构件，一律不准出厂和使用，特别是对于没有使用经验的材料或进口原材料及某些再生材料更要严格把关。

二、组织施工机具进场、组装和保养

施工选定的各种土方机械、混凝土、砂浆搅拌设备、垂直及水平运输机械，吊装机械、动力机具，钢筋加工设备、木工机械、焊接设备、打夯机、抽水设备等应根据施工方案和施工进度，在施工现场统一调配，确定数量和进场时间，既要做到满足施工需要，又要节省机械台班等费用。需租赁机械时，应提前签约。

根据施工平面图，将施工机具安置在规定的地点或仓库。对固定机具要进行就位、搭棚、组装、接电源、保养和调试等工作。对所有施工机具都必须在开工之前进行检查和试运转。

三、模板和脚手架的准备

模板和脚手架是施工现场使用量大、堆放占地大的周转材料。

模板及其配件规格多、数量大，对堆放场地要求比较高，一定要分规格、型号整齐码放，以便于使用及维修。

大钢模一般要求立放，并防止倾倒，在现场应规划出必要的存放场地。钢管脚手架、桥式脚手架、吊篮脚手架等都应按指定的平面位置堆放整齐，扣件等零件还应防雨，以防锈蚀。

第六节　施工队伍的准备

一项工程完成的好坏，很大程度上取决于承担这一工程的施工人员的素质。现场施工人员包括施工的组织指挥者和具体操作者两大部分。这些人员的选择和组合，将直接关系到工程质量、施工进度及工程成本。因此，施工现场人员的准备是开工前施工准备的一项重要内容。

根据工程项目，核算各工种的劳动量，配备劳动力，组织施工队伍；组建项目组，确定项目负责人；调整、健全和充实施工组织机构；对特殊的工种需组织调配或培训，对职工进行工程计划、技术和安全交底；落实专业施工队伍和外包施工队伍。

一、组建项目管理机构

施工组织机构的建立应遵循以下原则：根据工程规模、结构特点和复杂程度、施工条件等，确定施工组织的领导机构名额和人选；坚持合理分工与密切协作相结合的原则；认真执行因事设职、因职选人的原则，将富有经验，有工作效率，有创新意识的人选入项目管理的领导班子。

二、建立精干的施工队组并组织劳动力进场

施工队组的建立，要认真考虑专业工种的合理配合，技工和普工的比例要满足劳动组织要求，确定建立混合施工队组或专业施工队组及其数量。组建施工队组要坚持合理、精干原则，同时制定出该工程的劳动力需要量计划，根据开工日期和劳动力需要量计划，组织劳动力进场，并根据工程实际进度需求，动态增减劳动力数量。需要外部施工力量的，可通过签订承包合同或劳务合同联合其他建筑队伍共同完成施工任务。

三、专业施工队伍的确定

大中型工业项目或公用工程，内部的机电安装，生产设备安装一般需要专业施工队或生产厂家进行安装和调试，某些分项工程也可能需要机械化施工公司来承担，这些需要外部施工队伍来承担的工作需在施工准备工作中以签订承包合同的形式予以明确，落实施工队伍。

四、施工队伍的教育

施工前，企业要对施工队伍进行劳动纪律、施工质量和安全教育，要求本企业职工和外包施工队人员必须做到遵守劳动时间，坚守工作岗位，遵守操作规程，保证产品质量，保证施工工期及安全生产，服从调动，爱护公物。同时，企业还应做好职工、技术人员的培训和技术更新工作，只有不断提高职工、技术人员的业务技术水平，才能从根本上保证建筑工程质量，不断提高企业的竞争力。此外，对于某些采用新工艺、新设备、新材料、新技术的工程，应该先将有关的管理人员和操作工人组织起来培训，使之达到标准后再上岗操作。这也是施工队伍准备工作的内容之一。

五、向施工队组和工人进行施工组织和技术交底

进行施工组织和技术交底就是将拟建工程的设计内容、施工计划和施工技术要求等，详尽地向施工队组和工人讲解说明。此项工作一般应在单位工程或分部（分项）工程开工前及时进行。

交底内容有：工程施工进度计划、月（旬）作业计划；施工组织设计、施工工艺、质量标准、安全技术措施、降低成本措施和施工验收规范的要求；新设备、新材料、新技术和新工艺的实施方案和保证措施；图纸会审中所确定的有关部位的设计变更和技术核定等事项。

交底工作按项目管理系统自上而下逐级进行，交底方式有书面、口头、现场示范等形式。

六、职工生产后勤保障准备

职工的衣、食、住、行、医疗、文化生活等后勤供应和保障工作，必须在施工队伍集结前做好充分的准备。

第七节 冬、雨季施工准备

建筑工程施工绝大部分工作是露天作业，尤其在冬季、雨季对施工生产的影响较大。我国黄河以北每年冰冻期大约有4～5个月，长江以南每年雨天大约在3个月以上，给施工增加了很多困难。为保证按期、保质完成施工任务，必须做好周密的施工计划和充分的冬、雨季施工准备工作，克服季节影响，保持均衡施工。

一、做好进度安排

1. 施工进度安排应考虑综合效益

除工期有特殊要求必须在冬季、雨季施工的项目外，应尽量权衡进度与效益、质量的关系，将不宜在冬季、雨季施工的分部工程避开这个季节。如土方工程、室外粉刷、防水工程、道路工程等不宜冬期施工；土方工程、基础工程、地下工程等不宜雨季施工。

2. 冬季施工费用增加不大的分部工程

冬季施工条件差，技术要求高，费用也会相应增加。为此，应考虑将既能保证施工质量，同时费用增加较少的项目安排在冬季施工，如一般的砌砖工程、可用蓄热法养护的混凝土工程、室内粉刷、装修（可先安装好门窗及玻璃）工程、吊装工程、打桩工程等，这些工程在冬季施工时，对技术的要求并不复杂，但它们在整个工程中占的比重较大，对进度起着决定性作用，可以列在冬季施工范围内。

3. 冬季施工成本增加稍大的分部工程

如土方、基础、外粉刷、屋面防水等工程，费用增加很多又不易确保质量，均不宜安排在冬季施工。因此，安排施工进度时应明确冬季施工的项目，既要做到冬季不停工，又要使冬季采取的措施费用增加较少。

二、冬季施工准备要点

1. 做好临时给水、排水管的防冻准备

冬季来临前，做好室内的保温施工项目，如先完成供热系统，安装好门窗玻璃等项目，保证室内其他项目能顺利施工。室外各种临时设施要做好保温防冻，给水管线应埋于冰冻线以下，外露的给水排水管应做好保温，防止给排水管道冻裂；排水管道应有足够的坡度，管道中不能积水，防止沉淀物堵塞管道造成溢水，场地结冰。防止道路积水结冰，及时清扫道路上的积雪，以保证运输顺利。

2. 冬季物资供应和储备

考虑到冬季运输比较困难，冬季施工前需适当加大材料储备量。准备好冬季施工需用的一些特殊材料，如促凝剂、防寒用品等。

3. 落实各种热源供应和管理

包括各种热源供应渠道、热源设备和冬季用的各种保温材料的储存和供应、司炉工培训等工作。

4. 做好测温工作

冬季施工昼夜温差较大，为保证施工质量应做好测温工作，防止砂浆、混凝土在达到临界强度前遭受冻结而破坏。

5. 加强防火安全教育

做好职工培训及冬季施工的技术操作和安全施工的教育，建立冬季施工制度，做好冬季施工准备、思想准备、防火和防冻教育，确保施工质量，避免事故发生。应设立防火安全技术措施，并经常检查落实，保证各种热源设备完好。同时，冬季施工中，由于保温、取暖等火源增多，须加强消防安全工作，特别要注意消防水源防冻，经常检查消防器材和装备的性能状况。

三、雨季施工准备要点

1. 做好雨季施工安排，尽量避免雨季窝工造成的损失

雨季到来之前，创造出适宜雨季施工的室外或室内的工作面。一般情况下，在雨季到来之前，应尽量完成基础、地下工程、土方工程、室外及屋面工程等不宜在雨季施工的项目；多留些室内工作在雨季施工。

2. 采取有效的技术措施，保证雨季施工质量

包括防止砂浆、混凝土含水量过多的措施，防止水泥受潮的措施等。

3. 防洪排涝，做好现场排水工作

做好排水设施，准备好排水机具。作好低洼工作面的挡水堤，防止雨水灌入。工程地点若在河流附近，上游有大面积山地丘陵，应有防洪排涝准备。施工现场雨季来临前，应做好排水沟渠的开挖，准备好抽水设备，防止因场地积水和地沟、基槽、地下室等泡水而造成损失。

4. 做好道路维护，保证运输畅通

雨季前检查道路边坡排水，适当提高路面，防止路面凹陷，保证运输畅通。临时道路做好横断面上向两侧的排水坡、铺路渣等防止路面泥泞，保障雨季进料运输。

5. 做好物资的储存

雨季到来前，材料、物资应多储存，减少雨季运输量，以节约费用。同时保证雨季正常施工，要准备必要的防雨器材，库房四周要有排水沟渠，预防物资淋雨浸水而变质。

6. 做好机具设备等防护

雨季施工，对现场的各种设施、机具要加强检查，特别是脚手架、垂直运输设施等，要采取防倒塌、防雷击、防漏电等一系列技术措施。

7. 加强施工管理，做好雨季施工的安全教育

要认真编制雨季施工技术措施，并认真组织贯彻实施。加强对职工的安全教育，防止各种事故发生。

思　考　题

1. 简述施工准备工作的意义。
2. 简述施工准备工作的内容。
3. 原始资料的调查包括哪些方面？各方面的主要内容有哪些？
4. 施工现场准备包括哪些内容？
5. 物资准备包括哪些内容？
6. 施工现场人员准备包括哪些内容？
7. 冬雨季施工准备内容有哪些？

第三章　土木工程流水施工

学习要点

掌握流水施工的概念、流水施工参数的概念；掌握流水施工参数的确定；掌握等节奏节拍专业流水施工的主要特点，计算步骤，能够正确计算工期；掌握成倍节拍专业流水施工的主要特点，计算步骤，能够正确计算工期；掌握无节奏专业流水施工的实质，计算步骤，能够正确计算工期。

第一节　基本概念

一、土木工程施工的流水作业

流水施工源于工业生产中的流水作业，是组织生产的有效方法。土木工程的流水施工与一般工业生产流水线作业十分相似。不同的是，在工业生产中的流水作业中，专业生产者是固定的，而各产品或中间产品在流水线上流动，由前一个工序流向后一个工序；而在土木工程施工中各施工段是固定不动的，而专业施工队则是流动的，他们由前一施工段流向后一施工段。组织流水施工可以充分利用时间和空间，连续、均衡、有节奏地组织施工。

土木工程施工流水作业就是由固定组织的工人，在若干个工作性质相同的施工区域中依次连续地工作的一种施工组织方法。为了说明土木工程中采用流水施工的特点，可比较建造若干幢相同的房屋时，施工中采用的依次施工、平行施工和流水施工三种不同的施工组织方法，这三种作业方式可以单独使用也可以综合运用。

在实际工程施工中，一般用图表来表达流水的施工进度计划，其表现形式通常为横道图和网络图。

横道图即甘特图，又叫水平图表，其表达形式如图3-1～图3-3所示。横道图中横向表示时间进度，纵向表示施工过程或专业施工队的编号。表中横道线条的长度表示计划中的

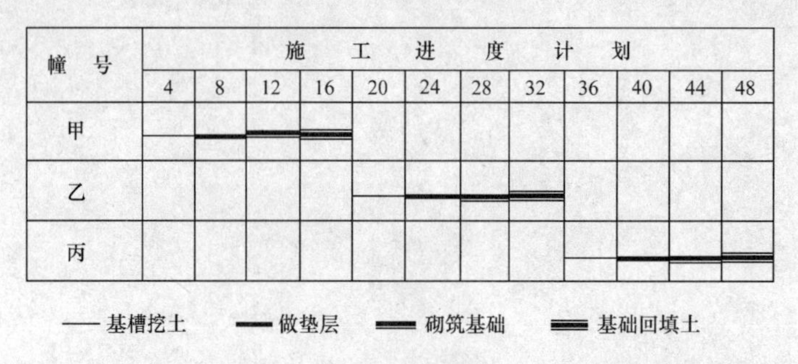

图3-1　顺序施工

施工过程在某施工段上的作业持续时间，横道线条的位置表示各施工过程的开始和结束时刻，以及它们之间相互配合的关系。

横道图的优点是能够清晰地表达各施工过程的开始、结束和持续时间，时间和空间状况形象直观，计划工期一目了然，使用方便，制作简单，易于掌握。所以，至今仍是工程实践中应用最普遍的表达方式之一。

网络图是用箭线和节点组成的，用来表示施工过程之间的先后顺序和逻辑关系的图形，常见的有双代号网络图和单代号网络图两种（详见第四章内容）。网络图与横道图相比其优势在于不仅能够表达施工过程之间的逻辑关系，以及一项工作的变动对其他工作的影响，还能够反映出计划任务的内在矛盾和关键环节，并可以利用计算机进行参数的计算、优化和调整，所以有更好的应用前景。

如有三幢同类型房屋的基础工程，有基槽挖土、做垫层、砌砖基础和回填土等四个施工过程，有四个不同的工作队分别施工。如每个施工过程在一幢房屋上所需施工的时间为4d，则组织该基础工程的施工，有以下三种组织施工的方式。

1. 顺序施工

顺序施工是施工对象一个接一个地按顺序组织施工的方法；当第一幢房屋竣工后才开始第二幢房屋的施工，即按着次序一幢接一幢地进行施工。各工作队按顺序依次在各施工对象上工作。该三幢同类型房屋基础工程的施工如图3-1所示。

采用顺序施工时，同时投入的劳动力和物资资源比较少，但各专业工作队在该工程中的工作是有间歇的，施工中某一物资资源的消耗也有相应间断，工期也拖得较长。

2. 平行施工

平行施工是所有施工对象同时开工、同时完工的组织施工的方法，如图3-2所示。采用平行施工时，若干幢房屋同时开工、同时竣工。这样施工显然可以大大缩短工期，但是各专业工作队同时投入工作的队数却大大增加，相应的劳动力以及物资资源的消耗量集中，这都会给施工带来不良的经济效果。这种方法适用于工期要求紧，需要突击的工程。

3. 流水施工

流水施工是施工对象按一定的时间间隔依次开始施工，各工作队按一定的时间间隔依次在各施工对象上工作，不同的工作队在不同的施工对象上同时工作的组织施工的方法，如图3-3所示。流水施工的实质是充分利用时间和空间，从而缩短工期，增加劳动力和物资需要量供应的均匀性，提高劳动生产率，降低工程成本。

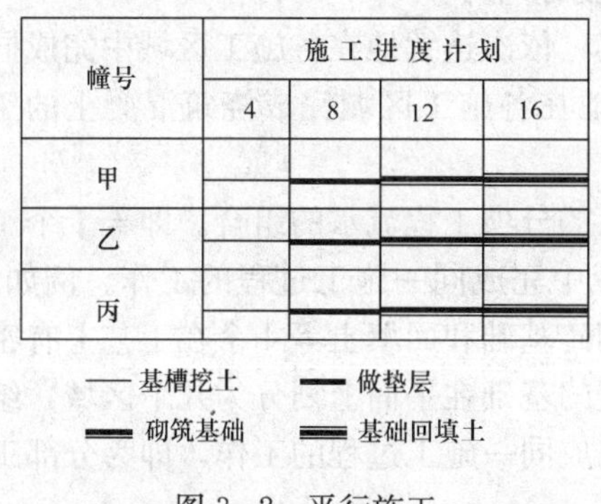

图3-2 平行施工

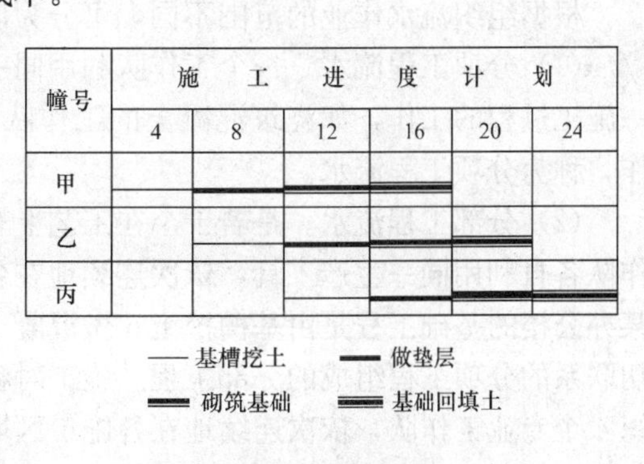

图3-3 流水施工

采用流水施工时，是将若干幢房屋依次保持一定的时间搭接，陆续开工，陆续完工。即把房屋的施工过程搭接起来，其中有若干幢房屋处在同时施工状态，使各专业工作队的工作具有连续性，而物资资源的消耗具有均衡性，流水施工与依次施工相比工期也较短。

流水施工综合了顺序施工和平行施工的优点，消除了它们的缺点。用流水施工的方法组织施工，其特点是生产的连续性和均衡性。同一工作队在各施工对象上依次连续地工作，即时间连续；同一施工对象上有不同工作队依次连续地工作，即空间连续。各种物资资源需求均衡，既能保证投入施工的专业工作队工作不间断，合理地利用工作面，又能使工期缩短。由于消除了工作队的间歇，避免了施工期间劳动力的过分集中，从而降低了工程的间接费用，同时，组织专业生产队，使生产专业化，有利于发挥工人技术水平和改进操作方法，促进劳动生产率的提高，所以流水施工是一种合理的、科学的组织措施，它可以在建筑施工中带来良好的经济效益。

又如某路段要修 3 道圆管涵，各涵洞的工程量相等，每道涵洞分为 3 道工序，基础 4 人，洞身 8 人，洞口 6 人，各道工序的持续时间均为两天，按照三种组织方式完成施工任务，如图 3 - 4 所示。

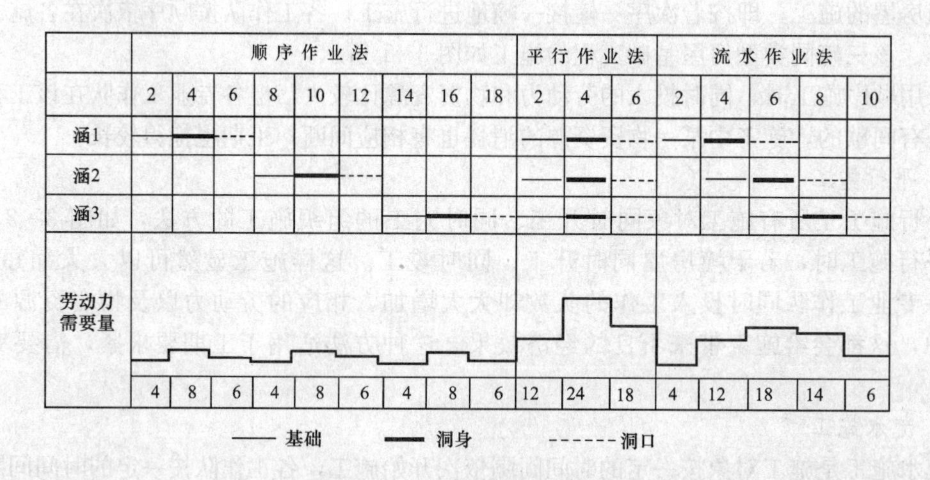

图 3 - 4　三种施工组织方式

二、流水作业的分类

根据组织流水作业的范围不同，可分为以下几种流水作业：

（1）分项工程流水。一个工作队利用同一生产工具，依次连续地在各施工区域中完成同一施工过程的工作，如浇筑混凝土的工作队依次连续地在各施工区域完成浇筑混凝土的工作，称为分项工程流水。

（2）分部工程流水。是若干个在工艺上有密切联系的分项工程流水的组合。即若干个工作队各自利用同一生产工具，依次连续地在各施工区域中完成同一施工过程的工作。例如，某办公楼的基础工程是由基槽挖土、做混凝土垫层，砌砖基础和回填土等 4 个在工艺上有密切联系的分项工程组成的分部工程。施工时将该办公楼的基础在平面上划分为几个区域，组织 4 个专业工作队，依次连续地在各施工区域中各自完成同一施工过程的工作，即为分部工程流水。

（3）单位工程流水。是指为完成单位工程而组织起来的全部专业流水的总和，即所有工作队在一个施工对象的各施工区域中依次连续地完成各自同样的工作，直至完成单位工程为止。

（4）建筑群流水。所有工作队在一个建筑群的各施工区域中依次连续地完成各自同样的工作，称为建筑群流水。

前两种流水是流水作业的基本形式。在实际施工中，分项工程流水的效果是不大的，只有把若干个分项工程流水组织成分部工程流水，才能得到良好的效果。后两种流水实际上是分部工程流水的扩充应用。因此，下面主要以分部工程流水为基础，阐述建筑施工流水作业的一般原理和组织方法。

三、流水施工的经济效果

流水施工是一种有效的组织措施，也是组织施工的一种有效方法。它的特点是施工的连续性和均衡性，使各种物资资源可以均衡地使用，使施工企业的生产能力可以充分地发挥，劳动力得到了合理的安排和使用，从而带来了较好的经济效果，它主要表现在以下几方面：

（1）流水施工能合理地、充分地利用工作面，争取时间，加速工程的施工进度，有利于缩短工期。前后施工过程衔接紧凑，消除了不必要的时间间歇，使施工得以连续进行，后续工作尽可能提前在不同的工作面上开展，加快施工进度。通过比较，各施工企业开展流水施工比依次施工总工期可缩短 1/3 左右。

（2）流水施工进入各施工过程的班组专业化程度高，为工人提高技术水平和改进操作方法以及革新生产工具创造了有利条件，促进劳动生产率的提高和工人劳动条件的改善，同时使工程质量容易得到保证和提高。

（3）流水施工中单位时间完成的工程数量，对机械操作过程是按照主导机械生产率来确定，对手工操作过程是以合理的劳动组织来确定的，因而可以保证施工机械和劳动力得到合理、充分的利用。

（4）流水施工劳动力和物资消耗均衡，加速了施工机械、架设工具等的周转使用次数，而且可以减少现场临时设施，从而节约施工费用支出。采用流水施工，使得劳动力和其他资源的使用比较均衡，可避免出现劳动力和资源的使用大起大落的现象，减轻施工组织者的压力，为资源的调配、供应和运输带来方便。

（5）流水施工有利于机械设备的充分利用，也有利于劳动力合理安排和使用，有利于物资资源的平衡、组织与供应，做到计划化和科学化，从而促进施工技术与管理水平不断提高。

四、组织流水施工的要点和条件

组织流水施工的要点和条件有以下几点：

（1）划分分部分项工程。将拟建工程，根据工程特点及施工要求，划分为若干分部工程；每个分部工程又根据施工工艺要求、工程量大小、施工班组的组成情况，划分为若干施工过程（即分项工程）。

（2）划分施工段。根据组织流水施工的需要，将拟建工程在平面或空间上，划分为工程量大致相符的若干个施工段。

（3）组织施工班组。每个施工过程尽可能组织独立的施工班组，配备必要的施工机具，按施工工艺的先后顺序，依次地、连续地、均衡地从一个施工段转移到另一个施工段完成本施工过程相同的施工操作。

（4）施工过程。对工程量较大、施工时间较长的施工过程，必须组织连续、均衡施工，对其他次要施工过程，可考虑与相邻的施工过程合并。如不能合并，为缩短工期，可安排间断施工。

（5）施工搭接。不同的施工过程尽可能组织平行搭接施工，按施工先后顺序要求，在有工作面条件下，除必要的技术与组织间歇（如养护等）外，尽可能组织平行搭接施工。

第二节 主要流水作业参数的确定

流水作业参数主要包括：工艺参数、时间参数、空间参数。

一、工艺参数

1. 施工过程数

施工过程数是指工程对象在组织流水施工中所划分的施工过程数目，以“n”表示。施工过程数的确定与建筑物的结构形式、施工方法、工程规模等情况有关，如钢筋混凝土工程可分为支模板、绑扎钢筋、浇筑混凝土和养护等几个施工过程。

在划分施工过程数时，若分得过细、过多，则会给工程计算增加难度，进度计划也很烦琐，指导施工时，不利于抓住重点；若分得过少，则与施工相差太大，也不利于指导施工。

2. 流水强度

每一施工过程在单位时间内所完成的工程量（如浇捣混凝土施工过程，每工作班能浇筑多少立方米混凝土）叫流水强度，又称流水能力或生产能力。

（1）机械施工过程的流水强度按下式计算

$$V=\sum_{i=1}^{x}R_iS_i \tag{3-1}$$

式中 R_i——某种施工机械台数；

S_i——该种施工机械台班生产率；

x——用于同一施工过程的主导施工机械种数。

（2）手工操作过程的流水强度按下式计算

$$V=RS \tag{3-2}$$

式中 R——每一施工过程投入的工人人数（R 应小于工作面上允许容纳的最多人数）；

S——每一工人每班产量。

二、空间参数

1. 施工段数

将工程在平面上划分为若干个独立的施工区段，称为施工段，其数量为施工段数，用“m”表示。

工程施工中每一施工段上只允许有一个专业班组施工。划分成若干个施工段后，不同的专业班组可在不同的施工段上同时施工，并使各施工班组按一定的时间间隔转移到另一施工段上施工，以加快工程进度避免工人窝工。

施工段数划分应适当，过多会延长工期，过少会引起劳动力及物质供应的过分集中。有时甚至无法组织流水作业。划分施工段数应考虑以下因素：

(1) 施工段划分与建筑物的平面形状和结构特征相协调，不能破坏结构的力学性能，不能在不允许留施工缝的结构构件部位分段。应尽可能利用伸缩缝，沉降缝、单元分界处等自然分界线。

(2) 各施工段上各施工过程的劳动量大致相等或互为整倍数，其相差幅度不宜超过10%～15%。以便组织使时间、空间都能连续的全等节拍或成倍节拍流水，保证施工班组连续、均衡、有节奏施工。

(3) 工人操作要有足够的工作面。如工作面过小，工人操作不便，既影响工作效率又易出安全事故。一个工人或工作队工作时需占一定的空间以满足工作施工的需要，这样的空间称为工作面。工人在某种条件下对工作面的最低要求叫最小工作面，这种条件主要是不因拥挤而降低劳动生产率和不得使工人过分频繁地转移工作场地。

(4) 尽量使主导施工过程的工作队能连续施工。主导施工过程是指对总工期起控制作用的施工过程。由于各施工过程的工程量不同，所需最小工作面不同，以及施工工艺上的不同要求等原因，如要求所有工作队都连续工作，所有施工段上都连续有工作队在工作，有时往往是不可能的，则应组织主导施工过程能连续施工。例如多层砖混结构的房屋，主体工程施工的主导施工过程是砌砖墙。确定施工段数时，应使砌砖墙的工作队能连续施工。砌墙工作队砌完第一层第一段的砖墙后，即转入第二段砌墙，依次在各施工段上连续砌墙，直到第一层的最后一个施工段的砖墙砌完以后，就能立即转入第二层第一段砌筑砖墙。而在多层框架结构房屋工程中，主导施工过程则为钢筋混凝土工程。

(5) 当分层组织全等节拍或成倍节拍流水作业时，施工段数、施工过程数（或工作队数)、技术间歇以及搭接时间应保持一定的关系。一般要求施工段数大于或等于施工过程数。

2. 工作面

工作面是表明施工对象上可能安置一定工人操作或布置施工机械的空间大小，所以工作面可以反映施工过程（工人操作、机械布置）在空间上布置的可能性。

工作面的大小可以采用不同的单位来计量，如对于砌墙，可以采用沿着墙的长度以 m 为单位；对于浇筑混凝土楼板则可以采用楼板的面积以 m^2 为单位等。

对于某些工程，在施工一开始时就已经同时在整个长度或广度上形成了工作面，这种工作面称为完整的工作面（如挖土)。而有些工程的工作面是随着施工过程的进展逐步（逐层、逐段等）形成的，这种工作面叫做部分的工作面（如砌墙)。不论是在哪一种工作面上，通常前一施工过程的结束就为后一个（或几个）施工过程提供了工作面。在确定一个施工过程必要的工作面时，不仅要考虑前一施工过程为后继施工过程所可能提供足够的工作面，还要遵守安全技术和施工技术规范的规定。

工作面形成的方式直接影响到流水施工的设计方法。主要工种的最小工作面可参考表 3-1。

表 3-1　　主要工种的最小工作面

工 作 项 目	每个技工工作面	说　明
砖基础	7.6m/人	以1.5砖墙计 2砖×0.8 3砖×0.55

续表

工　作　项　目	每个技工工作面	说　明
砌砖墙	8.5m/人	1砖计 1.5砖×0.71 2砖×0.57
毛石墙基础	3m/人	以60cm计
毛石墙	3.3m/人	以40cm计
混凝土柱、墙基础	$8m^3$/人	机拌、机捣
混凝土设备基础	$7m^3$/人	机拌、机捣
现浇钢筋混凝土柱	$2.45m^3$/人	机拌、机捣
现浇钢筋混凝土梁	$3.2m^3$/人	机拌、机捣
现浇钢筋混凝土墙	$5m^3$/人	机拌、机捣
现浇钢筋混凝土楼板	$5.3m^3$/人	机拌、机捣
预制钢筋混凝土柱	$3.6m^3$/人	机拌、机捣
预制钢筋混凝土梁	$3.6m^3$/人	机拌、机捣
预制钢筋混凝土屋架	$2.7m^3$/人	机拌、机捣
预制钢筋混凝土平板、空心板	$1.91m^3$/人	机拌、机捣
预制钢筋混凝土大型屋面板	$2.62m^3$/人	机拌、机捣
混凝土地坪及屋面	$40m^2$/人	机拌、机捣
外墙抹灰	$16m^2$/人	机拌、机捣
内墙抹灰	$18.5m^2$/人	
卷材屋面	$18.5m^2$/人	
防水水泥砂浆屋面	$16m^2$/人	
门窗安装	$11m^2$/人	

三、时间参数

1. 流水节拍

流水节拍是指某一施工过程在一个施工段中进行施工作业的持续时间，以“t”表示。流水节拍决定着流水施工的总工期，是组织流水作业的主要流水参数。一个施工过程的工作队，在一个施工段上的流水节拍与该段的工程量、工作队的工人数和劳动生产率以及要求的工期有关。通常有两种确定方法：

（1）根据现有的施工人数（或机械台数）确定流水节拍，可按式（3-3）计算

$$t_i = \frac{Q_i}{nP_iR_i} = \frac{W_i}{nR_i} \tag{3-3}$$

$$W_i = \frac{Q_i}{P_i}$$

式中　Q_i——某施工过程在其施工段上的工程量；

R_i——工作队人数（或机械台数）；

P_i——产量定额；

n——每天工作的班组数；

W_i——某施工段上完成某施工过程所需要的劳动量（或机械台班量）。

（2）根据工期要求确定流水节拍。首先根据工期要求确定出流水节拍，计算所需要的工人人数（或机械台班数），然后检查劳动力、机械是否能满足需要。

按上述两种方法确定的流水节拍，还需校核工人操作的工作面是否满足最小工作面的要求，各种材料的需要量是否能保证供应等。

2. 流水步距

流水步距是相邻两个施工过程先后进入流水组织的时间间隔，用符号"K"表示。在组织某一流水施工中，流水步距的数目取决于施工过程的数目，当施工过程数目为 n 个时，则流水步距的数目为 $n-1$ 个。

流水步距一般随流水节拍而定，有以下几种情况：

（1）当组织全等节拍流水时，流水步距是常数且等于流水节拍。

（2）当组织成倍节拍流水时，流水步距是常数，其值等于各流水节拍的最大公约数。

（3）当组织不定节拍流水时，流水步距是变数。其值分别按"累加数列错位相减取大差"的方法确定。

确定流水步距遵照以下原则：

（1）应保证相邻两个施工过程之间工艺上有合理的顺序，时间上要紧密衔接。

（2）要保证各个施工过程的专业工作队连续施工。

（3）各施工过程之间要有必要的技术间隙时间，注意安全施工的要求。

3. 工期

工期是指完成一项工程任务或一个流水组施工所需的时间，采用下式计算（不含技术间歇、组织间歇、搭接时间）

$$T=\sum K_{i,i+1}+T_n \tag{3-4}$$

$$T_n=mt_n$$

式中　$\sum K_{i,i+1}$——流水施工中各流水步距之和；

T_n——流水施工中最后一个施工过程的持续时间；

m——施工段数；

t_n——流水施工中最后一个施工过程在施工段上的作业时间（等于各流水节拍的最大公约数）。

第三节　组织流水作业的基本方法

根据建筑物和构筑物的结构特征，可选用流水段法和流水线法进行流水作业。

一、流水段法

在平面上划分的施工区域称为施工段。流水段法是将建筑物在平面上划分为若干个施工区域，组织若干个专业工作队依次连续地在各区域中完成同样工作的流水作业方法。适用于组织具有一定面积的建筑物的流水作业。

如图 3-5（a）、（b）所示，是将建筑物在平面上划分为三个施工段，组织三个专业工作队进行流水作业的两种指示图。

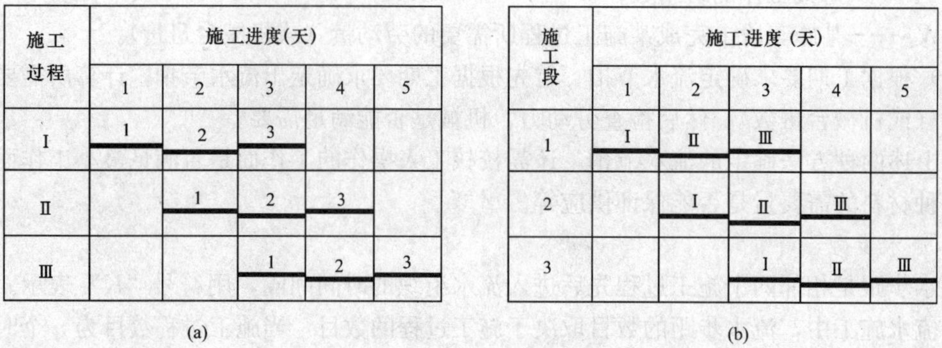

施工过程	施工进度(天)				
	1	2	3	4	5
Ⅰ	1	2	3		
Ⅱ		1	2	3	
Ⅲ			1	2	3

(a)

施工段	施工进度（天）				
	1	2	3	4	5
1	Ⅰ	Ⅱ	Ⅲ		
2		Ⅰ	Ⅱ	Ⅲ	
3			Ⅰ	Ⅱ	Ⅲ

(b)

图 3-5　流水作业水平指示图

在组织流水作业前，必须先确定几个流水作业参数，主要是确定施工段、施工过程和工作队的数目，流水节拍和流水步距的大小。以上参数通常分别以 m、n、b、t、K 表示。

流水节拍：一个工作队在一个施工段上工作的延续时间。

流水步距：是相邻工作队先后开始工作的时间间隔。

流水施工方式根据流水施工节拍特征的不同，可分为有节奏流水施工和无节奏流水施工。

有节奏流水指的是进入流水的各个施工过程在各施工段上的流水节拍都相等，而各个施工过程之间时间相等或互为整倍数。

（一）有节奏流水施工

有节奏流水施工分为等节奏（全等节拍流水）流水和异节奏流水施工。

施工过程	施工进度(天)						
	1	2	3	4	5	6	7
Ⅰ	1	2	3	4			
Ⅱ	K	1	2	3	4		
Ⅲ		K	1	2	3	4	
Ⅳ			K	1	2	3	4
	$(n-1)K$			mt			

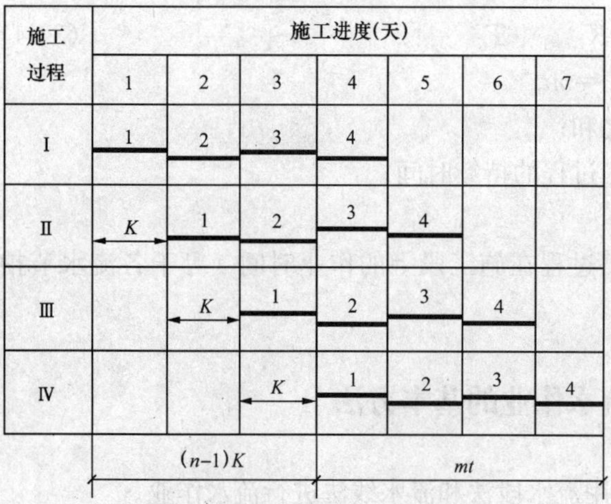

图 3-6　全等节拍流水施工指示图

1. 全等节拍流水施工

全等节拍流水施工是指各个施工过程的流水节拍全部相等且为常数的一种流水施工方式。即同一施工过程在各施工段上的流水节拍都相等，并且不同施工过程之间的流水节拍也相等的一种流水施工方式。它根据其间歇与否又可分为无间歇全等节拍流水和有间歇全等节拍流水。

这是最有规律的一种组织形式。各工作队在各施工段上的流水节拍相等，并互相相等，且等于流水步距，即 $t_1 = t_2 = t_3 = \cdots = t_n = K =$ 常数。

（1）无间歇时间和搭接时间时全等节拍流水施工指示图如图 3-6 所示。

全等节拍流水的总工期公式为

$$T = (n-1)K + mt \tag{3-5}$$

因为 $t = K$，所以　$T = (m+n-1)K$

式中　T——持续时间；

m——施工段数；

n——施工过程数；

t——流水节拍；

K——流水步距。

由于技术上的要求，在两个施工过程之间要求有一定的间歇时间。如屋面保温层上水泥砂浆找平层需要一定的干燥时间，才能在上面铺设防水层；混凝土楼板浇灌后需要有一定的养护时间，才能做下一道工序。为了缩短工期，有时在同一施工段中，当前一工作队让出一定工作面后，后一工作队可提前进入，搭接施工。

(2) 有间歇时间和搭接时间时，全等节拍流水施工指示图如图 3-7 所示。

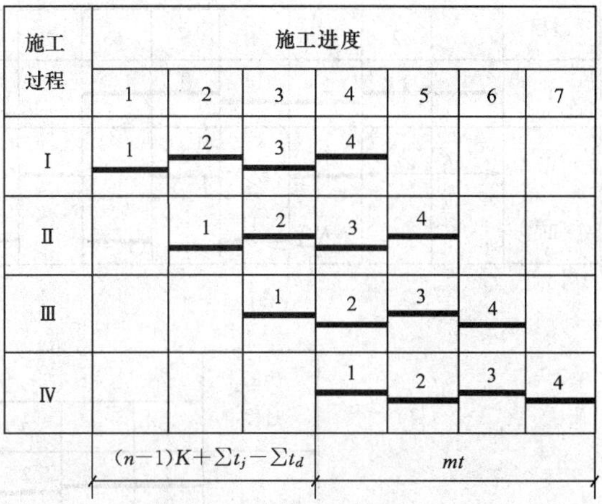

施工过程	施工进度						
	1	2	3	4	5	6	7
Ⅰ	1	2	3	4			
Ⅱ		1	2	3	4		
Ⅲ			1	2	3	4	
Ⅳ				1	2	3	4
	$(n-1)K+\sum t_j-\sum t_d$			mt			

图 3-7　有间歇时间和搭接时间流水指示图

全等节拍流水的总工期公式为

$$T=(m+n-1)K+\sum t_j-\sum t_d \tag{3-6}$$

式中　$\sum t_j$——某层内工艺间歇和组织间歇时间总和；

$\sum t_d$——某层内搭接时间总和。

2. 成倍节拍流水

成倍节拍流水是指各工作队在各施工段上的流水节拍相等，不同施工过程之间流水节拍不完全相等，但各个施工过程的流水节拍均为其中最小流水节拍的整倍数的流水施工方式。根据组织流水作业的基本要求，应尽量使工作队能连续工作，施工段上能连续地有工作队在工作。当各工作队的流水节拍互不相等而互为整倍数时，若仍各以一个工作队组织施工，就不能达到时间和空间都连续的要求。

例如组织现浇钢筋混凝土工程流水作业，将工程对象在平面上划分为 3 个施工段，根据施工工艺，按施工顺序有支模板、绑扎钢筋、浇筑混凝土三个施工过程，各工作队的流水节拍分别为 2 天，1 天，1 天。如各以一个工作队进行工作，则有如图 3-8 所示的三种不理想或不合理的情况。

图 3-8 (a) 中钢筋工作队和混凝土工作队不能连续工作；图 3-8 (b) 中 2，3 段扎钢筋在支模板前已完成，显然是不合理的；图 3-8 (c) 中各工作队都能连续工作，但第 1，2 施工段上不能连续地有工作队工作。这种情况下要使时间、空间都连续，则必须对不同流水节拍采用不同的工作队数，组织成倍节拍流水。如支模板、绑扎钢筋、浇筑混凝土分别采用 2 个、1 个、1 个工作队。图 3-9 所示是成倍节拍组织流水作业的合理方案，关键是以施工的总工作队数为对象，而不是以施工过程数为对象。某施工过程工作队数为 $b_i=t_i/k$，总工作队数为 $\sum_{i=1}^{n}b$。

成倍节拍流水的工期公式为

$$T=(\sum_{i=1}^{n}b_i-1)K+mt_{\min}$$

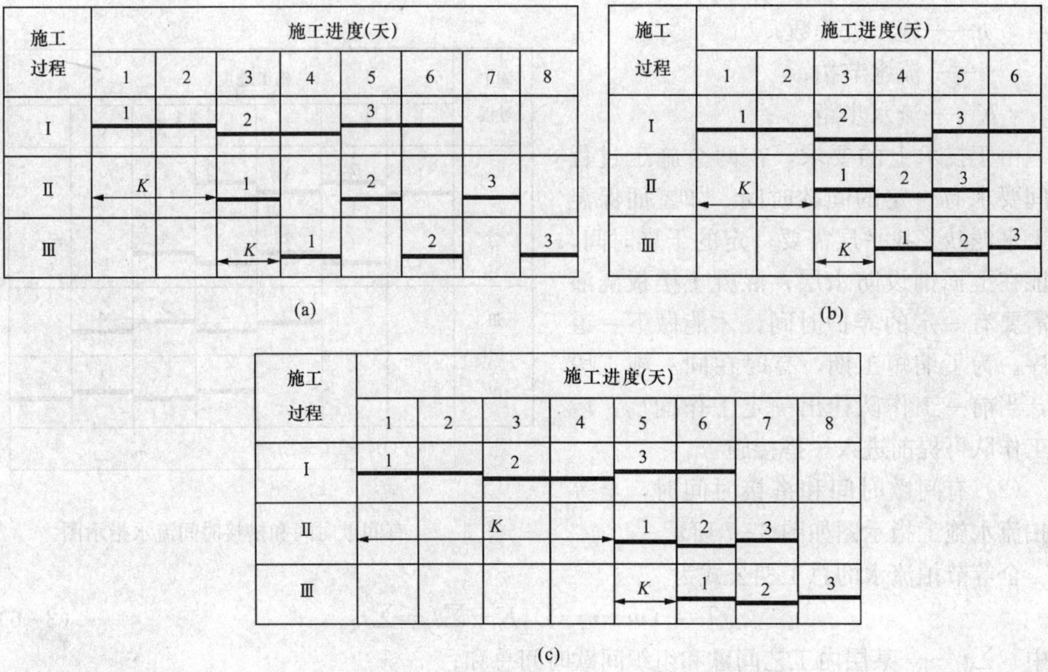

施工过程	施工进度(天)							
	1	2	3	4	5	6	7	8
Ⅰ	1		2		3			
Ⅱ	K		1		2		3	
Ⅲ			K	1		2		3

(a)

施工过程	施工进度(天)					
	1	2	3	4	5	6
Ⅰ	1		2		3	
Ⅱ	K		1	2	3	
Ⅲ			K	1	2	3

(b)

施工过程	施工进度(天)							
	1	2	3	4	5	6	7	8
Ⅰ	1		2		3			
Ⅱ			K		1	2	3	
Ⅲ					K	1	2	3

(c)

图 3-8　三种不合理或不理想情况

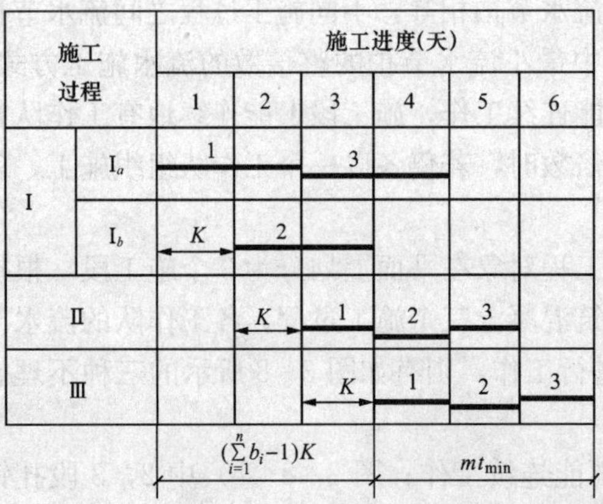

施工过程		施工进度(天)					
		1	2	3	4	5	6
Ⅰ	$Ⅰ_a$	1		3			
	$Ⅰ_b$	K	2				
Ⅱ			K	1	2	3	
Ⅲ				K	1	2	3

$(\sum_{i=1}^{n} b_i - 1)K$　　$mt_{\min}$

图 3-9　成倍节拍流水施工指示图

$$K = t_{\min}，则\ T = (m + \sum_{i=1}^{n} b_i - 1)K$$

当有技术间歇时间和搭接时间时成倍节拍流水的总工期为

$$T = (m + \sum_{i=1}^{n} b_i - 1)t_{\min} + \sum t_j - \sum t_d \tag{3-7}$$

式中　$\sum t_j$——某层内工艺间歇和组织间歇时间总和；

$\sum t_d$——某层内搭接时间总和。

【例 3-1】　某分部工程有 A、B、C、D 四个施工过程，$m=6$，流水节拍分别为 $t_a=2$ 天，$t_b=6$ 天，$t_c=4$ 天，$t_d=2$ 天，试组织成倍节拍流水施工。

解　确定流水步距 $k=t_{\min}=2$ 天

确定工作队数

$$b_1 = \frac{t_1}{k} = \frac{2}{2} = 1(队)$$

$$b_2 = \frac{t_2}{k} = \frac{6}{2} = 3(队)$$

$$b_3 = \frac{t_3}{k} = \frac{4}{2} = 2(队)$$

$$b_4 = \frac{t_4}{k} = \frac{2}{2} = 1(\text{队})$$

施工队总数

$$\sum_{i=1}^{4} b_i = 1 + 3 + 2 + 1 = 7(\text{个})$$

总工期为

$$T = (m + \sum_{i=1}^{n} b_i - 1)t_{\min} = (6 + 7 - 1) \times 2 = 24(\text{天})$$

根据计算的流水参数绘制施工进度计划表，如图 3 - 10 所示。

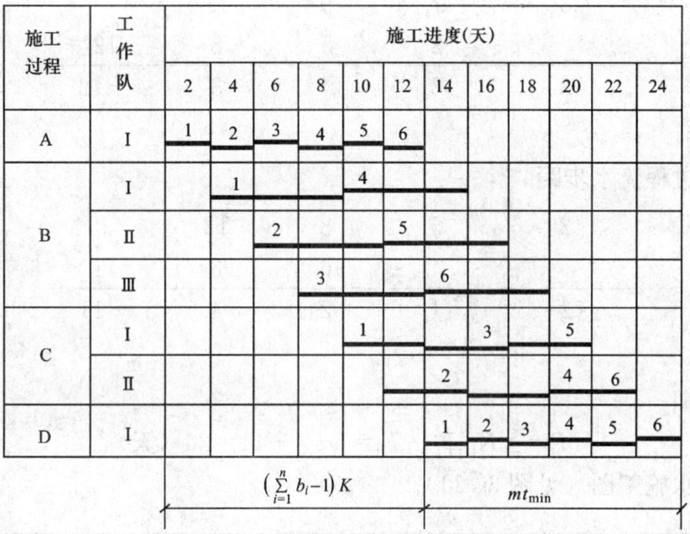

施工过程	工作队	施工进度(天)											
		2	4	6	8	10	12	14	16	18	20	22	24
A	Ⅰ	1	2	3	4	5	6						
B	Ⅰ		1			4							
	Ⅱ			2			5						
	Ⅲ				3			6					
C	Ⅰ					1			3		5		
	Ⅱ							2			4	6	
D	Ⅰ							1	2	3	4	5	6

$(\sum_{i=1}^{n} b_i - 1)K$　　$mt_{\min}$

图 3 - 10 成倍节拍流水施工指示图

(二) 无节奏流水

无节奏流水施工是组织流水施工的各个施工过程在各施工段的流水节拍均不相同的一种流水施工方式。

在实际工程中，无节奏流水施工是较常见的一种流水施工方式。因为它不像有节奏流水那样有一定的时间规律约束，在进度安排上比较灵活，自由。

1. 无节奏流水施工的特征

(1) 同一施工过程流水节拍不完全相等，不同施工过程流水节拍也不完全相等。

(2) 各个施工过程之间的流水步距不完全相等且差异较大。

2. 无节奏流水步距的确定

无节奏流水步距的计算是采用“累计相加，错位相减，取最大值法”，即：

第一步：将每个施工过程的流水节拍逐段累加；

第二步：错位相减，即从前一个施工班组由加入流水起到完成该段工作止的持续时间减去后一个施工班组由加入流水起到完成前一个施工段工作止的持续时间和（即相邻斜减），得到一组差数；

第三步：取上一步斜减差值中的最大值作为流水步距；

第四步：计算工期，即

$$T=\sum K_{i,i+1}+T_n \tag{3-8}$$

式中　T_n——最后一个施工过程的作业时间。

【例 3-2】　某分部工程有三个施工过程，平面上划分为四个施工段，流水节拍见表 3-2，试计算流水步距和工期，并绘制流水施工图（时间为天）。

表 3-2　　某工程流水节拍

施工过程	施工段			
	一	二	三	四
Ⅰ	3	4	2	2
Ⅱ	2	3	3	4
Ⅲ	4	2	2	3

解　（1）计算各施工过程之间的流水步距。

Ⅰ、Ⅱ施工过程流水步距

$$\begin{array}{rrrrrr} & 3 & 7 & 9 & 11 & \\ -) & & 2 & 5 & 8 & 12 \\ \hline & 3 & 5 & 4 & 3 & -12 \end{array}$$

$K_{\text{Ⅰ,Ⅱ}}=5$

Ⅱ、Ⅲ施工过程流水步距

$$\begin{array}{rrrrrr} & 2 & 5 & 8 & 12 & \\ -) & & 4 & 6 & 8 & 11 \\ \hline & 2 & 1 & 2 & 4 & -11 \end{array}$$

$K_{\text{Ⅱ,Ⅲ}}=4$

（2）计算工期。

$$T=\sum K_{i,i+1}+T_n=5+4+11=20\text{（天）}$$

（3）绘制流水施工图（见图 3-11）。

施工过程	施工进度计划(天)																			
	1	2	3	4	5	6	7	8	9	10	11	12	13	14	15	16	17	18	19	20
Ⅰ																				
Ⅱ																				
Ⅲ																				

图 3-11　无节奏流水施工指示图

组织无节奏流水施工的基本要求是保证各施工过程的工艺顺序合理和各专业工作队的工作不间断。但必须指出，各施工段上允许出现暂时的空闲，即暂时没有工作队投入施工的现象。

二、流水线法

在工程中常会遇到如道路、管道等延伸很长的构筑物。此类工程称为线形工程。线形工程的特点是沿长度方向工程量分布均匀、结构一致，各工作队可先后沿线推进施工。在这种情况下，就没有必要划分固定的施工段，而是以流水线法组织施工。所谓流水线法是组织若干个在工艺上有联系的工作队，按工艺顺序先后相继投入施工。各工作队以不变的速度，前后保持一定距离，沿着线形工程不断向前移动，完成同样长度的工程。

组织流水线法的步骤是：首先分析施工过程，找出对流水作业起决定性作用的主导施工过程。根据完成主导施工过程工作队的生产率确定每班的施工速度；然后再设计其他工作队的施工速度，使其与主导施工过程相适应。

例如，修建管道工程有开挖沟槽，铺设管道和回填土等 3 个施工过程组成。在这 3 个施工过程中挖沟槽是主导施工过程。如采用挖土机开槽，由挖土机性能，知其生产率为 50m/班。即挖沟槽每班的施工速度为 50m。因此，也应组织其他施工过程以每班 50m 的速度与开挖沟槽相适应。这样，当挖沟槽工作队前进了 50m 以后，铺管工作队即投入施工，回填土工作队又在铺管工作队前进 50m 以后投入施工。亦即每隔一天（采用单班制）投入一个工作队（如图 3-12 所示）。

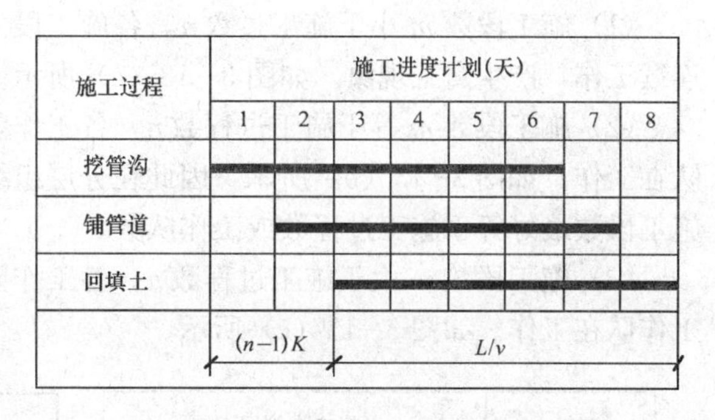

图 3-12 线形工程流水指示图

流水线法的总工期按式（3-9）计算

$$T=(n-1)K+L/v \tag{3-9}$$

式中 L——线形工程长度，km 或 m；

v——工作队的施工速度，km/班，m/班。

有时施工期限 T 已限定，如根据可能达到的施工速度，所需工期超出了限定工期，则需组织几个组同时施工。所需组数 N 按式（3-10）计算

$$N=\frac{L}{v(T-t)} \tag{3-10}$$

式中 T——限定工期。

实际工作中由于工作面限制和生产率不同，往往使工作队不能等速前进。在这种情况下必须注意不使后一工作队超过前一工作队。当后一队的施工速度快于前一队速度时，要考虑后一施工队投入施工与前一施工队的时间间隔 K。一般按式（3-11）计算

$$K=\frac{L}{v_1}-\frac{L}{v_2}+1 \tag{3-11}$$

式中 v_1——前一工作队的施工速度；

v_2——后一工作队的施工速度。

总工期仍可按式（3-9）计算，式中 v 需用后一工作队的施工速度。当 v_2 是 v_1 的两倍或三倍时，则前队也可采用两班或三班制施工，仍可按 $v_1=v_2$ 的情况组织流水施工。

第四节 多层流水作业

组织有多层流水作业的主要特点是：在同一施工段的上一层开始施工前，该施工段的下一层，在工艺上必须完成全部施工过程，并考虑层间技术和组织上的间歇时间。

组织多层流水作业需考虑的问题有：施工段数与施工过程数的关系；在各施工过程的流

水节拍不相同的情况下如何组织流水作业；有关组织多层流水作业的实际问题。分述如下：

1. 无技术间歇和搭接时，施工段数 m 与施工过程数 n 的关系

施工段数应等于施工过程数或工作队数。如某二层现浇钢筋混凝土楼板工程，有支模板、绑扎钢筋和浇筑混凝土三个施工过程。如流水节拍都是 2 天，则组织全等节拍流水，有以下三种情况：

(1) 施工段数 m 小于施工过数 n，各施工段上能连续有工作队在工作，但各工作队不能连续工作，产生窝工现象。如图 3-13 (a) 所示。

(2) 施工段数 m 等于施工过程数 n，各工作队都连续工作，各施工段上都连续地有工作队在工作。如图 3-13 (b) 所示，因此在分层组织全等节拍或成倍节拍流水作业时，每层的施工段数最好等于施工过程数或工作队数。

(3) 施工段数 m 大于施工过程数 n，各工作队都能连续工作，但各施工段上不能连续有工作队在工作。如图 3-13 (c) 所示。

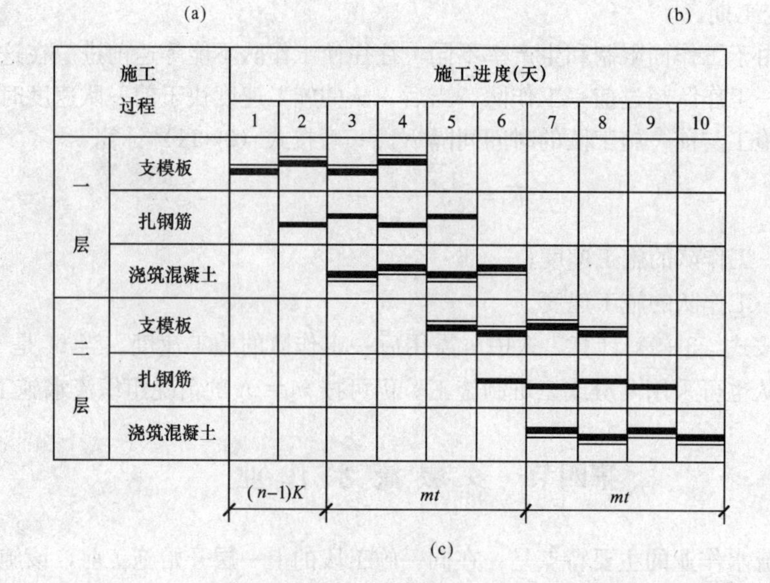

图 3-13 分层组织全等节拍流水的三种情况

总工期 T 按式（3-12）计算

$$T=(n-1)K+jmK=(jm+n-1)K \tag{3-12}$$

式中　j——层数。

2. 有技术间歇和搭接时，施工段数 m 与施工过程数 n 的关系

施工过程之间要求有技术间歇，组织全等或成倍节拍流水时，施工段数应大于施工过程数或工作队数。如施工过程有搭接，则应减少施工段数。施工段数可按式（3-13）计算。

对于组织全等节拍流水时为

$$m=n+\frac{\sum Z_1}{K}+\frac{Z_2}{K}-\frac{\sum C}{K} \tag{3-13}$$

式中　$\sum Z_1$——某层内技术间歇之和；

Z_2——层间技术间歇；

$\sum C$——层内搭接时间之和。

总工期按式（3-14）计算

$$T=(jm+n-1)K+\sum Z_1-\sum C \tag{3-14}$$

对于组织多层房屋或成倍节拍流水作业，式（3-13）、式（3-14）应为

$$m=\sum_{i=1}^{n}b_i+\frac{\sum Z_1}{K}+\frac{Z_2}{K}-\frac{\sum C}{K} \tag{3-15}$$

$$T=(jm+\sum_{i=1}^{n}b_i-1)K+\sum Z_1-\sum C \tag{3-16}$$

【例 3-3】　某二层现浇钢筋混凝土工程，支模板（Ⅰ）、绑扎钢筋（Ⅱ）、浇混凝土（Ⅲ）的流水节拍分别为 4 天、2 天、2 天；绑扎钢筋与支模板搭接 1 天，层间技术间歇为 1 天。试组织成倍节拍流水施工。

解　流水步距取各流水节拍的最大公约数，即 $K=2$ 天，则

工作队数：

支模板　$b_1=\frac{t_1}{K}=\frac{4}{2}=2$(队)

绑扎钢筋　$b_2=\frac{t_2}{K}=\frac{2}{2}=1$(队)

浇筑混凝土　$b_3=\frac{t_3}{K}=\frac{2}{2}=1$(队)

$$\sum_{i=1}^{3}b_i=2+1+1=4(\text{队})$$

施工段数

$$m=\sum_{i=1}^{n}b_i+\frac{\sum Z_1}{K}+\frac{Z_2}{K}-\frac{\sum C}{K}=4+\frac{0}{2}+\frac{1}{2}-\frac{1}{2}=4(\text{段})$$

总工期

$$T=(jm+\sum_{i=1}^{n}b_i-1)K+\sum Z_1-\sum C=(2\times4+4-1)\times2+0-1=21(\text{天})$$

其流水施工指示图如图 3-14 所示。

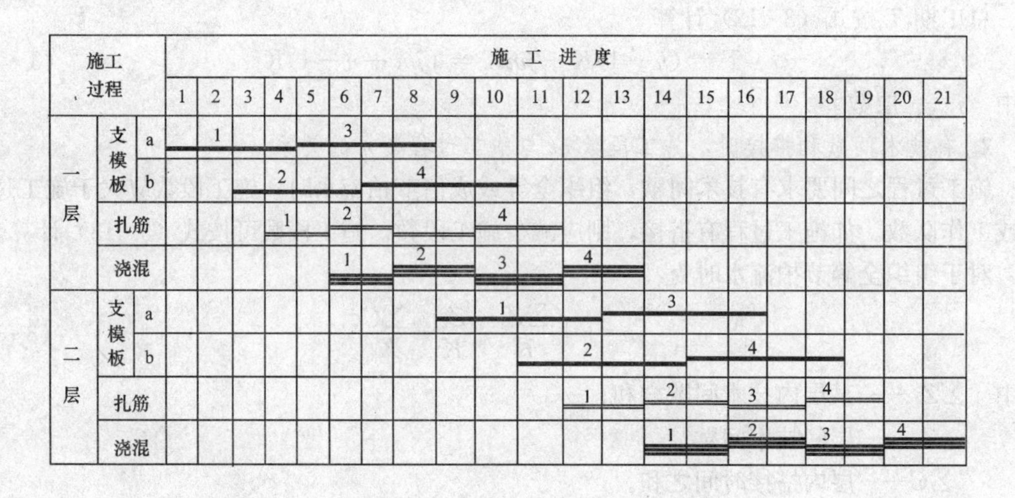

图 3-14　二层现浇钢筋混凝土流水施工图

思 考 题

1. 组织施工的方式有哪几种？各自有什么特点？

2. 流水作业的实质是什么？

3. 流水施工的主要参数有哪些？如何确定主要流水参数？

4. 施工段划分的基本要求是什么？

5. 何谓流水节拍、流水步距？流水节拍如何确定？

6. 流水施工按节奏不同可分为哪几种方式？各有什么特点？

练 习 题

1. 某分部工程划分为三个施工段，施工过程分解为支模板、绑扎钢筋、浇筑混凝土。流水节拍分别为 4 天、2 天、2 天。试做出该分部工程的流水施工图。

2. 试组织某三层房屋由Ⅰ、Ⅱ、Ⅲ、Ⅳ四个施工过程组成的分部工程流水作业。流水节拍分别为 4 天、2 天、2 天、4 天。Ⅰ、Ⅱ、Ⅲ、Ⅳ施工过程之间的技术间歇各为 1 天，层间技术间歇为 2 天。试确定流水步距、工作队数、施工段数、计算工期，并绘制流水施工图。

3. 根据表 3-3 数据，计算并绘制横道图。

（1）计算各流水步距 [$t_{j(A.B)}=1$ 天，$t_{d(C.D)}=1$ 天，其余 $t_j=t_d=0$]；

（2）计算工期；

（3）该分部工程属于何种流水施工？

（4）绘制施工进度横道图，并在表下绘出劳动力动态变化曲线。

4. 某现浇混凝土框架的平面尺寸为 24m×150m，共三层。沿长度方向每隔 50m 设伸缩缝一道，已知各施工过程在各施工区域的流水节拍为：支模板是 4 天，绑扎钢筋是两天，浇筑混凝土是 2 天，混凝土需养护 1 天后才能在上面继续作业。试求：施工段的数目及组织流水施工的工期，并绘制流水施工进度图。

5. 已知某分部工程有三个施工过程，其流水节拍分别为：$t_1=3$ 天，$t_2=6$ 天，$t_3=3$ 天，有两个施工层，无技术间歇时间。试确定该分部工程的流水步距 K、施工段数，并计算工期，绘制流水图。

6. 根据表 3-4 计算流水步距和工期，并绘制流水施工图。

表 3-3　练习题 3 表

n \ m	一	二	三	班组人数
Ⅰ	1	1	1	20（人）
Ⅱ	2	2	2	10
Ⅲ	1	1	1	20
Ⅳ	3	3	3	5

表 3-4　练习题 6 表

n \ m	一	二	三	四
A	3	2	4	2
B	2	3	2	1
C	6	5	1	3
D	4	2	5	5

7. 试组织某二层房屋由Ⅰ、Ⅱ、Ⅲ、Ⅳ四个施工过程组成的分部工程流水作业，流水节拍分别为 4 天，2 天，2 天，4 天。Ⅰ、Ⅱ、Ⅲ、Ⅳ施工过程之间的技术间歇各为 1 天，层间技术间歇为 2 天。试确定流水步距、工作队数、施工段数，计算所需工期，并绘制横道图。

第四章 网络计划技术

学习要点

掌握双代号网络图的基本概念；掌握绘制网络图的逻辑关系并计算网络时间参数；熟悉双代号时标网络计划；熟悉网络优化。

网络计划技术是随着现代科学技术和工业生产的发展而产生的，20 世纪 50 年代后期出现于美国，目前在工业发达国家已广泛应用，成为一种比较盛行的现代生产管理的科学方法，可以运用计算机进行网络计划绘图、计算优化、分析和控制。许多国家将网络技术用于投标、签订合同及拨款业务；在资源和成本优化等方面应用也较多。这种方法被美国、日本、德国和俄罗斯等国建筑业公认为当前最先进的计划管理方法。由于这种方法主要用于进行规划、计划和实施控制，因此，在缩短建设周期、提高工效、降低造价以及提高生产管理水平方面取得了显著的效果。

当前，世界上工业发达国家都非常重视现代管理科学，网络计划技术已被许多国家认为是当前最为行之有效的、先进的、科学的管理方法。

德国从 1960 年开始应用网络计划技术，使用比较广泛的是单代号搭接网络。德国将网络计划技术主要应用于工程项目管理，包括设计、施工和资源供应等方面。工程项目管理包括工程计划协调、监督和控制，主要是工期和成本优化，用时间和费用来控制工程进度。

我国从 20 世纪 60 年代中期，在已故著名数学家华罗庚教授的倡导下，开始在国民经济各部门试点应用网络计划技术。当时为结合我国国情，并根据“统筹兼顾、全面安排”的指导思想，将这种方法命名为“统筹方法”，此后，在工农业生产实践中有成效地推广起来。网络计划技术是工程进度控制的最有效方法，许多工程的招标文件要求必须在投标书中编制网络计划。目前已较好地实现了工程网络计划技术应用全过程的计算机化，即用计算机绘图、计算、优化、检查、调整与统计，还大力研究将网络计划与设计、报价、统计、成本核算及结算等形成系统，作到资源共享，并广泛应用于军事、航天、科学研究、市场分析和投资决策等各个领域。网络计划技术与工程管理已经密不可分。

第一节 网络计划技术的性质和特点

网络计划技术既是一种科学的计划方法，又是一种有效的生产管理方法。

网络计划技术作为一种计划的编制和表达方法与我们一般常用的横道计划法具有同样的功能。对一项工程的施工安排，用这两种计划方法中的任何一种都可以把它表达出来，成为一定形式的书面计划。但是由于表达形式不同，它们所发挥的作用也就各具特点。

横道计划以横向线条结合时间坐标来表示工程各工作的施工起讫时间和先后顺序，整个计划由一系列的横道组成。而网络计划则是以加注作业持续时间的箭线（双代号表示法）和节点组成的网状图形来表示工程施工的进度。

横道计划的优点是较易编制、简单、直观、易懂。因为有时间坐标，各项工作的施工起讫时间、作业持续时间、工作进度、总工期以及流水作业的情况等都表示得清楚明确，一目了然，对人力和资源的计算也便于据图叠加。它的不足主要是不能全面地反映出各工作相互之间的关系和影响，不便进行各种时间计算，不能客观地突出工作的重点（影响工期的关键工作），也不能从图中看出计划中的潜力所在。这些不足的存在，对改进和加强施工管理工作是不利的。

网络计划的优点是把施工过程中的各有关工作组成了一个有机的整体，因而能全面而明确地反映出各工作之间的相互制约和相互依赖的关系。它可以进行各种时间计算，能在工作繁多、错综复杂的计划中找出影响工程进度的关键工作，便于管理人员集中精力抓施工中的主要矛盾，确保按期竣工，避免盲目抢工。通过利用网络计划中反映出来的各工作的机动时间，可以更好地运用和调配人力与设备，节约人力、物力，达到降低成本的目的。

在计划的执行过程中，当某一工作因故提前或拖后时，能从计划中预见到它对其他工作及总工期的影响程度，便于及早采取措施以充分利用有利的条件或有效消除不利的因素。此外它还可以利用计算机，对复杂的计划进行绘图、计算、检查、调整与优化。它的不足是从图上很难清晰地看出流水作业的情况，也难以根据一般网络图算出人力及资源需要量的变化情况。

网络计划技术的最大特点就在于它能够提供施工管理所需的多种信息，有利于加强工程管理。所以，网络计划技术已不仅仅是一种编制计划的方法，而且还是一种科学的工程管理方法。它有助于管理人员合理地组织生产，使他们做到心中有数，知道管理的重点应放在何处，怎样缩短工期，在哪里挖掘潜力，如何降低成本。在工程管理中提高应用网络计划技术的水平，能进一步提高工程管理的水平。

第二节 网络图的类型

网络图（network diagram）是一种表示一项工程计划实施的顺序，由箭线和节点组成的，用来表示工作流程的有向、有序的网状图形。网络图的分类方法很多：按表达方式的不同划分为双代号网络图和单代号网络图；按参数类型不同可分为肯定性网络图和非肯定性网络图；按工序之间衔接关系不同可分为一般网络图和搭接网络图；按网络计划终点节点个数的不同划分为单目标网络图和多目标网络图。本章主要介绍双代号网络图和单代号网络图的绘制及有关计算。

一、双代号网络图

双代号网络图（activity-on-arrow network）又称箭线式网络图，是目前应用最为普遍的一种网络图，它是以箭线及其两端节点的编号表示工作的先后顺序和相互关系网络图。箭线在施工计划中一般表示工序（或施工过程），工序的名称标注在箭线的上面，工序的作业时间标注在箭线的下面，如图 4-1 所示。

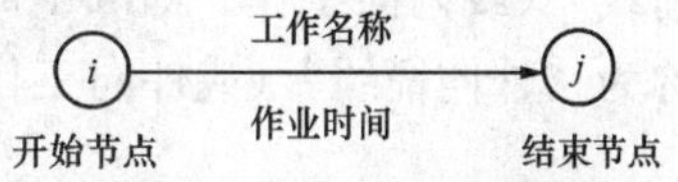

工作名称
i → j
开始节点　作业时间　结束节点

图 4-1　双代号网络图

（一）箭线（arrow）

(1) 在双代号网络图中，一条箭线与其两端的节点表示一项工作（又称工序、作业、活动），如支模板、绑钢筋、浇混凝土、拆模板等。但所包括的工作范围可大可小，视情况而定，故也可用来表示一项分部工程，一项工程的主体结构、装修工程、甚至某一项工程的全

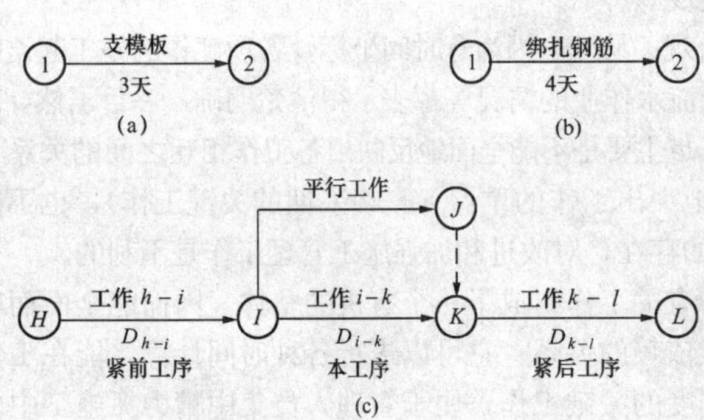

图 4-2　工作之间的关系

部施工过程。见图 4-2（a）、（b）。

（2）一项工作要消耗一定的时间和一定的资源（如劳动力、材料、机具设备等）。因此，凡是消耗一定时间的过程，都应作为一项工作来看待。例如，混凝土养护这是由于技术上的需要而引起的间歇等待时间，在网络图中也应用箭线和节点来表示。

（3）在无时标的网络图中，箭线的长短并不反映该工作占用时间的长短。原则上讲，箭线可以用直线、折线或斜线，但是不得中断。在同一张网络图上，箭线的画法要求统一，图面要求整齐醒目，最好都画成水平直线或带水平直线的折线。

（4）箭线所指的方向表示工作进行的方向，箭尾表示该工作的开始，箭头表示该工作的结束，一条箭线表示工作的全部内容。

（5）就某工作而言，紧靠其前面的工作称为紧前工作（front closely activity）；紧靠其后面的工作称为紧后工作（back closely activity）；与该工作同时进行的工作称为平行工作，而该工作本身可称为“本工作”。两项工作前后连续进行时，代表两项工作的箭线也前后连续画下去。工程施工时还经常出现平行工作，平行的工作其箭线也平行地绘制。如图 4-2（c）所示。

（6）在双代号网络图中，除有表示工作的实箭线外，还有一种一端带箭头的虚线，称为虚箭线，它表示一项虚工作（dummy activity）。虚工作是一项虚拟的工作，工程中实际并不存在，因此它没有工作名称，即不消耗时间，也不消耗任何资源，它的主要作用是在双代号网络图中解决工作之间的逻辑关系问题。

（二）节点（node）

（1）节点在双代号网络图中是前后工作的交叉点，表示一项工作的开始、结束或连接关系，用圆圈表示；能起到衔接前后工作、承上启下的交接作用，是检验工作完成与否的标志。

（2）箭线尾部的节点称箭尾节点，箭线头部的节点称箭头节点；前者又称开始节点，后者又称结束节点，如图 4-3 所示。

（3）节点只是一个“瞬间”，它既不消耗时间也不消耗资源。

（4）在网络图中，对一个节点来讲，可能有许多箭线通向该节点，这些箭线就称为“内向箭线”（或内向工作）（inter arrow）；同样也可能有许多箭线由同一节点发出，这些箭线就称为“外向箭线”（或外向工作）（outer arrow）。如图 4-4 所示。

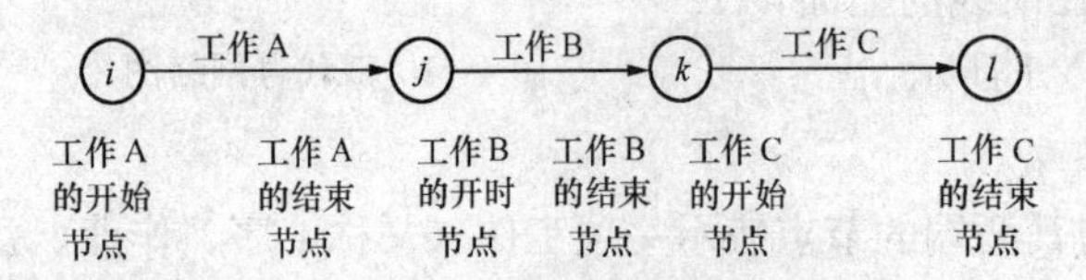

图 4-3　相邻两项工作符号的名称

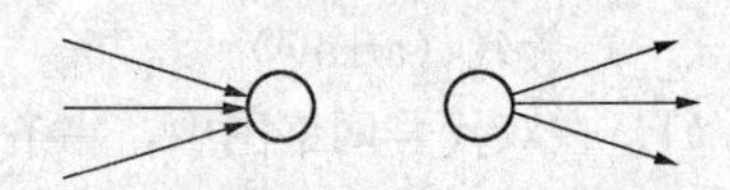

图 4-4　内向箭线和外向箭线

（5）网络图中第一个节点叫起点节点（start node），它意味着一项工程或任务的开始；最后一个节点叫终点节点（end node），它意味着一项工程或任务的完成，网络图中位于起点节点和终点节点之间的节点称为中间节点。

（三）节点编号

一项工作是用一条箭线和两个节点来表示的。为了使网络图便于检查和计算，所有节点均应统一编号，所编的数码叫代号，代号必须标注在节点内，严禁重复，且箭尾节点的代号应小于箭头节点的代号。如图4-5中，$i<j$；一条箭线前后两个节点的编号就是该箭线所表示的工作代号。

工作名称
作业时间
开始节点
结束节点

图4-5 节点编号

二、单代号网络图

（一）单代号网络图的构成

单代号网络图（activity-on-node network）以节点及其编号表示工作，以箭线表示工作之间的逻辑关系，如图4-6所示。

（二）单代号网络图的基本符号

1. 节点及其编号

在单代号网络图中，一项工作必须用唯一的节点及其编号表示一项工作。该节点宜用圆圈或矩形表示，如图4-7所示。

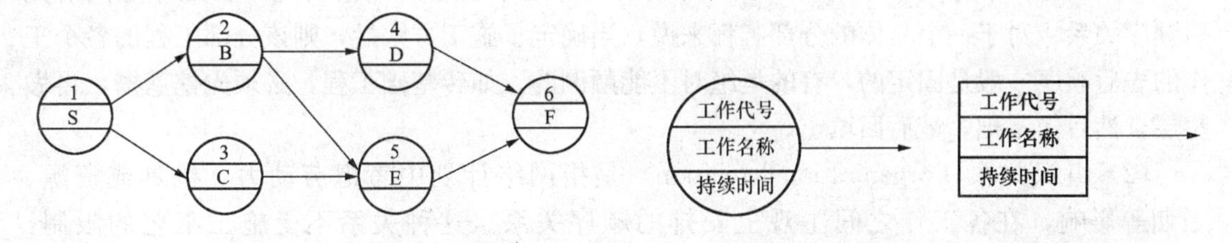

图4-6 单代号网络图　　图4-7 单代号网络图中节点的表示方法

节点必须编号，此编号即该工作的代号，由于代号只有一个，故称“单代号”。节点编号标注在节点内。可连续编号，亦可间断编号，但严禁重复编号。一项工作必须有唯一的一个节点和唯一的一个编号。

2. 箭线

单代号网络图中的箭线表示紧邻工作之间的逻辑关系。箭线应画成水平直线、折线或斜线，箭线水平投影的方向应自左向右，表示工作的进行方向。

箭线的箭尾节点编号应小于箭头节点的编号，单代号网络图中不设虚箭线。

单代号网络图中一项工作的完整表示方法应如图4-8所示，即节点表示工作本身，其后的箭线指向其紧后工作。

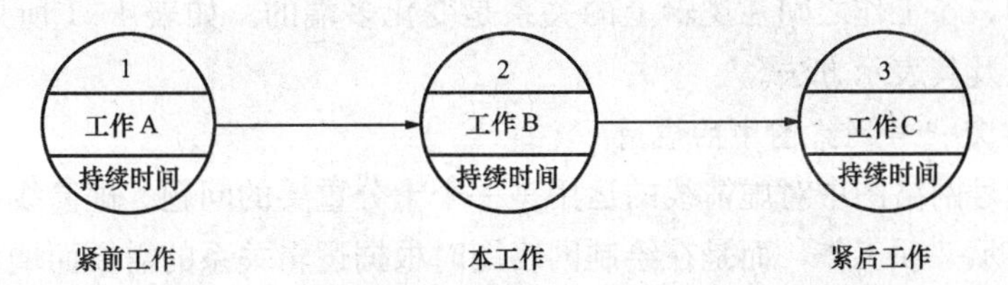

图4-8 单代号网络图中一项工作的表示方法

第三节　双代号及单代号网络图的绘制

一、双代号及单代号网络图的绘制方法

绘制一项工程的网络计划图，一般分为四步：

（1）进行工序分析，确定各工序之间的逻辑关系，绘制工序逻辑关系表；

（2）按网络计划逻辑关系的正确表示方法，从没有紧前工序的工序画起，按照工序逻辑关系，自左至右逐步把各个工序组合在一起，构成组合逻辑关系图；

（3）按照网络图的绘制规则及工序逻辑关系表，检查、调整组合逻辑关系图，并完善为网络图；

（4）对网络图进行整理，对于双代号网络图去掉多余的虚工序，并使其布局合理，表达清楚。

二、网络图各种逻辑关系的正确表示方法

1. 何谓逻辑关系（logical relation）

逻辑关系是指网络计划中各工作进行时客观上存在的一种相互制约或依赖的关系，也就是先后顺序关系；包括工艺逻辑关系和组织逻辑关系两种。

（1）工艺关系（process relations）是指网络计划中由生产工艺决定的各工序之间的先后顺序关系。对于一个具体的分部工程来说，当确定了施工方法后，则该分部工程的各个工作的先后顺序一般是固定的，有的是绝对不能颠倒的。如砖基础工程，必须先挖基槽，再做垫层，然后作基础，最后回填土。

（2）组织关系（organizational relation）是指网络计划中考虑劳动力、机具或资源、工期等影响，在各工作之间主观上安排的顺序关系。这种关系不受施工工艺的限制，不是工艺性质决定的，而是在保证施工质量、安全和工期的情况下，可以人为安排的顺序关系。如将砖基础工程在平面上分为三个施工段，先进行第一段还是先进行第二段，或者先进行第三段，是由组织施工的人员在规划实施方案时确定的，通常是可以改变的。

在表示工程施工计划的网络图中，根据施工工艺和施工组织的要求，应正确反映各项工作之间的相互依赖和相互制约的关系，这也是网络图与横道图的最大不同之处。各工作间的逻辑关系是否正确，是网络图能否反映工程实际情况的关键。如果逻辑关系错了，网络图中各种时间参数的计算就会发生错误，关键线路和工程的计算工期跟着也将发生错误。

2. 各种逻辑关系的正确表示方法

在网络图中，各工作之间在逻辑上的关系是变化多端的。如表 4 - 1 所列的是网络图中常见的逻辑关系及其表示方法。

3. 虚箭线在双代号网络图中的应用

（1）在双代号网络图中对虚箭线的运用是一个十分重要的问题。虚箭线就是虚工序或虚工作，它并不表示一项工作，而是在绘制网络图时根据逻辑关系的需要而增设的。虚箭线的作用主要是帮助正确表达各工作间的关系，避免逻辑错误。

表 4-1 网络图中常见的逻辑关系及其表示方法

序号	工作之间逻辑关系	网络图中表示方法	
		双代号网络图	单代号网络图
1	A完成后进行B、C	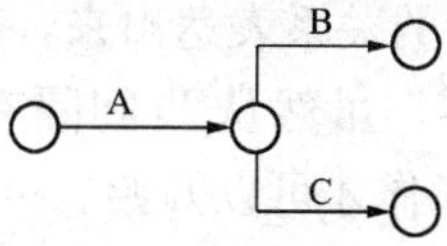 A B C	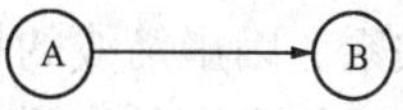 A B
2	A、B均完成后进行C	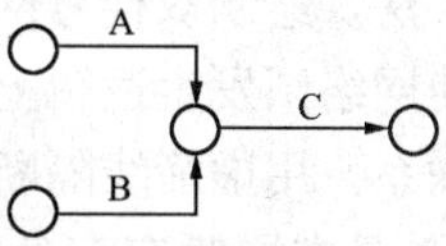 A C B	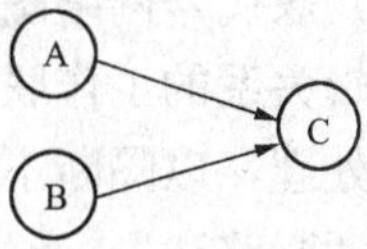 A C B
3	A、B均完成后进行C、D	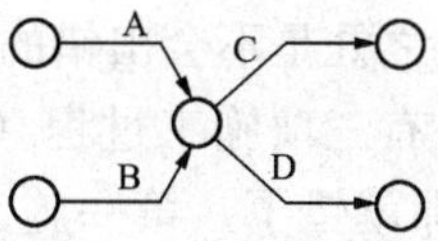 A C B D	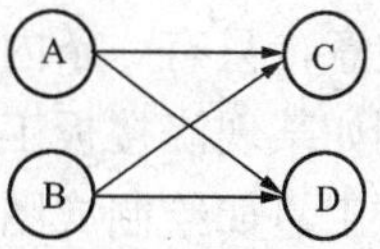 A C B D
4	A完成后进行C， A、B均完成后进行D	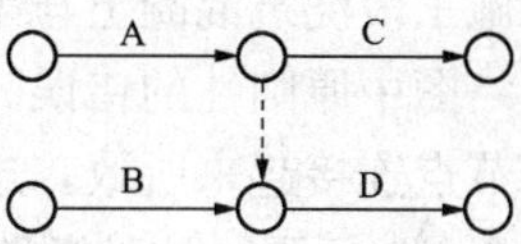 A C B D	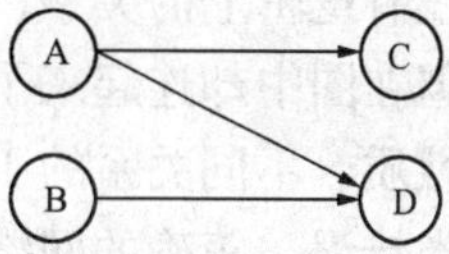 A C B D
5	A、B均完成后进行D， A、B、C均完成后进行E， D、E均完成后进行F	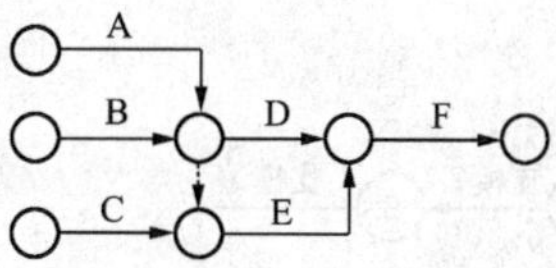 A B D F C E	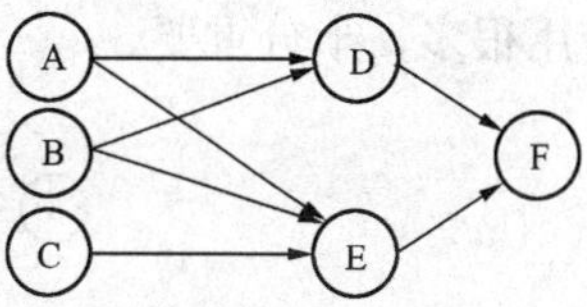 A D B F C E
6	A、B均完成后进行D， B、C均完成后进行E	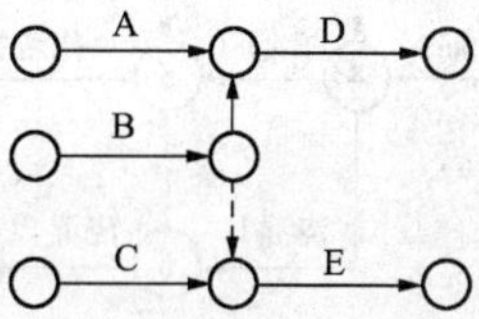 A D B C E	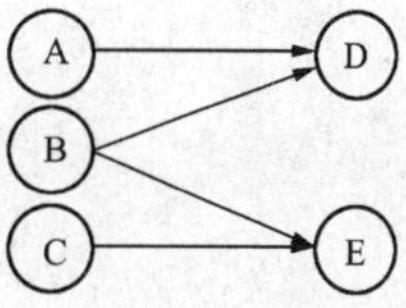 A D B C E
7	A、B、C均完成后进行D， B、C均完成后进行E	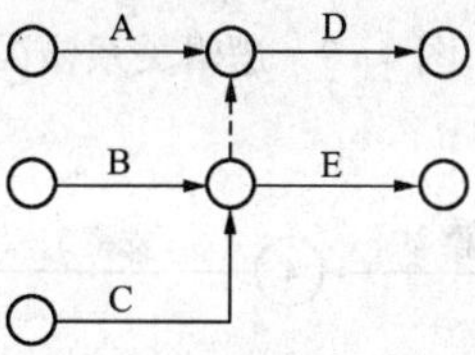 A D B E C	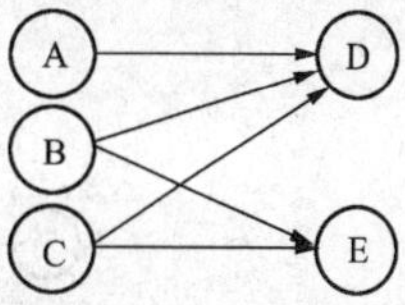 A D B C E
8	A完成后进行C， A、B均完成后进行D， B完成后进行E	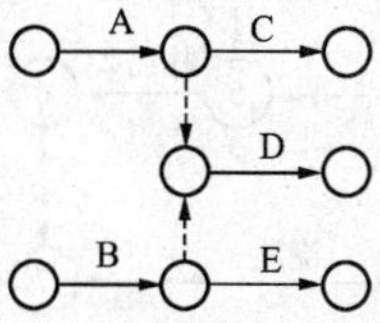 A C D B E	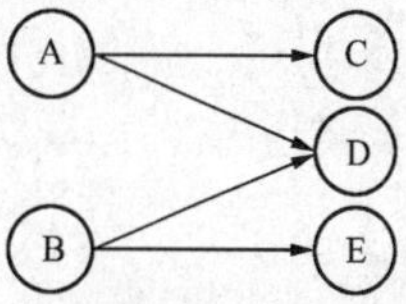 A C D B E
9	A、B两项先后进行的工作， 在平面上分为三个施工段	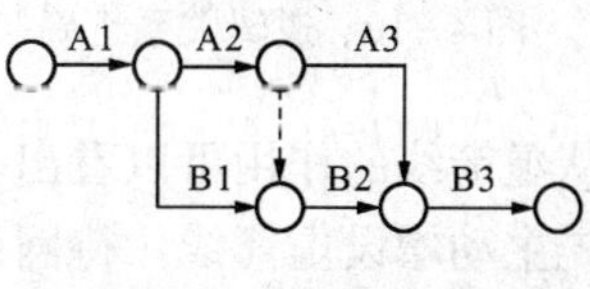 A1 A2 A3 B1 B2 B3	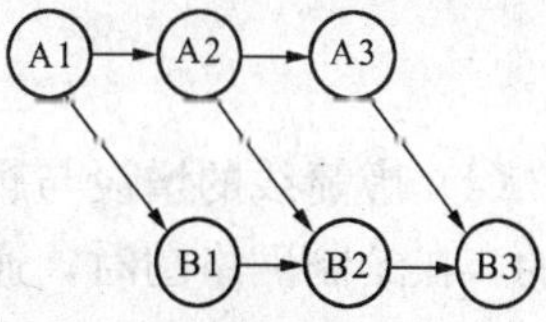 A1 A2 A3 B1 B2 B3

（2）虚箭线在工作的逻辑连接方面的应用。绘制网络图时，经常会遇到表 4-1 中的第四种情况，A 工作结束后可进行 C、D 两项工作。A、B 工作结束后进行 D 工作。从这四项工作的逻辑关系可以看出，A 的紧后工作为 C，B 的紧后工作为 D，但 D 又是 A 的紧后工作，为了把 A、D 两项工作紧前紧后的关系表达出来，这时需要引入虚工序，表示工作间的逻辑关系。因虚箭线的持续时间是零，虽然从 D 间隔有一条虚箭线，又有两个节点，但二者的关系仍是在 A 工作完成后，D 工作才可以开始。

（3）双代号网络图中的“断路”法。绘制双代号网络图时，最容易产生的错误是把本来没有逻辑关系的工作联系起来了，使网络图发生逻辑上的错误。这时就必须使用虚箭线在图上加以处理，以隔断不应有的工作联系。用虚箭线隔断网络图中无逻辑关系的各项工作的方法称为“断路法”。产生错误的地方总是在同时有多条内向和外向箭线的节点处，画图时应特别注意，只有一条内向或外向箭线之处是不会出错的。

例如某现浇楼板工程的网络图，有三项施工过程（支模板、扎钢筋、浇筑混凝土），分三段施工，如绘制成图 4-9 的形式那就错了。第一施工段的浇筑混凝土与第二施工段的支模板没有逻辑上的关系；同样第二施工段浇筑混凝土与第三施工段的支模板没有逻辑上的关系，但在图中却连起来了，这是网络图中原则性的错误。产生错误的原因是把前后具有不同工作性质、不同关系的工作用一个节点连接起来所致，这在网络图中易发生。用断路法可纠正此类错误，正确的网络图应如图 4-10 所示。这种断路法在组织分段流水作业的网络图中使用很多，十分重要。

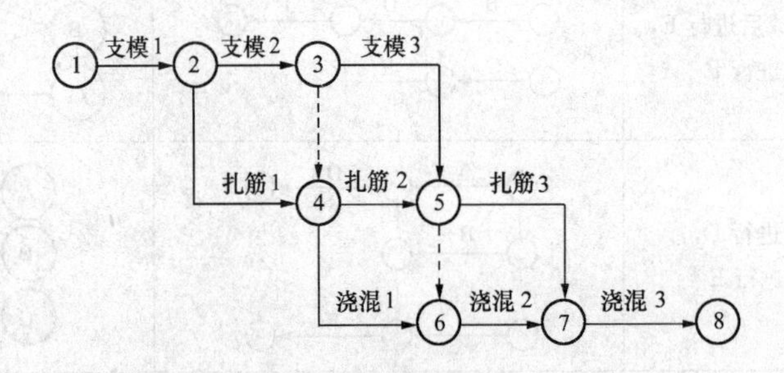

图 4-9 逻辑关系错误

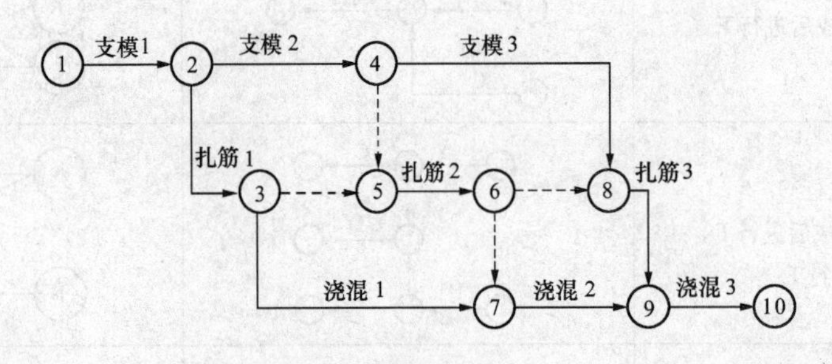

图 4-10 逻辑关系正确

（4）虚箭线的增设与删除。从虚箭线的作用可以看出，虚箭线在双代号网络图中是很重要的，在绘制网络图时，通常是先主动增设虚箭线，待网络图构成后，再删除不必要的虚箭线。删除多余虚箭线的方法有：

1）如果虚箭线是进入一个节点的唯一一条虚箭线，则一般可将这个虚箭线删除，如图4-11所示。

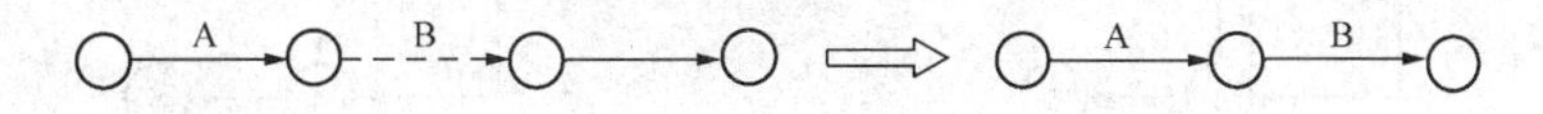

图4-11　虚箭线的删除

2）当一个节点有两条虚箭线同时进入时，可以消除其中的一条，但不能改变原有的逻辑关系，如图4-12所示。

4. 单代号网络图中的虚节点

根据单代号网络图的特点，在单代号网络图的开始和结束增加虚拟的起点节点和终点节点。

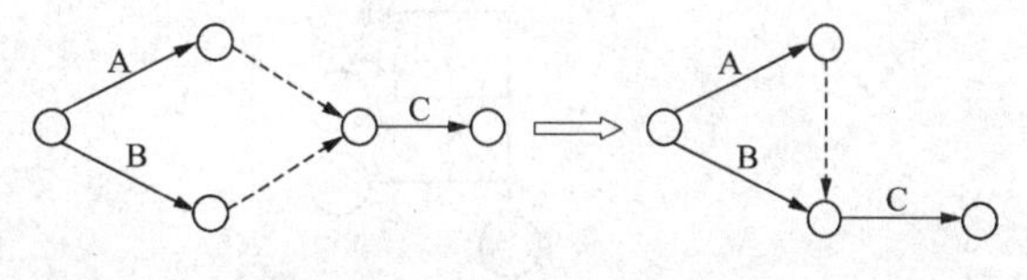

图4-12　虚箭线的删除

三、绘制网络图的基本规则

1. 双代号网络图的绘制规则

(1) 双代号网络图必须正确表达已定的逻辑关系。绘制网络图之前，要正确确定工作顺序，明确各工作之间的衔接关系，根据工作的先后顺序逐步把代表各项工作的箭线连接起来，绘制成网络图。

(2) 双代号网络图中，严禁出现循环回路（或闭合回路）。循环回路（logical loop）即在网络图中从一个节点出发顺着某一线路又能回到原出发点，这种线路就称作循环回路。例如图4-13所示的⑤→⑦→⑧→⑥就是循环回路，它表示的逻辑关系是错误的，在工艺顺序上是相互矛盾的，无法反映出先行工作与后继工作，在计算时间参数时也只能循环进行，无法得出结果，应按各施工过程的实际施工顺序予以更正。

(3) 双代号网络图中，严禁出现带双向箭头或无箭头的“连线”。用于表示工程计划的网络图是一种有序有向图，箭头的方向就是工作的施工前进方向，沿着箭头指引的方向进行，因此一条箭线只有一个箭头，不允许出现方向矛盾的双箭头箭线和无方向的无箭头箭线，如图4-14所示。

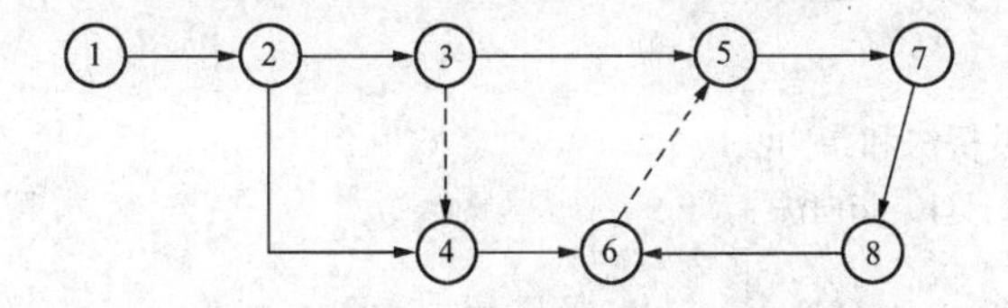

图4-13　双代号网络图中出现循环回路的错误

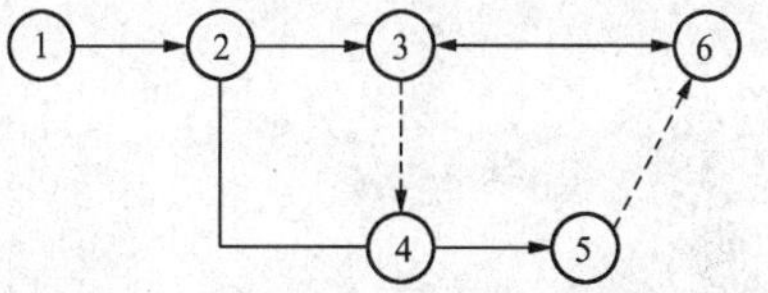

图4-14　双向箭头或无箭头的网络图

(4) 在双代号网络图中，严禁出现没有箭头节点或没有箭尾节点的箭线。如图4-15所示，图4-15（a）中没有箭头节点的箭线及图4-15（b）中没有箭尾节点的箭线都是不允许的。没有箭头节点的箭线，不能表示它所代表的工作在何处完成；没有箭尾节点的箭线，不能表示它所代表的工作在何时开始。

(5) 当双代号网络图的某些节点有多条内向箭线或多条外向箭线时，为使图形简洁，可应用母线法（generatrix method）绘制。如图4-16所示是母线的表示方法。

(6) 绘制网络图时，箭线不宜交叉，当交叉无法避免时，可用过桥法（pass-bridge

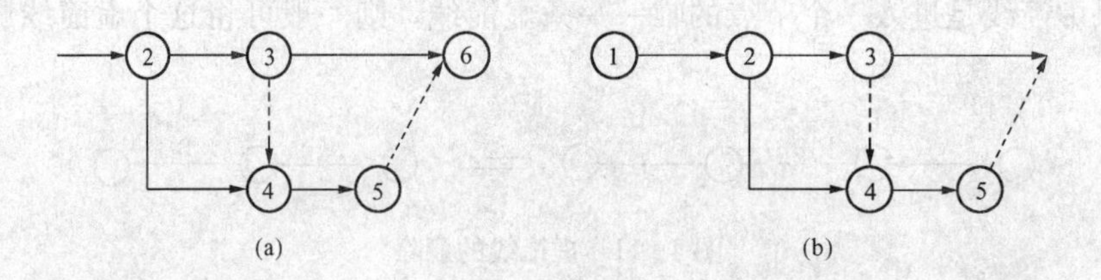

图 4-15　没有箭头节点的箭线和没有箭尾节点的箭线的错误网络图

图 4-16　母线的表示方法

method）或指向法（directional method）。过桥法用过桥符号表示箭线交叉，指向法是在箭线交叉较多处截断箭线、添加指向圈以指示箭线方向的绘制方法，如图 4-17 所示。

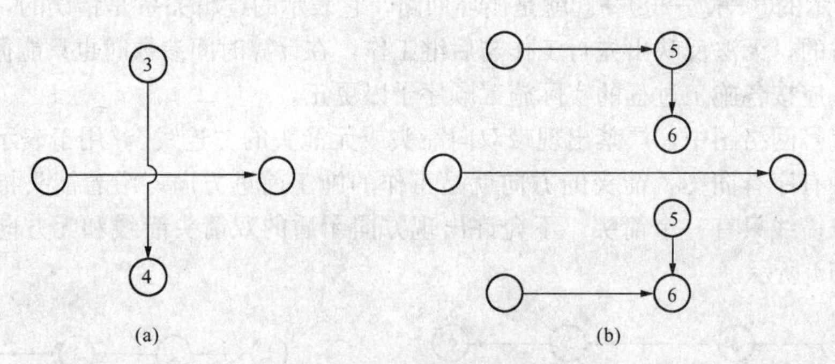

图 4-17　过桥法和指向法

（a）过桥法；（b）指向法

（7）双代号网络图中应只允许有一个起点节点（start node）和一个终点节点（end node），如图 4-18 所示。

（8）一个网络图中，不允许出现同样编号的节点或箭线，如图 4-19 所示。

（9）同一网络图中，同一工作不能出现两次。

（10）在同一个网络计划中，不能出现重复的编号的节点。

2. 单代号网络图的绘制规则

双代号网络图中所说明的绘图规则，在单代号网络图中原则上都遵守，单代号网络图绘制方便，不必增加虚工作。

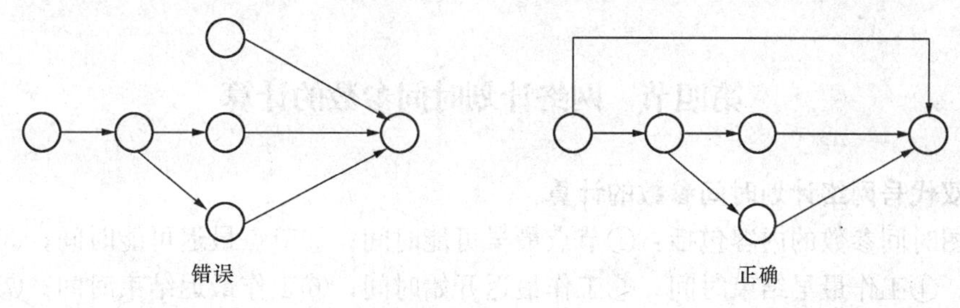

图 4-18　起点节点

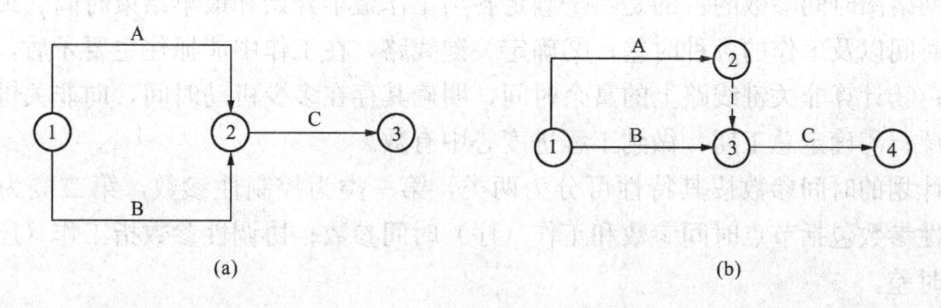

图 4-19　节点、箭线的编号

(a) 错误；(b) 正确

四、双代号网络图绘制实例

【例 4-1】　已知一网络图中各工作之间的逻辑关系如表 4-2 所示，试画出其双代号网络图。

表 4-2　　**某网络图中各工作之间的逻辑关系**

工作名称	A	B	C	D	E	F	G	H
紧前工作	—	A	B	B	B	D，E	C，E	F，G

解　绘制双代号网络图的步骤如下：

(1) 根据已知的紧前工作确定出紧后工作。对于逻辑关系比较复杂的网络图，可给出关系矩阵图，以确定紧后工作。

(2) 确定出各工作的开始节点位置号和结束节点位置号。无紧前工作的工作 A 其开始节点位置号为 1，工作 B 的开始节点位置号等于其紧前工作 A 的开始节点位置号加 1，即 1+1=2，其他节点按从左到右，从小到大顺序依次编号，不得重复。

(3) 根据逻辑关系绘制网络图，如图 4-20 所示。

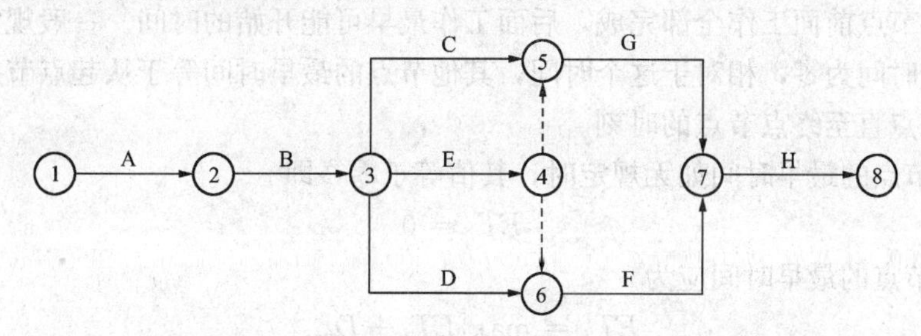

图 4-20　双代号网络图绘制实例

第四节　网络计划时间参数的计算

一、双代号网络计划时间参数的计算

网络图时间参数的内容包括：①节点最早可能时间；②节点最迟可能时间；③工作最早开始时间；④工作最早结束时间；⑤工作最迟开始时间；⑥工作最迟结束时间；⑦工作自由时差；⑧工作总时差。

计算网络图时间参数的目的是：①确定各项工作最早开始和最早结束时间、最迟开始和最迟结束时间以及工作的各种时差；②确定关键线路，在工作中能抓住主要矛盾，向关键线路要时间；③计算非关键线路上的富余时间，明确其存在多少机动时间，向非关键线路要劳力、要资源；④确定总工期，做到工程进度心中有数。

网络计划的时间参数按其特性可分为两类，第一类为控制性参数，第二类为协调性参数。控制性参数包括节点时间参数和工作（序）时间参数；协调性参数指工作（序）的机动时间，即时差。

计算双代号网络图的时间参数的方法有：节点时间参数计算法及工作时间参数计算法。

双代号网络图的分析计算是按公式进行的。为了便于理解，计算时公式采用下列符号进行计算。

常用符号

D_{i-j}——工作 $i \sim j$ 的持续时间；

ET_i——i 节点的最早时间；

ET_j——j 节点的最早时间；

LT_i——i 节点的最迟时间；

LT_j——j 节点的最迟时间；

ES_{i-j}——$i \sim j$ 工作的最早开始时间；

LS_{i-j}——$i \sim j$ 工作的最迟开始时间；

EF_{i-j}——$i \sim j$ 工作的最早结束时间；

LF_{i-j}——$i \sim j$ 工作的最迟结束时间；

FF_{i-j}——$i \sim j$ 工作的自由时差；

TF_{i-j}——$i \sim j$ 工作的总时差。

1. 节点法计算时间参数

（1）节点最早时间 ET（earliest event time）的计算。节点的最早时间就是在双代号网络计划中，该节点前面工作全部完成，后面工作最早可能开始的时间。一般规定网络起点节点的最早开始时间为零，相对于这个时间，其他节点的最早时间等于从起点节点顺着各条线路到达每个节点直至终点节点的时刻。

1）起点节点的最早时间如无规定时，其值等于零，即

$$ET_i = 0 \tag{4-1}$$

2）其他节点的最早时间应为

$$ET_j = \max\{ET_i + D_{i-j}\} \tag{4-2}$$

网络图中任一节点的最早时间，是指该节点的紧前工序全部完成，以这个节点为开始节

点的紧后工序可能开始的时间。因此，节点（j）最早时间应取紧前各工序开始节点（i）的最早时间与该工序作业时间之和（即紧前工序的结束时间）中的最大值。

（2）网络计划计算工期 T_c（calculated project duration）的计算应符合下式规定

$$T_c = ET_n \tag{4-3}$$

式中　ET_n——终点节点 n 的最早时间。

计算工期是指根据时间参数计算所得到的工期。

（3）网络计划的计划工期 T_p（planned project duration）应符合式（4-4）及式（4-5）的规定。

1）当已规定了要求工期 T_r（required project duration）时

$$T_p \leqslant T_r \tag{4-4}$$

2）当未规定要求工期 T_r 时

$$T_p = T_c \tag{4-5}$$

（4）节点最迟时间 LT（latest event time）的计算。节点的最迟时间就是在不影响终点节点的最迟时间前提下，结束于该节点的各工序最迟必须完成的时间。一般终点节点的最迟完成时间应以工程总工期为准，当无规定的情况下，终点节点最迟结束时间就是等于终点节点的最早时间，其他节点的最迟时间等于从终点节点逆向该节点的各线路中终点节点最迟时间与各个工序作业时间之差中的最小者。

1）节点 i 的最迟时间 LT_i 应从网络图的终点节点开始，逆着箭线的方向依次逐项计算。当部分工作分期完成时，有关节点的最迟时间必须从分期完成节点开始逆向逐项计算；

2）终点节点的最迟时间 LT_n 计算公式如下：

当未规定工期时

$$LT_n = ET_n = T_p \tag{4-6}$$

当规定工期为 T_r 时

$$LT_n = T_r \tag{4-7}$$

3）其他节点的最迟时间 LT_i 应为

$$LT_i = \min\{LT_j - D_{i-j}\} \tag{4-8}$$

式中　LT_i——工作 $i \sim j$ 的箭头节点 j 的最迟时间。

（5）图上标注方法。按节点计算法计算时间参数，其计算结果应标注在节点之上，如图 4-21 所示。

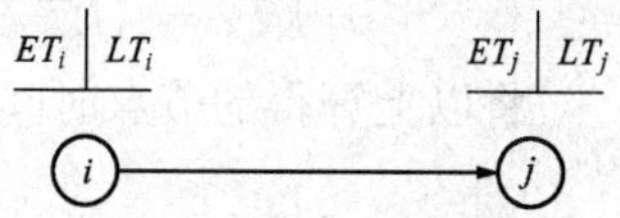

ET_i | LT_i　　　ET_j | LT_j

(i) ⟶ (j)

图 4-21　按节点计算法的标注内容

（6）双代号网络计划按节点计算法时间参数计算举例。

【例 4-2】　某现浇钢筋混凝土楼板工程，有支模板（Ⅰ）、绑扎钢筋（Ⅱ）、浇筑混凝土（Ⅲ）三个过程，在平面上分为三个施工区域，各施工过程在每个施工区域的作业时间分别为 2 天，3 天，1 天。试按节点计算法计算时间参数，并简述方法和步骤。

解　（1）节点最早时间的计算。节点的最早时间应从网络图的起点节点①开始，顺着箭线方向逐个计算（见图 4-22）。

由于该网络计划的起点节点最早时间无规定，因此其值等于零，即

$$ET_1 = 0$$

其他节点的最早时间 ET_j 按式（4-2）计算。因此得到

$$ET_2 = \{ET_1 + D_{1-2}\} = 0 + 2 = 2$$
$$ET_3 = \{ET_2 + D_{2-3}\} = 2 + 2 = 4$$
$$ET_4 = \{ET_2 + D_{2-4}\} = 2 + 3 = 5$$
$$ET_5 = \max\{ET_3 + D_{3-5}, ET_4 + D_{4-5}\} = \max\{4 + 0, 5 + 0\} = 5$$
$$ET_6 = \{ET_5 + D_{5-6}\} = 5 + 3 = 8$$
$$ET_7 = \max\{ET_3 + D_{3-7}, ET_6 + D_{6-7}\} = \max\{4 + 2, 8 + 0\} = 8$$
$$ET_8 = \max\{ET_4 + D_{4-8}, ET_6 + D_{6-8}\} = \max\{5 + 1, 8 + 0\} = 8$$
$$ET_9 = \max\{ET_7 + D_{7-9}, ET_8 + D_{8-9}\} = \max\{8 + 3, 8 + 1\} = 11$$
$$ET_{10} = \{ET_9 + D_{9-10}\} = 11 + 1 = 12$$

（2）网络计划的计算工期。网络计划计算工期 T_c 应按式（4-3）确定。由于该计划没有规定工期 T_r，故该计算工期就是计划工期

$$T_p = T_c = ET_{10} = 12$$

（3）节点最迟时间的计算。节点 i 的最迟时间 LT_i 应从网络图的终点节点开始，逆着箭线的方向依次逐项计算。终点节点的最迟时间按式（4-6）计算。

本计划的终点节点的最迟时间是

$$LT_{10} = 12$$

其他节点的最迟时间按式（4-8）计算。

由此得到

$$LT_9 = \{LT_{10} - D_{9-10}\} = 12 - 1 = 11$$
$$LT_8 = \{LT_9 - D_{8-9}\} = 11 - 1 = 10$$
$$LT_7 = \{LT_9 - D_{7-9}\} = 11 - 3 = 8$$
$$LT_6 = \min\{LT_7 - D_{6-7}, LT_8 - D_{6-8}\} = \min\{8 - 0, 10 - 0\} = 8$$
$$LT_5 = \{LT_6 - D_{5-6}\} = 8 - 3 = 5$$
$$LT_4 = \min\{LT_8 - D_{4-8}, LT_5 - D_{4-5}\} = \min\{10 - 1, 5 - 0\} = 5$$
$$LT_3 = \min\{LT_7 - D_{3-7}, LT_5 - D_{3-5}\} = \min\{8 - 2, 5 - 0\} = 5$$
$$LT_2 = \min\{LT_4 - D_{2-4}, LT_3 - D_{2-3}\} = \min\{5 - 3, 5 - 2\} = 2$$
$$LT_1 = \{LT_2 - D_{1-2}\} = 2 - 2 = 0$$

将以上算得的节点时间填在图的相应位置，见图4-22。

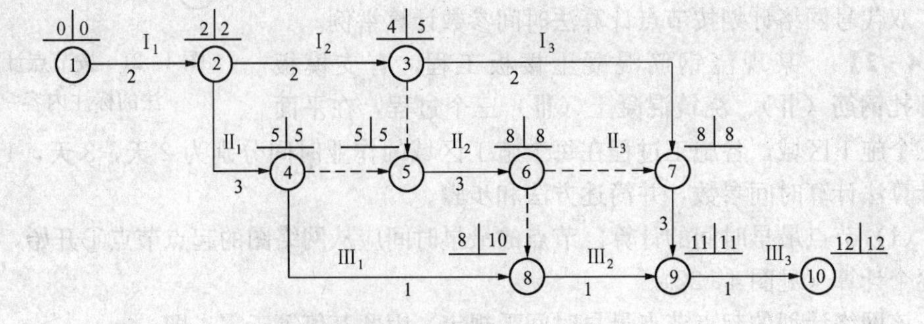

图4-22　节点法计算时间参数

2. 工作计算法计算时间参数

(1) 双代号网络计划按工作计算法计算的时间参数有：工作最早开始时间、工作最早完成时间、工作最迟开始时间、工作最迟完成时间。

1) 工作的最早开始时间 ES_{i-j} (earliest start time) 的计算。工作的最早开始时间指各紧前工作全部完成后，本工作有可能开始的最早时刻。

a. 工作 $i-j$ 的最早开始时间 ES_{i-j} 应从网络图的起点节点开始，顺着箭线方向依次逐项计算。

b. 以起点节点 i 为箭尾节点的工作 $i-j$，如未规定其最早开始时间 ES_{i-j} 时，其值等于零，即

$$ES_{i-j} = 0 \quad (i = 1) \tag{4-9}$$

c. 当工作 $i-j$ 只有一项紧前工作 $h-i$ 时，其最早开始时间 ES_{i-j} 为

$$ES_{i-j} = ES_{h-i} + D_{h-i} \tag{4-10}$$

d. 当工作 $i-j$ 有多项紧前工作时，其最早开始时间 ES_{i-j} 为

$$ES_{i-j} = \max\{ES_{h-i} + D_{h-i}\} \tag{4-11}$$

式中 ES_{h-i} ——工作 $i-j$ 的紧前工作 $h-i$ 的最早开始时间；

D_{h-i} ——工作 $i-j$ 的紧前工作 $h-i$ 的持续时间。

2) 工作的最早完成时间 EF_{i-j} (earliest finish time) 的计算。工作的最早完成时间是指各紧前工作完成后，本工作有可能完成的最早时刻。工作的最早完成时间按下式计算

$$EF_{i-j} = ES_{i-j} + D_{i-j} \tag{4-12}$$

3) 网络计划计算工期的计算应符合下列规定

$$T_c = \max\{EF_{i-n}\} \tag{4-13}$$

式中 EF_{i-n}——以终点节点 ($j=n$) 为箭头节点的工作 $i \sim n$ 的最早完成时间。

4) 网络计划的计划工期应按式 (4-4) 和式 (4-5) 分别确定。

5) 工作的最迟完成时间 LF_{i-j} (latest finish time) 的计算。工作的最迟完成时间指在不影响整个任务按期完成的前提下，工作必须完成的最迟时刻。

a. 工作 $i \sim j$ 的最迟完成时间 LF_{i-j} 应从网络计划的终点节点开始，逆着箭线方向依次逐项计算。当部分工作分期完成时，有关工作必须从分期完成的节点开始逆向逐项计算。

b. 以终点节点 ($j=n$) 为箭头节点的工作的最迟完成时间 LF_{i-n}，应按网络计划的计划工期 T_p 确定，即

$$LF_{i-n} = T_p \tag{4-14}$$

以分期完成的节点为箭头节点的工作的最迟完成时间应等于分期完成的时刻。

c. 其他工作 $i \sim j$ 的最迟完成时间 LF_{i-j} 应为其诸紧后工作最迟完成时间与该紧后工作的持续时间之差中的最小值，其计算表达式为

$$LF_{i-j} = \min\{LF_{j-k} - D_{j-k}\} \tag{4-15}$$

式中 LF_{j-k}——工作 $i-j$ 的紧后工作 $j \sim k$ 的最迟完成时间；

D_{j-k}——工作 $i-j$ 的紧后工作 $j \sim k$ 的持续时间。

6) 工作的最迟开始时间 LS_{i-j} (latest start time) 的计算。工作的最迟开始时间是指在不影响整个任务按期完成的前提下，工作必须开始的最迟时刻

$$LS_{i-j} = LF_{i-j} - D_{i-j} \tag{4-16}$$

(2) 工作时差的计算。

1）工作总时差 TF_{i-j}（total float）的计算。工作总时差是在不影响总工期的前提下，工作所具有的机动时间。其应按下式计算

$$TF_{i-j}=LS_{i-j}-ES_{i-j} \tag{4-17}$$

或

$$TF_{i-j}=LF_{i-j}-EF_{i-j} \tag{4-18}$$

2）工作自由时差 FF_{i-j}（free float）的计算。工作自由时差是指在不影响紧后工作最早开始的前提下，本工作可以利用的机动时间。应符合下列规定：

a. 当工作 $i \sim j$ 有紧后工作 $j \sim k$ 时，其自由时差为

$$FF_{i-j}=ES_{j-k}-ES_{i-j}-D_{i-j} \tag{4-19}$$

或

$$FF_{i-j}=ES_{j-k}-EF_{i-j} \tag{4-20}$$

b. 终点节点（$j=n$）为箭头节点的工作，其自由时差 FF_{i-j}，应按网络计划的计划工期 T_p 确定，即

$$FF_{i-n}=T_p-ES_{i-n}-D_{i-n} \tag{4-21}$$

$$FF_{i-n}=T_p-EF_{i-n} \tag{4-22}$$

（3）图上标注时间参数的方法，如图 4-23 所示。

（4）双代号网络计划工序时间参数计算举例。根据双代号网络图 4-24 计算 ES_{i-j}、EF_{i-j}、LF_{i-j}、LS_{i-j}、TF_{i-j}、FF_{i-j}，并标注在图上。

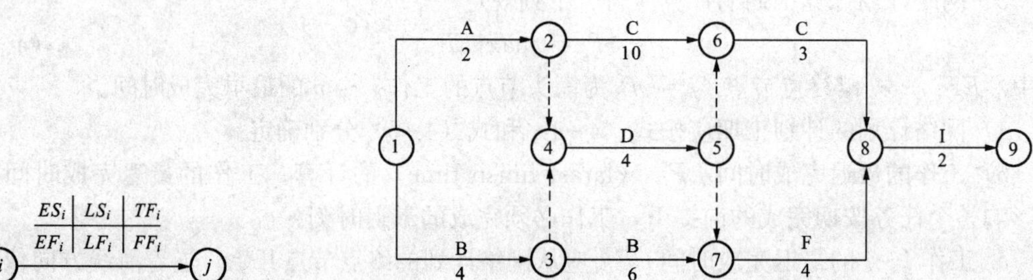

图 4-23　图上标注时间参数的方法

图 4-24　双代号网络图

1）最早开始、最早完成时间的计算。

工作 A　$ES_{1-2}=0$

$EF_{1-2}=ES_{1-2}+D_{1-2}=0+2=2$

工作 B　$ES_{1-3}=0$

$EF_{1-3}=ES_{1-3}+D_{1-3}=0+4=4$

工作 C　$ES_{2-6}=ES_{1-2}+D_{1-2}=0+2=2$

$EF_{2-6}=ES_{2-6}+D_{2-6}=2+10=12$

工作 D　$ES_{4-5}=\max\{ES_{1-2}+D_{1-2};ES_{1-3}+D_{1-3}\}=\max\{0+2,0+4\}=4$

$EF_{4-5}=ES_{4-5}+D_{4-5}=4+4=8$

工作 E　$ES_{3-7}=ES_{1-3}+D_{1-3}=0+4=4$

$EF_{3-7}=ES_{3-7}+D_{3-7}=4+6=10$

工作 G　$ES_{6-8}=\max\{ES_{2-6}+D_{2-6};ES_{4-5}+D_{4-5}\}=\max\{2+10,4+4\}=12$

$EF_{6-8}=ES_{6-8}+D_{6-8}=12+3=15$

工作 H　$ES_{7-8}=\max\{ES_{3-7}+D_{3-7};ES_{4-5}+D_{4-5}\}=\max\{4+6,4+4\}=10$

$EF_{7-8}=ES_{7-8}+D_{7-8}=10+4=14$

工作 I　$ES_{8-9}=\max\{ES_{6-8}+D_{6-8};ES_{7-8}+D_{7-8}\}=\max\{12+3,10+4\}=15$

$EF_{8-9}=ES_{8-9}+D_{8-9}=15+2=17$

2）计算工期

$$T_c=EF_{8-9}=ES_{8-9}+D_{8-9}=15+2=17$$

3）最迟完成、最迟开始时间的计算。

工作 I　$LF_{8-9}=T_p=17$

$LS_{8-9}=LF_{8-9}-D_{8-9}=17-2=15$

工作 H　$LF_{7-8}=LS_{8-9}=15$

$LS_{7-8}=LF_{7-8}-D_{7-8}=15-4=11$

工作 G　$LF_{6-8}=LS_{8-9}=15$

$LS_{6-8}=LF_{6-8}-D_{6-8}=15-3=12$

工作 E　$LF_{3-7}=LS_{7-8}=11$

$LS_{3-7}=LF_{3-7}-D_{3-7}=11-6=5$

工作 D　$LF_{4-5}=\min\{LS_{6-8},LS_{7-8}\}=\min\{12,11\}=11$

$LS_{4-5}=LF_{4-5}-D_{4-5}=11-4=7$

工作 C　$LF_{2-6}=LS_{6-8}=12$

$LS_{2-6}=LF_{2-6}-D_{2-6}=12-10=2$

工作 B　$LF_{1-3}=\min\{LS_{3-7},LS_{4-5}\}=\{5,7\}=5$

$LS_{1-3}=LF_{1-3}-D_{1-3}=5-4=1$

工作 A　$LF_{1-2}=\min\{LS_{2-6},LS_{4-5}\}=\{2,7\}=2$

$LS_{1-2}=LF_{1-2}-D_{1-2}=2-2=0$

4）工序总时差。

工作 A　$TF_{1-2}=0-0=0$

工作 B　$TF_{1-2}=0-0=0$

工作 C　$TF_{2-6}=2-2=0$

工作 D　$TF_{4-5}=7-4=3$

工作 E　$TF_{3-7}=5-4=1$

工作 G　$TF_{6-8}=12-12=0$

工作 H　$TF_{7-8}=11-10=1$

工作 I　$TF_{8-9}=15-15=0$

5）工序自由时差。

工作 A　$FF_{1-2}=\min\{ES_{2-6}-EF_{1-2},ES_{4-5}-EF_{1-2}\}=\min\{2-2,4-2\}=0$

工作 B　$FF_{1-3}=\min\{ES_{3-7}-EF_{1-3},ES_{4-5}-EF_{1-3}\}=\min\{4-4,4-4\}=0$

工作 C　$FF_{2-6}=ES_{6-8}-EF_{2-6}=12-12=0$

工作 D　$FF_{4-5}=\min\{ES_{6-8}-EF_{4-5},ES_{7-8}-EF_{4-5}\}=\min\{12-8,10-8\}=2$

工作 E　$FF_{3-7} = ES_{7-8} - EF_{3-7} = 10 - 10 = 0$

工作 G　$FF_{6-8} = ES_{8-9} - EF_{6-8} = 15 - 15 = 0$

工作 H　$FF_{7-8} = ES_{8-9} - EF_{7-8} = 15 - 14 = 1$

工作 I　$FF_{8-9} = T_p - EF_{8-9} = 17 - 17 = 0$

6）图上标注如图 4 - 25 所示。

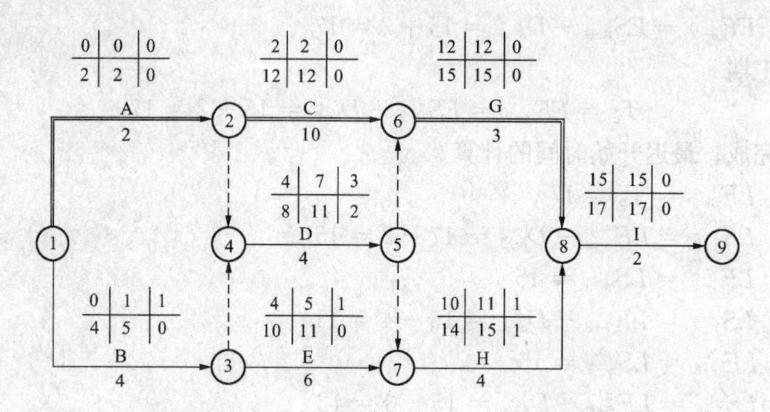

图 4 - 25　双代号网络图工序法计算时间参数

3. 关键工作、关键线路的确定

（1）关键工作（critical activity）。关键工作是网络计划中机动时差最小的工作。

当计划工期等于计算工期时，这个“最小值”为 0。

当计划工期大于计算工期时，这个“最小值”为正。

当计划工期小于计算工期时，这个“最小值”为负。

（2）关键线路（critical path）。关键线路是指自始至终全由关键工作组成的线路或工作持续时间最长的线路。

将关键工作自左至右依次首尾相连而形成的线路就是关键线路。如图 4 - 24 中画粗箭线的线路，关键线路为 1 - 2 - 6 - 8 - 9。

二、单代号网络计划时间参数的计算

（一）单代号网络计划时间参数的标注形式，如图 4 - 26 所示

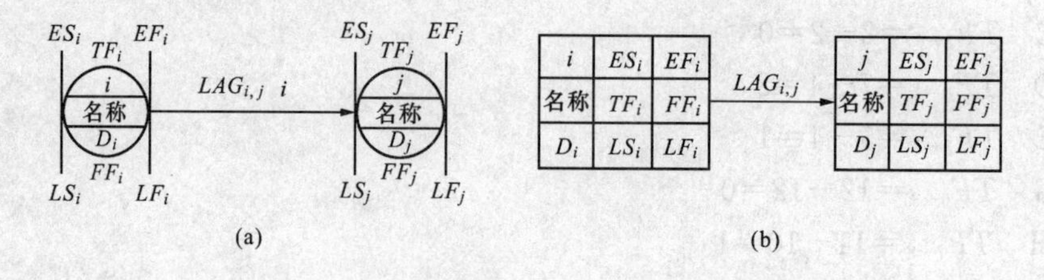

图 4 - 26　单代号网络计划时间参数的标注形式

（二）单代号网络计划工作最早时间的计算

1. 最早开始时间的计算

（1）工作 i 的最早开始时间 ES_i 的计算应从网络计划的开始节点开始，顺着箭线的方向依次逐项进行。

(2) 起点节点的最早开始时间 ES_1 如无规定时，其值为零，即

$$ES_1 = 0$$

(3) 其他工作的最早开始时间 ES_i 应为

$$ES_i = \max\{ES_h + D_h\} \tag{4-23}$$

式中 ES_h——工作 i 的紧前工作 h 的最早开始时间；

D_h——工作 i 的紧前工作 h 的持续时间。

2. 工作 i 的最早完成时间 EF_i 的计算

$$EF_i = ES_i + D_i \tag{4-24}$$

3. 网络计划计算工期 T_c 的计算

$$T_c = EF_n \tag{4-25}$$

式中 EF_n——终点节点 n 的最早完成时间。

4. 确定网络计划的计划工期应符合式 (4-4)、式 (4-5) 条件

5. 相邻两项工作 i 和 j 之间的时间间隔的计算

$$LAG_{i,j} = ES_j - EF_i \tag{4-26}$$

式中 ES_j——工作 j 的最早开始时间。

6. 工作总时差的计算应符合下列规定

(1) 工作 i 的总时差 TF_i 应从网络图的终点节点开始，逆着箭线方向依次逐项计算。当部分工作分期完成时，有关工作的总时差必须从分期完成的节点开始逆向逐项计算。

(2) 终点节点所代表的工作 n 的总时差 TF_n 值为零，即

$$TF_n = 0 \tag{4-27}$$

分期完成的工作的总时差值为零。

(3) 其他工作的总时差 TF_i 的计算应符合下式

$$TF_i = \min\{LAG_{i,j} + TF_j\} \tag{4-28}$$

式中 TF_j——工作 i 的紧后工作 j 的总时差。

当已知各项工作的最迟完成时间或最迟开始时间时，工作的总时差为

$$TF_i = LS_i - ES_i \tag{4-29}$$

或

$$TF_i = LF_i - EF_i \tag{4-30}$$

7. 工作 i 的自由时差 FF_j 的计算

$$FF_i = \min\{LAG_{i,j}\} \tag{4-31}$$

$$FF_i = \min\{ES_j - EF_i\} \tag{4-32}$$

$$FF_i = \min\{ES_j - ES_i - D_i\} \tag{4-33}$$

8. 工作最迟完成时间的计算

(1) 工作 i 的最迟完成时间应从网络图的终点节点开始，逆着箭线方向依次逐项计算。当部分工作分期完成时，有关工作的最迟完成时间应从分期完成的节点开始逆向逐项计算。

(2) 终点节点所代表的工作 n 的最迟完成时间应按网络计划的计划工期确定，即

$$LF_n = T_p \tag{4-34}$$

分期完成那项工作的最迟完成时间应等于分期完成的时刻。

(3) 其他工作 i 的最迟完成时间为

$$LF_i = \min\{LF_j - D_j\} \quad (4-35)$$

式中 LF_j——工作 i 的紧后工作 j 的最迟完成时间；

D_j——工作 i 的紧后工作 j 的持续时间。

9. 工作 i 的最迟开始时间的计算

$$LS_i = LF_i - D_i \quad (4-36)$$

（三）单代号网络计划时间参数计算示例

图 4 - 27 所示为单代号网络计划，计算其时间参数。

最早开始时间、最早完成时间的计算

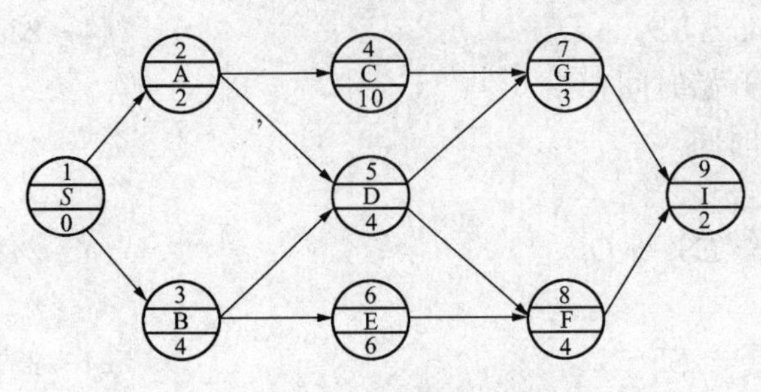

图 4 - 27 单代号网络计划

工作 A $ES_2 = 0$

$EF_2 = ES_2 + D_2 = 0 + 2 = 2$

工作 B $ES_3 = 0$

$EF_3 = ES_3 + D_3 = 0 + 4 = 4$

工作 C $ES_4 = ES_2 + D_2 = 0 + 2 = 2$

$EF_4 = ES_4 + D_4 = 2 + 10 = 12$

工作 D $ES_5 = \max\{ES_2 + D_2; ES_3 + D_3\} = \max\{0 + 2, 0 + 4\} = 4$

$EF_5 = ES_5 + D_5 = 4 + 4 = 8$

工作 E $ES_6 = ES_3 + D_3 = 0 + 4 = 4$

$EF_6 = ES_6 + D_6 = 4 + 6 = 10$

工作 G $ES_7 = \max\{ES_4 + D_4; ES_5 + D_5\} = \max\{2 + 10, 4 + 4\} = 12$

$EF_7 = ES_7 + D_7 = 12 + 3 = 15$

工作 H $ES_8 = \max\{ES_5 + D_5; ES_6 + D_6\} = \max\{4 + 4, 4 + 6\} = 10$

$EF_8 = ES_8 + D_8 = 10 + 4 = 14$

工作 I $ES_9 = \max\{ES_7 + D_7; ES_8 + D_8\} = \max\{12 + 3, 10 + 4\} = 15$

$EF_9 = ES_9 + D_9 = 15 + 2 = 17$

计算工期 $T_c = 17$

最迟完成时间、最迟开始时间的计算

工作 I $LF_9 = T_p = 17$

$LS_9 = LF_9 - D_9 = 17 - 2 = 15$

工作 H $LF_8 = LF_9 - D_9 = 17 - 2 = 15$

$LS_8 = LF_8 - D_8 = 15 - 4 = 11$

工作 G $LF_7 = LF_9 - D_9 = 17 - 2 = 15$

$LS_7 = LF_7 - D_7 = 15 - 3 = 12$

工作 E $LF_6 = LS_8 = 11$

$LS_6 = LF_6 - D_6 = 11 - 6 = 5$

工作 D $LF_5 = \min\{11, 12\} = 11$

$LS_5 = LF_5 - D_5 = 11 - 4 = 7$

工作 C　$LF_4 = LS_7 = 12$

$LS_4 = LF_4 - D_4 = 12 - 10 = 2$

工作 B　$LF_3 = \min\{7,5\} = 5$

$LS_3 = LF_3 - D_3 = 5 - 4 = 1$

工作 A　$LF_2 = \min\{2,7\} = 2$

$LS_2 = LF_2 - D_2 = 2 - 2 = 0$

工作总时差

工作 I　$TF_9 = 0$

工作 H　$TF_8 = LAG_{8-9} + TF_9 = 1 + 0 = 1$

工作 G　$TF_7 = LAG_{7-9} + TF_9 = 0 + 0 = 0$

工作 E　$TF_6 = LAG_{6-8} + TF_8 = 0 + 1 = 1$

工作 D　$TF_5 = \min\{LAG_{5-8} + TF_8; LAG_{5-7} + TF_7\} = \min\{2+1; 4+0\} = 3$

工作 C　$TF_4 = LAG_{4-7} + TF_7 = 0 + 0 = 0$

工作 B　$TF_3 = \min\{LAG_{3-5} + TF_5; LAG_{3-6} + TF_6\} = \min\{0+3; 0+1\} = 1$

工作 A　$TF_2 = \min\{LAG_{2-4} + TF_4; LAG_{2-5} + TF_5\} = \min\{0+0; 2+3\} = 0$

工作自由时差

$$FF_i = \min\{LAG_{i,j}\}$$

工作 I　$FF_9 = 0$

工作 H　$FF_8 = 1$

工作 G　$FF_7 = 0$

工作 E　$FF_6 = 0$

工作 D　$FF_5 = \min\{2,4\} = 2$

工作 C　$FF_4 = 0$

工作 B　$FF_3 = 0$

工作 A　$FF_2 = \min\{0,2\} = 0$

上述计算所得结果见图 4 - 28。

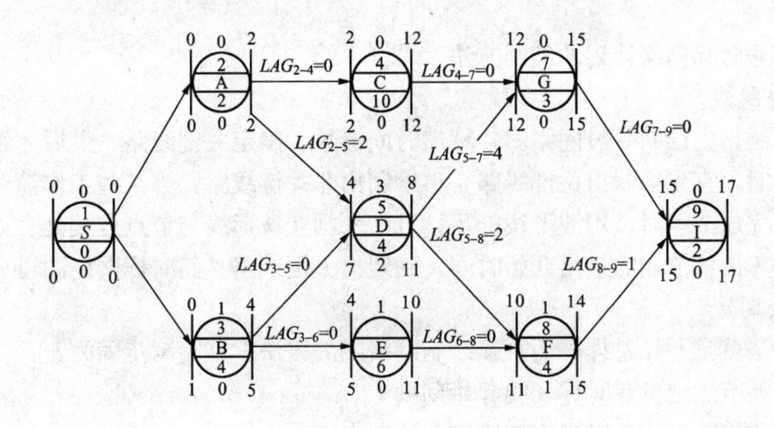

图 4 - 28　图上计算法单代号网络计划

第五节　双代号时标网络计划

时间坐标网络计划简称时标网络（time-coordinate network），是网络计划的另一种表现形式。在前面的双代号网络计划中箭杆长短并不表明时间的长短，而在双代号时间坐标网络计划中，箭杆的长短及节点位置表示工作的时间进程，这是与一般网络计划的主要区别。

时间坐标网络计划是网络图与横道图的结合，在编制过程中既能看出前后工作的逻辑关系，表达形式比较直观，又能一目了然地看出各项工作的开工和结束的时间，以及工作的时差和关键线路；便于在图上计算劳动力、材料等资源用量，并能在图上调整时差；进行网络计划的时间和资源的优化，是一种得到广泛应用的计划形式。但调整时间坐标网络计划的工作较烦琐，这是由于它用箭杆或线段的长短来表示每一活动的持续时间，若改变时间，就需改变箭杆的长度和节点的位置，这样往往会引起整个网络图的变动，因此，时标网络适用于编制工艺过程较简单的施工计划。

一、编制时标网络计划的规定

(1) 时标网络计划必须以时间坐标为尺度表示工作时间，时标的时间单位应根据需要在编制网络计划之前确定，可为时、天、周、旬、月或季。

(2) 时标网络计划应以实箭线表示工作，以虚箭线表示虚工作，以波形线表示工作与其紧后工作之间的时间间隔（以终点节点为完成节点的工作除外，当计划工期等于计算工期时，这些工作箭线中波形线的水平投影长度表示其自由时差）。

(3) 时标网络计划中所有符号在时间坐标上的水平位置及其水平投影，都必须与其所代表的时间值相对应。节点的中心必须对准时标的刻度线，虚工作必须以垂直虚箭线表示，有自由时差时用波形线表示。

(4) 时标网络计划宜按最早时间编制。编制时标网络计划之前，应先按已确定的时间单位绘出时标表。时标可标注在时标表的顶部或底部，并须注明时标的长度单位，必要时还可在顶部时标之上或底部时标之下加注日历的对应时间。为使图面清晰，时标表中部的刻度线宜为细线。

二、双代号时标网络计划的编制方法

1. 间接绘制法

间接绘制法是先绘制一般网络图，算出时间参数、确定关键线路、最后才绘制出时标网络图。在绘制时，宜先绘制出关键线路，再绘制出非关键线路，当某些工作箭线长度不足以达到该工作的完成节点时，用波形线补足，且箭头画在波形线与节点连接处。如图 4 - 29 所示网络图，计算出各节点的最早开始时间，确定出关键线路。其时标网络图可见图 4 - 30。

2. 直接绘制法

直接绘制法就是不经过计算而直接绘制网络图的方法。其绘制步骤为：

(1) 将开始节点定位在时标表的起始刻度上；

(2) 按工作持续时间在时标表中绘制开始节点的外向箭线；

(3) 工作的箭头节点必须在其所有内向箭线给出以后，定位在这些内向箭线中最晚完成的实箭线箭头处；其他内向实箭线长度不足以到达该箭头节点时，可用波形线补足；

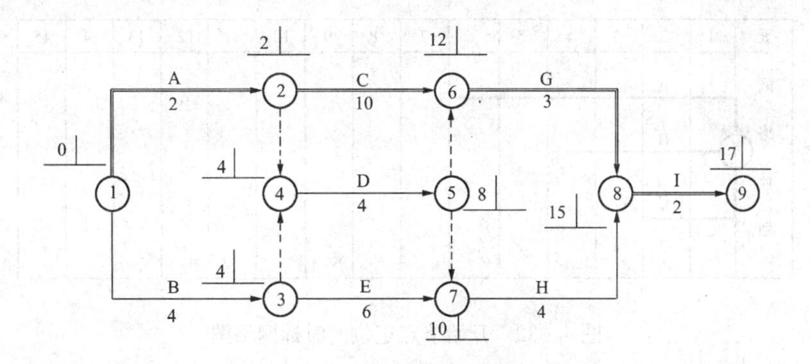

图 4－29 双代号网络图及最早时间

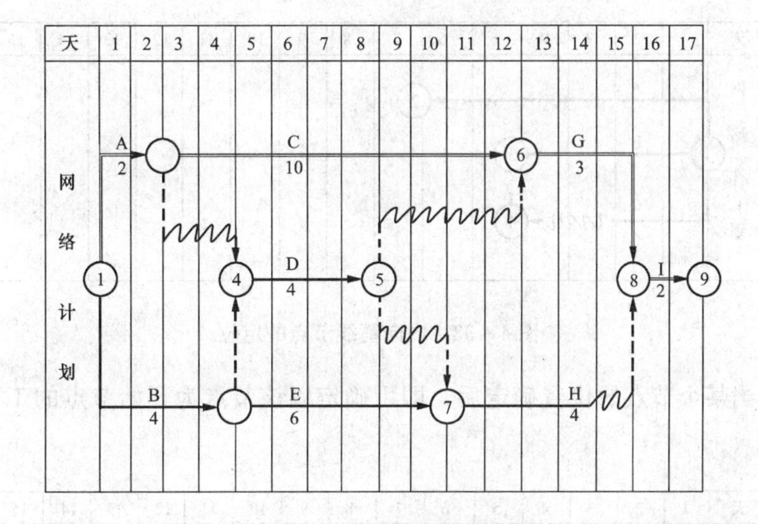

图 4－30 时标网络计划

(4) 用上述方法自左至右依次确定其他节点位置，直至终点节点定位完成。

举例，图 4－31 所示为双代号网络图，根据上述方法可绘出如图 4－36 所示的时标网络图。

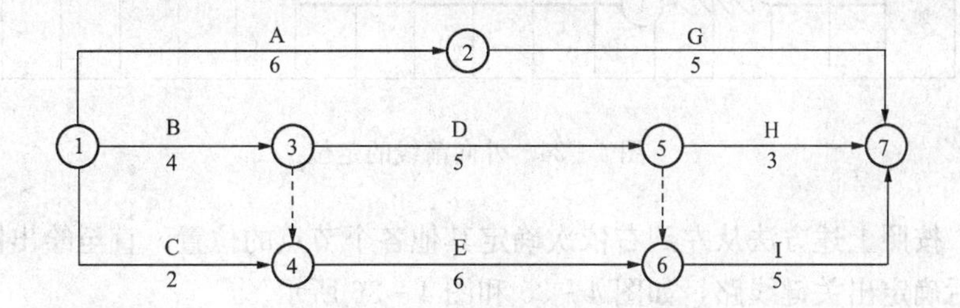

图 4－31 双代号网络计划

第一步：将开始节点定位在时标表的起始刻度上，按工作持续时间在时标表中绘制开始节点的外向箭线；如图 4－32 所示。

第二步：除网络计划的起点节点外，其他节点必须在所有以该节点为完成节点的工作箭线均绘出后，定位在这些箭线中最迟的箭线末端。当某些工作箭线的长度不足以到达该节点

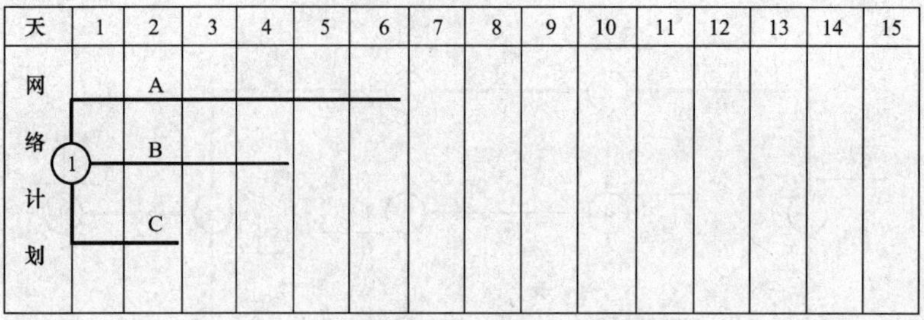

图 4 - 32　开始节点定位的时标网络图

时，须用波形线补足，箭头画在与该节点的连接处，如图 4 - 33 所示。

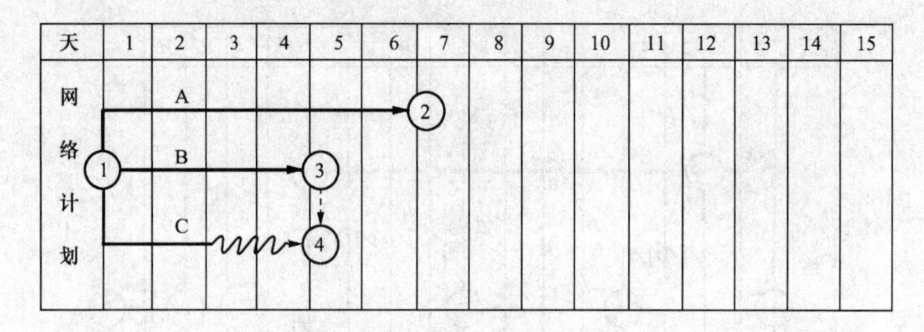

图 4 - 33　内向箭线节点的定位

第三步：当某个节点的位置确定后，即可确定以该节点为开始节点的工作箭线，如图 4 - 34 所示。

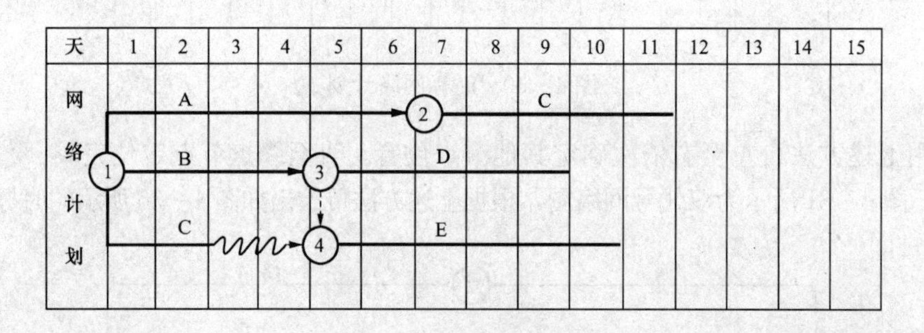

图 4 - 34　外向箭线的定位

第四步：按照上述方法从左到右依次确定其他各个节点的位置，直至绘出网络计划的终点节点；最后确定出关键线路，如图 4 - 35 和图 4 - 36 所示。

三、时间参数的计算及关键线路的确定

（1）时标网络计划每条箭线左端节点中心所对应的时标值代表工作的最早开始时间，箭线实线部分右端或箭线右端节点中心所对应的时标值代表工作的最早完成时间。

（2）时标网络计划的计算工期应是终点节点与开始节点所在位置的时标值之差。

（3）时标网络计划中工作的自由时差值应为其波形线在时间坐标轴上水平投影的长度。若工作箭线右端只有虚工作时，则这些虚工作中波形线最短者的长度即为该工作的自由时差。

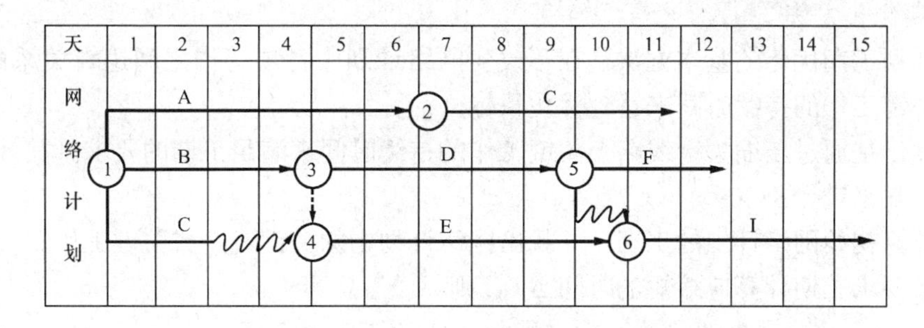

图 4 - 35 其余节点及箭线的位置

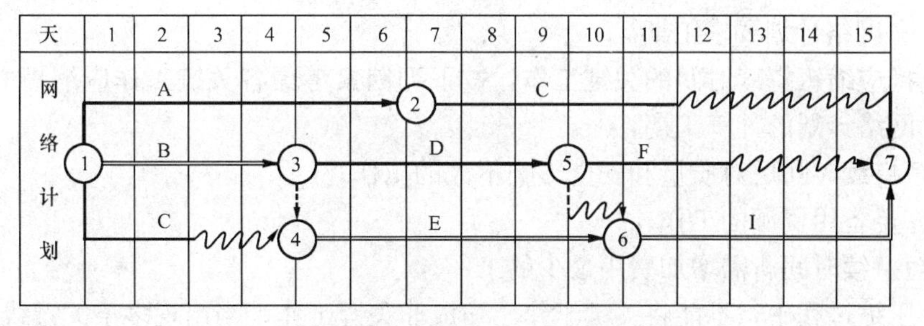

图 4 - 36 时标网络图（双线为关键线路）

（4）时标网络计划中工作的总时差应自右至左逆着箭线方向依次逐项的计算，并在其紧后工作的总时差被确定后才能确定，其值等于其诸紧后工作总时差的最小值与本工作自由时差之和。即

$$TF_{i-j} = \min\{TF_{j-k} + FF_{i-j}\} \tag{4 - 37}$$

（5）工作最迟开始时间和最迟完成时间的计算应符合下列规定

$$LS_{i-j} = ES_{i-j} + TF_{i-j} \tag{4 - 38}$$

$$LF_{i-j} = EF_{i-j} + TF_{i-j} \tag{4 - 39}$$

（6）时标网络计划关键线路的确定，应自终点节点逆箭线方向朝起点节点观察，自始至终不出现波形线的线路为关键线路。

第六节 网络计划的优化

网络计划的优化（optimization）是通过时差不断地改善网络计划的初始可行方案，在满足既定约束条件下，按某一目标（时间、成本、资源）寻求最优方案。其目的就是通过依次改善网络计划，使之如期完工，并在现有资源限制的条件下，均衡地使用各种资源，以最小的消耗取得最大的经济效益。如在资源有限的情况下，寻求最短工期；在规定工期条件下，使资源消耗最均衡，或寻求缩短工期而相应成本最低的方案等。网络计划优化目标，应按计划任务的需要和条件选定，包括工期目标、费用目标和资源目标，根据所要求的目标不同，可使用各种各样的优化理论、方法和途径。

一、工期优化（optimization of time）

工期优化就是通过压缩计算工期，以达到要求工期的目的，或者在一定约束条件下使工期缩短的过程。

1. 工期优化方法

网络计划工期优化的基本方法是在不改变网络计划中各项工作之间逻辑关系的前提下，通过压缩关键工作的持续时间来达到优化目标。

工期优化是通过压缩关键线路上关键工作的持续时间来满足工期的要求。其计算应按下列规定的步骤来进行：

（1）计算初始网络计划的工期，并找出网络计划中的关键线路或关键工作。

（2）按要求工期计算应缩短的时间 ΔT，则

$$\Delta T = T_c - T_r \tag{4-40}$$

式中 T_c——网络计划计算工期；

T_r——网络计划要求工期。

（3）选择应缩短持续时间的关键工作，按下列因素考虑各关键工作应缩短的持续时间，并重新计算网络计划的计算工期：

1）缩短持续时间后对质量和安全影响不大的工作；

2）有充足备用资源的工作；

3）缩短持续时间所需增加费用最少的工作。

（4）在压缩过程中，不能将关键工作压缩成非关键工作；当出现多条关键线路时，必须将各条关键线路上工作的持续时间压缩成同一数值。

（5）若计算工期仍然超过要求工期，则重复以上步骤，直至满足要求工期或工期不能再缩短为止。

（6）当所有关键工作的持续时间已不能再缩短而计算工期仍不能满足要求时，应对网络计划的原技术、组织方案进行调整，或重新审核要求工期。

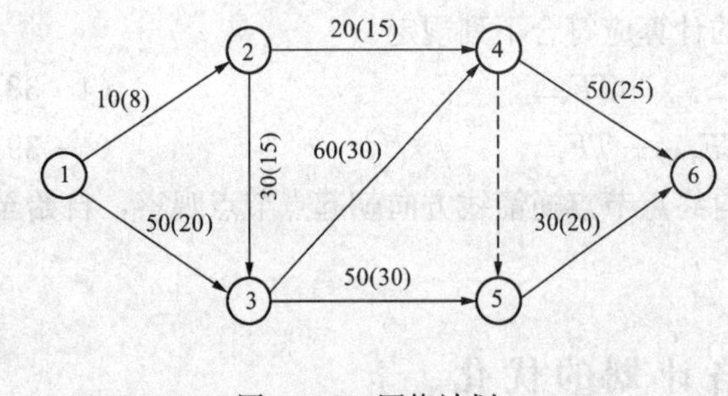

图 4-37 网络计划

2. 工期优化计算示例

【例 4-3】 某网络计划如图 4-37 所示，箭线括号外为正常持续时间，括号内为最短持续时间，若要求工期 100，试对此计划进行优化。

解 （1）找出在正常持续时间条件下的关键线路及计算工期，如图 4-38（a）所示。其中关键线路为 1—3—4—6，关键工作 1—3，3—4，4—6。

（2）计算需缩短时间，根据图 4-38（a）所计算的工期需要缩短时间 60 天。根据图中数据，关键工作 1—3 可缩短 20 天，3—4 可缩短 30 天，4—6 可缩短 25 天，共计可缩短 75 天，但考虑前述原则，因缩短工作 4—6 增加劳动力较多，故仅缩短 10 天，重新计算网络计划工期如图 4-38（b）所示。关键线路为 1—2—3—5—6，关键工作为 1—2，2—3，3—5，5—6；工期为 120 天。

（3）根据图 4-38（b），关键工作 3—5 可压缩 20 天，计算网络计划工期如图 4-38（c）所示，关键线路为 1—3—4—6，工期为 100 天。

二、费用优化

费用优化又称工期成本优化（time-cost optimization），是指寻求工程总成本最低时的工

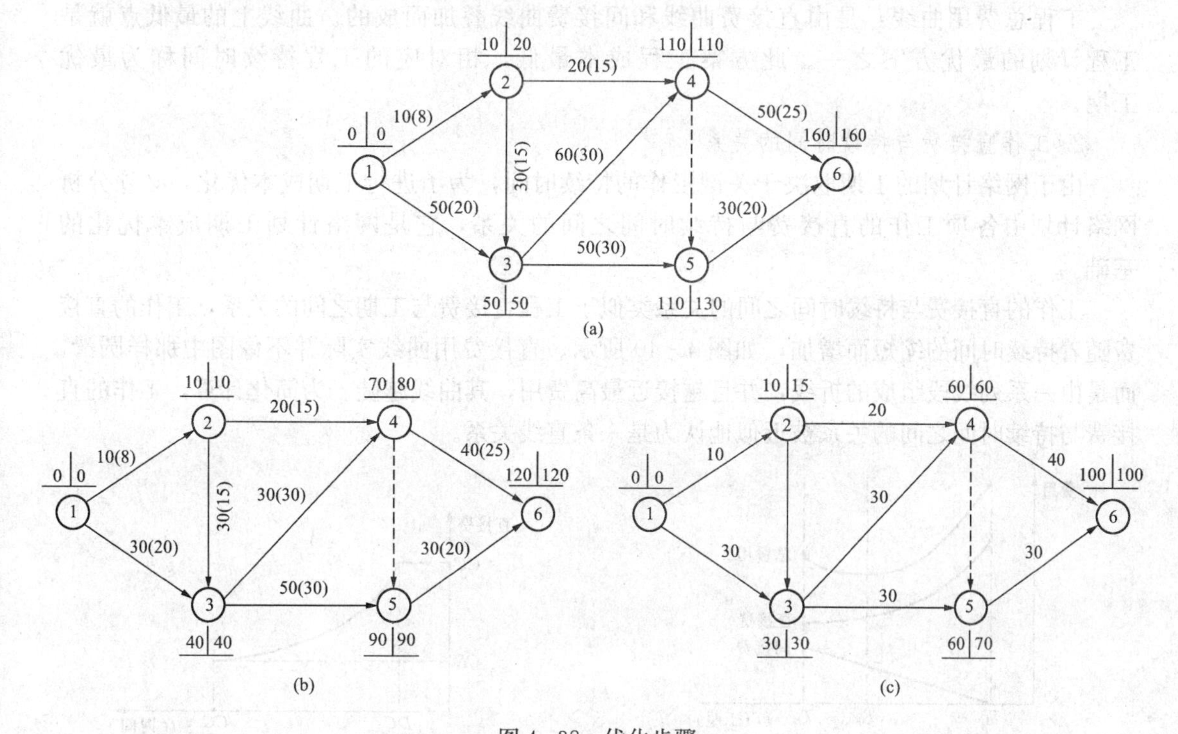

图 4-38 优化步骤

(a) 计算工期并找出关键线路；(b) 压缩关键工作并计算工期；(c) 压缩至最短工期

期安排，或按要求寻求最低成本的计划安排的过程。

（一）费用和时间的关系

在建设工程施工过程中，完成一项工作通常可以采用多种施工方法和组织方法，而不同的施工方法和组织方法，又会有不同的持续时间和费用。由于一项建设工程往往包含许多工作，所以在安排建设工程进度计划时，就会出现许多方案。进度方案不同，所对应的总工期和总费用也就不同。为了能从多种方案中找出总成本最低的方案，必须分析费用与时间之间的关系。

1. 工程费用与工期的关系

工程总费用由直接费和间接费组成。直接费由人工费、材料费、机械使用费、其他直接费及现场经费等组成。施工方案不同，直接费也就不同；如果施工方案确定，工期不同，直接费也不同。直接费会随着工期的缩短而增加。间接费包括企业经营管理的全部费用，它一般会随着工期的缩短而减少。在考虑工程总费用时，还应考虑工期变化带来的其他损益，包括效益增量和资金的时间价值等。工程费用与工期的关系如图 4-39 所示。

间接费曲线：表示间接费用和时间成正比关系的曲线，通常用直线表示。其斜率表示间接费在单位时间内的增加值。间接费用与施工单位的管理水平、施工条件、施工组织等有关。

直接费曲线：表示直接费用在一定范围内和时间成反比关系的曲线。施工时如为了加快作业速度而突击作业，或采取加班作业，增加许多非熟练工人，并且增加了高价的材料及劳动力，那么，尽管工期加快了，直接费也相应增加了。

工程总费用曲线：是由直接费曲线和间接费曲线叠加而成的。曲线上的最低点就是工程计划的最优方案之一。此方案工程成本最低，相对应的工程持续时间称为最优工期。

2. 工作直接费与持续时间的关系

由于网络计划的工期取决于关键工作的持续时间，为了进行工期成本优化，必须分析网络计划中各项工作的直接费与持续时间之间的关系，它是网络计划工期成本优化的基础。

工作的直接费与持续时间之间的关系类似于工程直接费与工期之间的关系，工作的直接费随着持续时间的缩短而增加，如图 4-40 所示。直接费用曲线实际并不像图中那样圆滑，而是由一系列线段组成的折线，并且越接近最高费用，其曲线越陡。为简化计算，工作的直接费与持续时间之间的关系被近似地认为是一条直线关系。

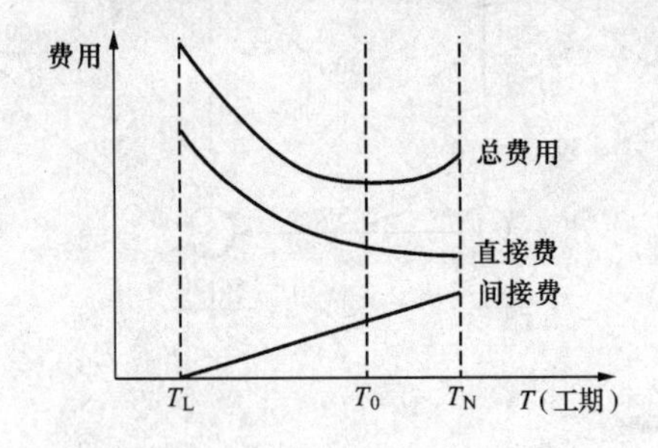

图 4-39 费用—工期曲线

T_L—最短工期；T_0—最优工期；T_N—正常工期

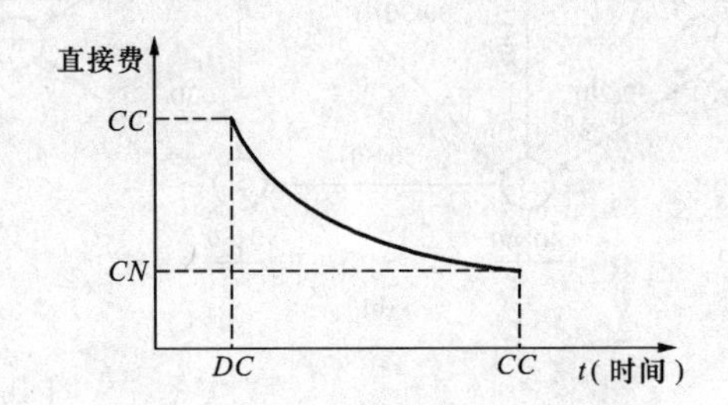

图 4-40 直接费—持续时间曲线

CN—按正常持续时间完成工作时所需要的直接费；DC—工作的最短持续时间；CC—按最短持续时间完成工作时所需要的直接费

工作的持续时间每缩短单位时间而增加的直接费称为直接费用率。直接费用率可按式(4-41) 计算

$$\Delta C_{i-j} = \frac{CC_{i-j} - CN_{i-j}}{DN_{i-j} - DC_{i-j}} \tag{4-41}$$

式中 DN_{i-j} —— $i \sim j$ 工作的正常持续时间；

DC_{i-j} —— $i \sim j$ 工作的最短持续时间；

CN_{i-j} ——按正常持续时间完成 $i-j$ 工作时所需要的直接费；

CC_{i-j} ——按最短持续时间完成 $i-j$ 工作时所需要的直接费。

从式 (4-41) 可以看出，工作的直接费用率越大，说明将该工作的持续时间缩短一个时间单位，所需增加的直接费就越多；反之，将该工作的持续时间减少一个时间单位，所需增加的直接费就越少。因此，在压缩关键工作的持续时间以达到缩短工期的目的时，应将直接费用率最小的关键工作作为压缩对象。当有多条关键线路出现而需要同时压缩多个关键工作的持续时间时，应将它们的直接费用率之和（组合直接费用率）最小者作为压缩对象。

（二）费用优化方法

费用优化的基本思路：不断地在网络计划中找出直接费用率（或组合直接费用率）最小的关键工作，缩短其持续时间，同时考虑间接费随工期缩短而减少的数值，最后求得工程总成本最低时的最优工期安排或按要求工期求得最低成本的计划安排。

按照上述基本思路，费用优化可按以下步骤进行：

（1）按工作的正常持续时间确定计算工期和关键线路。

（2）计算各项工作的直接费用率。

（3）当只有一条关键线路时，应找出直接费用率最小的一项关键工作，作为缩短持续时间的对象；当有多条关键线路时，应找出组合直接费用率最小的一组关键工作，作为缩短持续时间的对象。

（4）对于选定的压缩对象（一项关键工作或一组关键工作），首先比较其直接费用率或组合直接费用率与工程间接费用率的大小：

1）如果被压缩对象的直接费用率或组合直接费用率大于工程间接费用率，说明压缩关键工作的持续时间会使工程总费用增加，此时应停止缩短关键工作的持续时间，在此之前的方案即为优化方案；

2）如果被压缩对象的直接费用率或组合直接费用率等于工程间接费用率，说明压缩关键工作的持续时间不会使工程总费用增加，故应缩短关键工作的持续时间；

3）如果被压缩对象的直接费用率或组合直接费用率小于工程间接费用率，说明压缩关键工作的持续时间会使工程总费用减少，故应缩短关键工作的持续时间。

（5）当需要缩短关键工作的持续时间时，其缩短值的确定必须符合下列两条原则：

1）缩短后工作的持续时间不能小于其最短持续时间；

2）缩短持续时间的工作不能变成非关键工作。

（6）计算关键工作持续时间缩短后相应增加的总费用。

（7）重复上述（3）～（6），直至计算工期满足要求工期或被压缩对象的直接费用率或组合直接费用率大于工程间接费用率为止。

（8）计算优化后的工程总费用。

（三）费用优化示例

【例 4-4】 已知某工程双代号网络计划如图 4-41 所示，图中箭线下方括号外数字为工作的正常时间，括号内数字为最短持续时间；箭线上方括号外数字为工作按正常持续时间完成时所需的直接费，括号内数字为工作按最短持续时间完成时所需的直接费。该工程的间接费用率为 0.8 万元/天，试对其进行费用优化。

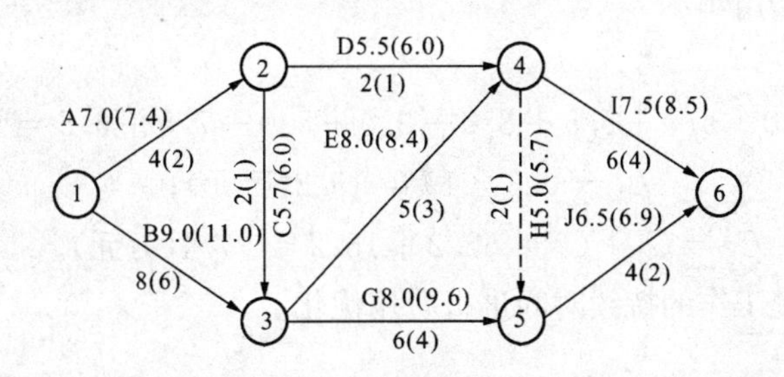

图 4-41 双代号网络计划图

解 该网络计划的费用优化可按以下步骤进行：

（1）根据各项工作的正常持续时间，确定网络计划的计算工期和关键线路，如图 4-42 所示。

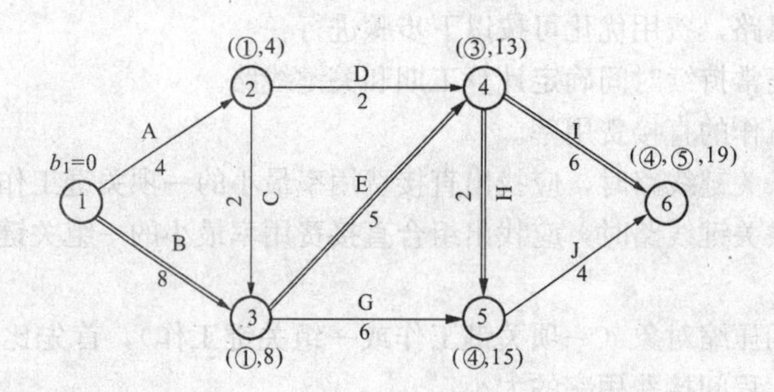

图 4-42 网络计划的工期和关键线路

（2）计算各项工作的直接费用率，即

$$\Delta C_{1-2}=\frac{CC_{1-2}-CN_{1-2}}{DN_{1-2}-DC_{1-2}}=\frac{7.4-7.0}{4-2}=0.2(\text{万元}/\text{天})$$

$$\Delta C_{1-3}=\frac{CC_{1-3}-CN_{1-3}}{DN_{1-3}-DC_{1-3}}=\frac{11-9}{8-6}=1.0(\text{万元}/\text{天})$$

$$\Delta C_{2-3}=\frac{CC_{2-3}-CN_{2-3}}{DN_{2-3}-DC_{2-3}}=\frac{6.0-5.7}{2-1}=0.3(\text{万元}/\text{天})$$

$$\Delta C_{2-4}=\frac{CC_{2-4}-CN_{2-4}}{DN_{2-4}-DC_{2-4}}=\frac{6.0-5.5}{2-1}=0.5(\text{万元}/\text{天})$$

$$\Delta C_{3-4}=\frac{CC_{3-4}-CN_{3-4}}{DN_{3-4}-DC_{3-4}}=\frac{8.4-8}{5-3}=0.2(\text{万元}/\text{天})$$

$$\Delta C_{3-5}=\frac{CC_{3-5}-CN_{3-5}}{DN_{3-5}-DC_{3-5}}=\frac{9.6-8}{6-4}=0.8(\text{万元}/\text{天})$$

$$\Delta C_{4-5}=\frac{CC_{4-5}-CN_{4-5}}{DN_{4-5}-DC_{4-5}}=\frac{5.7-5}{2-1}=0.7(\text{万元}/\text{天})$$

$$\Delta C_{4-6}=\frac{CC_{4-6}-CN_{4-6}}{DN_{4-6}-DC_{4-6}}=\frac{8.5-7.5}{6-4}=0.5(\text{万元}/\text{天})$$

$$\Delta C_{5-6}=\frac{CC_{5-6}-CN_{5-6}}{DN_{5-6}-DC_{5-6}}=\frac{6.9-6.5}{4-2}=0.2(\text{万元}/\text{天})$$

（3）计算工程总费用：

直接费总和

$$C_d=7.0+9.0+5.7+5.5+8.0+8.0+5.0+7.5+6.5=62.2(\text{万元});$$

间接费总和 $C_i=0.8\times 19=15.2$(万元)；

工程总费用 $C_t=C_d+C_i=62.2+15.2=77.4$(万元)。

（4）通过压缩关键工作的持续时间进行费用优化。

第一次循环：

从图 4-42 可知，该网络计划中有两条关键线路，为了同时缩短两条关键线路的总持续时间，在以下四个压缩方案中，找出组合直接费用率最小的一组关键工作，作为缩短持续时间的对象。

a. 压缩工作 B 直接费用率为 1.0（万元/天）；

b. 压缩工作 E，直接费用率为 0.2（万元/天）；

c. 同时压缩工作 H 和工作 I 组合直接费用率为：0.7+0.5=1.2（万元/天）；

d. 同时压缩工作 I 和工作 J 组合直接费用率为 0.5+0.2=0.7（万元/天）。

在上述压缩方案中，由于工作 E 的直接费用率最小，故应选择工作 E 作为压缩对象。工作 E 的直接费用率为 0.2 万元/天，小于间接费用率 0.8 万元/天，说明压缩工作 E 可使工程总费用降低。将工作E的持续时间压缩至最短持续时间 3 天，重新计算工期并确定关键线路。如图 4-43 所示，此时，关键工作 E 被压缩成非关键工作，故将其持续时间延长为 4 天，使成为关键工作；第一次压缩后的网络计划如图 4-44 所示。图中箭线上方括号内数字为工作的直接费用率。

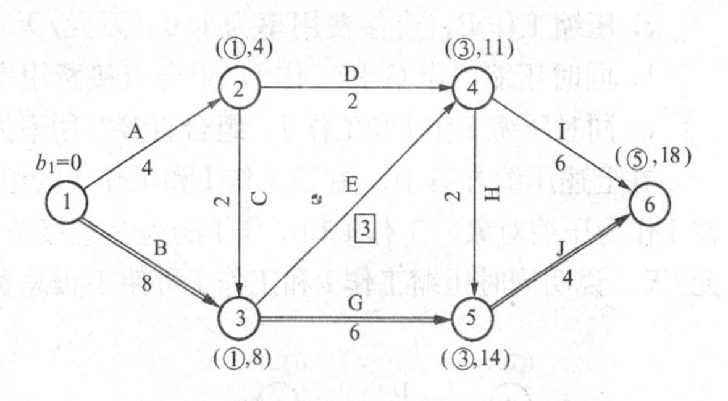

图 4-43 关键工作 E 被压缩时的关键线路

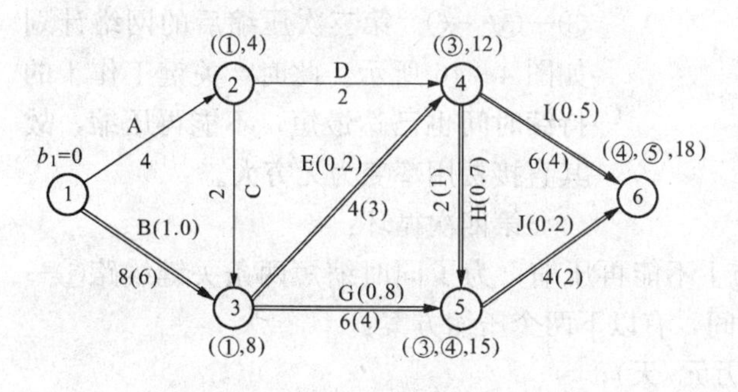

图 4-44 第一次压缩后的网络计划

第二次循环：

图 4-44 所示网络计划中有三条关键线路，即：①—③—④—⑥、①—③—④—⑤—⑥、①—③—⑤—⑥，为了同时缩短三条关键线路的总持续时间，有以下五个压缩方案：

a. 压缩工作 B 后，直接费用率为 1.0（万元/天）；

b. 同时压缩工作E和工作G，组合直接费用率为 0.2+0.8=1.0（万元/天）；

c. 同时压缩工作 E 和工作 J，组合直接费用率为 0.2+0.2=0.4（万元/天）；

d. 同时压缩工作G，工作 H 和工作I，组合直接费用率为：0.8+0.7+0.5=2.0（万元/天）；

e. 同时压缩工作 I 和工作 J，组合直接费用率为：0.5+0.2=0.7（万元/天）。

在上述压缩方案中，由于工作 E 和工作 J 的组合直接费用率最小，故应选择工作 E 和工作 J 作为压缩对象。工作 E 和工作 J 的组合直接费用率 0.4 万元/天，小于间接费用率 0.8 万元/天，说明同时压缩工作 E 和工作 J 可使工程总费用降低。由于工作 E 的持续时间只能压缩 1 天，工作 J 的持续时间也只能随之压缩 1 天。工作 E 和工作 J 的持续时间同时压缩 1 天后，重新计算工期和确定关键线路。此时，关键线路由压缩前的三条变为两条，即：①—③—④—⑥、①—③—⑤—⑥。原来的关键工作 H 未经压缩而被动地变成了非关键工作。第二次压缩后的网络计划如图 4-45 所示。此时，关键工作E的持续时间已达最短，不能再压缩，故其直接费用率变为无穷大。

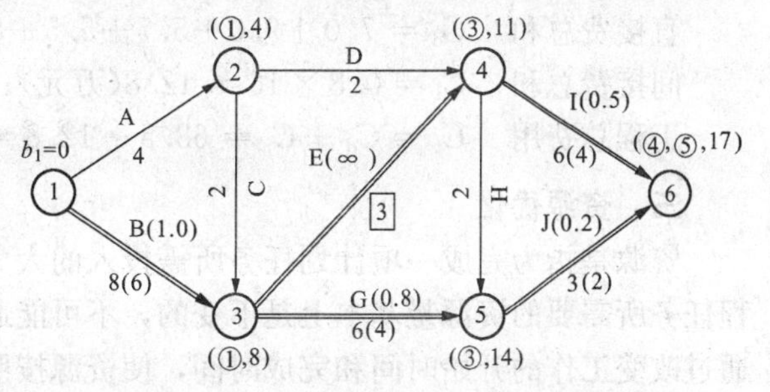

图 4-45 第二次压缩后的网络计划

第三次循环：

从图 4-45 可知，由于工作E不能再

压缩，而为了同时缩短两条关键线路①—③—④—⑥，①—③—⑤—⑥的总持续时间，有以下三个压缩方案；

a. 压缩工作B，直接费用率为1.0（万元/天）；

b. 同时压缩工作G和工作I，组合直接费用率为0.8+0.5=1.3（万元/天）；

c. 同时压缩工作I和工作J，组合直接费用率为0.5+0.2=0.7（万元/天）。

在上述压缩方案中，由于工作I和工作J的组合直接费用率最小，故应选择工作I和工作J作为压缩对象。工作I和工作J的组合直接费用率0.7万元/天，小于间接费用率0.8万元/天。说明同时压缩工作I和工作J可使工程总费用降低。由于工作J的持续时间只能压缩1天，工作I的持续时间也只能随之压缩1天。工作I和工作J的持续时间同时压缩1天后，利用标号法重新确定计算工期和关键线路。此时，关键线路仍然为两条，即：①—③—④—⑥，①—③—⑤—⑥。第三次压缩后的网络计划如图4-46所示。此时，关键工作J的持续时间也已达最短，不能再压缩，故其直接费用率变为无穷大。

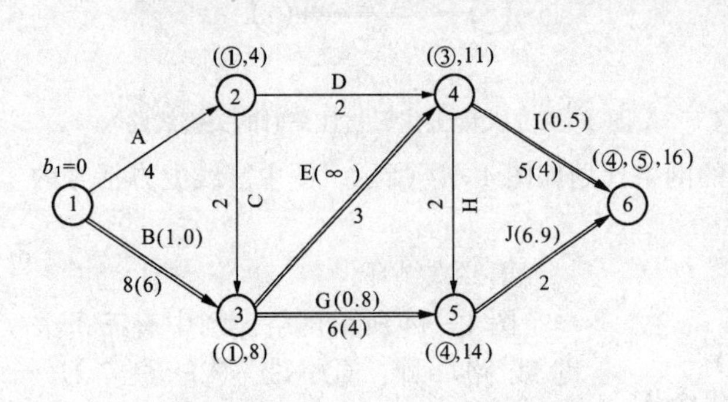

图4-46 第三次压缩后的网络计划

第四次循环：

从图4-46可知，由于工作E和工作J不能再压缩，为了同时缩短两条关键线路①—③—④—⑥，①—③—⑤—⑥的总持续时间，有以下两个压缩方案：

a. 压缩工作B，直接费用率为1.0（万元/天）；

b. 同时压缩工作G和工作I，组合直接费用率为0.8+0.5=1.3（万元/天）。

在上述压缩方案中，由于工作B的直接费用率最小，故应选择工作B作为压缩对象。

但是，由于工作B的直接费用率1.0万元/天，大于间接费用率0.8万元/天，说明压缩工作B会使工程总费用增加。因此，不需要压缩工作B，优化方案已得到，优化后的网络计划如图4-47所示。

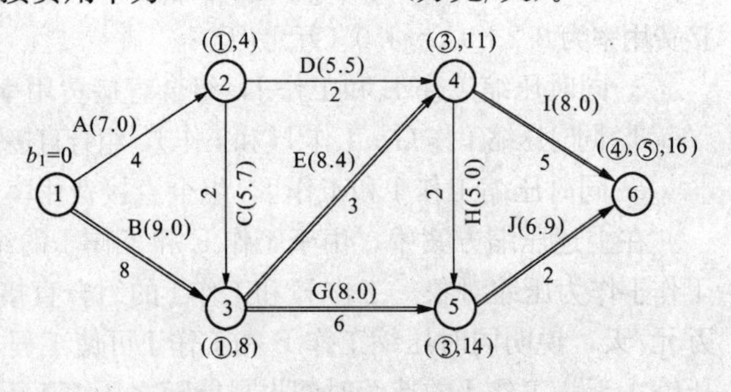

图4-47 费用优化后的网络计划

（5）优化后的工程总费用为：

直接费总和 $C_d=7.0+9.0+5.7+5.5+8.4+8.0+8.0+5.0+6.9=63.5$(万元)；

间接费总和 $C_i=0.8\times16=12.8$(万元)；

工程总费用 $C_t=C_d+C_i=63.5+12.8=76.3$(万元)。

三、资源优化

资源是指为完成一项计划任务所需投入的人力、材料、机械设备和资金等。完成一项工程任务所需要的资源量基本上是不变的，不可能通过资源优化将其减少。资源优化的目的是通过改变工作的开始时间和完成时间，使资源按照时间的分布符合优化目标。

在通常情况下，网络计划的资源优化分为两种，即："资源有限，工期最短"的优化和

"工期固定，资源均衡"的优化。前者是通过调整计划安排，在满足资源限制条件下，使工期延长最少的过程；而后者是通过调整计划安排，在工期保持不变的条件下，使资源需用量尽可能均衡的过程。

(一)"资源有限，工期最短"(resource scheduling) 的优化

1. 资源有限、工期最短优化的前提条件

(1) 在优化过程中，不改变网络计划中各项工作之间的逻辑关系；

(2) 在优化过程中，不改变网络计划中各项工作的持续时间；

(3) 网络计划中各项工作的资源强度（单位时间所需资源数量）为常数，而且是合理的；

(4) 除规定可中断的工作外，一般不允许中断工作，应保持其连续性。

2. 资源优化分配的原则

资源优化分配，是指根据各工作对网络计划工期的影响程度，将有限的资源进行科学的分配，从而实现工期最短。其原则如下：

(1) 关键工作优先满足，按每日资源需求量大小，从大到小顺序供应资源。

(2) 非关键工作在满足关键工作的资源需求以后再供应资源。在优化过程中，对于前面时段已开始被供应而又不允许中断的工作，按其开始的先后顺序优先供应资源；其他非关键工作，按总时差由小到大的顺序供应资源，总时差相等时，以叠加量不超过资源供应限额的工作优先供应资源。

(3) 最后考虑给计划中总时差较大、允许中断的工作供应资源。

3. 优化的步骤

(1) 将网络计划绘成时间坐标网络图，按最早可能开始时间绘制，图中标出关键线路、自由时差、总时差。

(2) 计算并画出网络计划的每日资源需要量曲线，标明各时段（每日资源需要量不变且连续的一段时间）的每日资源需要量数值，用虚线标明资源供应量限额 R。

(3) 在每日资源需要量图中，找出最先超过日资源供应限额的时段，然后根据资源优化分配的原则，将该时段内的各工作按顺序编号，从第 1 号至第 n 号。

(4) 分析超过资源限量的时段。如果在该时段内有几项工作平行作业，则采取将一项工作安排在与之平行的另一项工作之后进行的方法，以降低该时段的资源需用量。对于两项平行作业的工作 m 和 n 来说，为了降低相应时段的资源需用量，现将工作 n 安排在工作 m 之后进行，如图 4-48 所示。

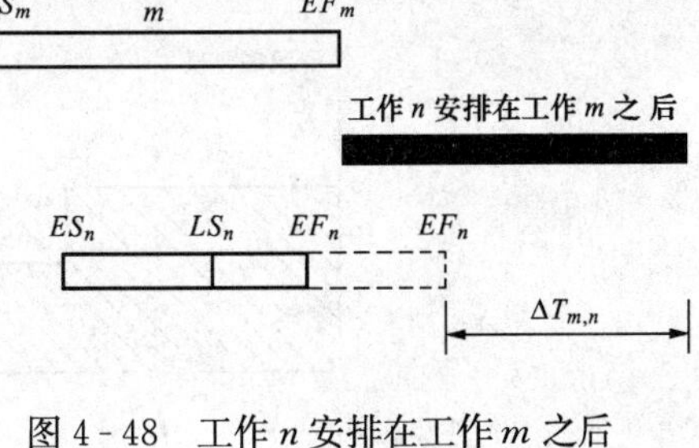

图 4-48 工作 n 安排在工作 m 之后

$$\Delta T_{m,n} = EF_m + D_n - LF_n = EF_m - (LF_n - D_n) = EF_m - LS_n \quad (4-42)$$

式中 $\Delta T_{m,n}$ ——将工作 n 安排在工作 m 之后进行时网络计划的工期延长值；

EF_m——工作 m 的最早完成时间；

D_n——工作 n 的持续时间；

LF_n ——工作 n 的最迟完成时间；

LS_n ——工作 n 的最迟开始时间。

在资源冲突的时段中，对平行作业的工作进行两两排序，即可得出若干个 $\Delta T_{m,n}$，选择其中最小的 $\Delta T_{m,n}$，将相应的工作 n 安排在工作 m 之后进行，即可降低该时段的资源需用量，又使网络计划的工期延长最短。

(5) 给出工作推移后的时间坐标网络图（如有关键工作或剩余总时差为零的工作需要推移时，网络图仍需符合其逻辑，必要时作适当的修正），并给出新的每日资源需要量曲线。

在新的每日资源需要量曲线图中，从已优化的时段后面找出首先超过日资源供应限额的时段进行优化，即重复第 (3)，(4)，(5) 步骤。如此反复，直至所有的时段均不超过每日资源供应限额为止。

4. 优化示例

【例 4-5】 已知某工程双代号网络图如图 4-49 所示，图中箭线上方数字为工作的资源强度，箭线下方数字为工作持续时间。假定资源限量 $R=9$，试对其进行“资源有限、工期最短”的优化。

解 资源有限、工期最短优化步骤：

(1) 计算网络计划每个时间单位的资源需用量，汇出资源需用量动态曲线，如图 4-49 下方曲线所示。

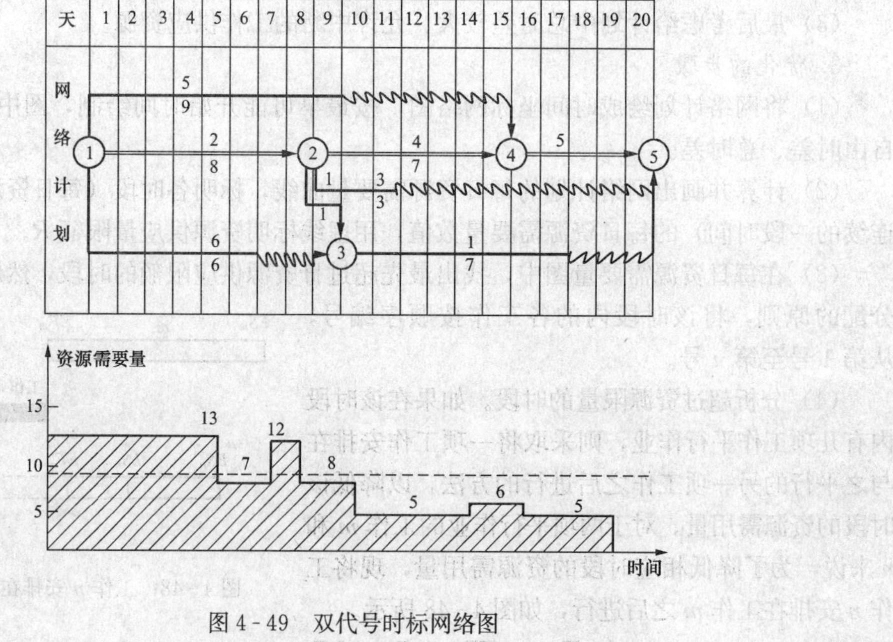

图 4-49　双代号时标网络图

(2) 从计划开始日期起，经检查发现时段 [1，6] 存在资源冲突，每日需用量为 13>9，故应首先调整该时段。

(3) 在时段 [1，6] 有工作 1—2，1—3，1—4 三项工作平行作业，对该时段内的工作按优化分配原则进行编号见表 4-3：

表 4-3　　时段［1，6］三项工作优化分配原则

编号	工作名称 $i-j$	每日资源需要量 r_{i-j}	最早完成时间	最迟开始时间	$\Delta T_{1,2}$	$\Delta T_{1,3}$	$\Delta T_{2,1}$	$\Delta T_{2,3}$	$\Delta T_{3,1}$	$\Delta T_{3,2}$
1	1—2	2	8	0	2	1	—	—	—	—
2	1—4	5	9	6	—	—	9	2	—	—
3	1—3	6	6	7	—	—	—	—	6	0

由表 4-3 可知，$\Delta T_{3,2}=0$ 最小，说明将第二号工作 1—4 安排在第三号工作 1—3 之后进行，工期不延长。因此，将工作 1—4 安排在工作 1—3 之后进行工期增加为零，如图 4-50 所示。

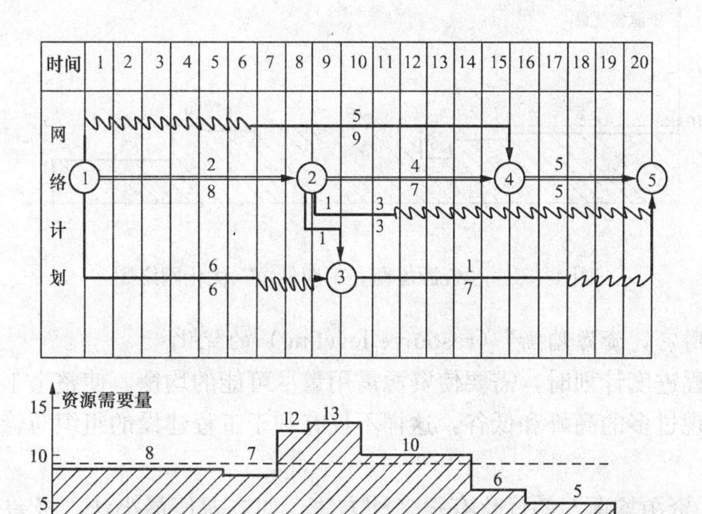

图 4-50　时段［1，6］优化后的时标网络计划

经检查发现时段［9，15］存在资源冲突，每日需用量>9，故应调整该时段。

在时段［9，15］有工作 1—4，2—3，2—4，2—5 四项工作平行作业，对该时段内的工作按优化分配原则进行编号见表 4-4：

表 4-4　　时段［9，15］四项工作优化分配原则

编号	工作名称 $i-j$	每日资源需要量 r_{i-j}	最早完成时间	最迟开始时间	$\Delta T_{1,2}$	$\Delta T_{1,4}$	$\Delta T_{2,1}$	$\Delta T_{2,3}$	$\Delta T_{2,4}$	$\Delta T_{3,1}$	$\Delta T_{3,2}$	$\Delta T_{3,4}$	$\Delta T_{4,1}$	$\Delta T_{4,2}$	$\Delta T_{4,3}$
1	1—4	5	15	6	3	−2	—	—	—	—	—	—	—	—	—
2	2—3	1	9	12	—	—	3	1	−8	—	—	—	—	—	—
3	2—4	4	15	8	—	—	—	—	—	9	3	−2	—	—	—
4	2—5	2	11	17									5	−1	3

（4）画出初始可行方案图。经过三次调整后，得到优化方案，如图 4-51 所示，其资源需要量与初始方案相比，工期增加了 2 天，资源高峰下降了 4 个单位。

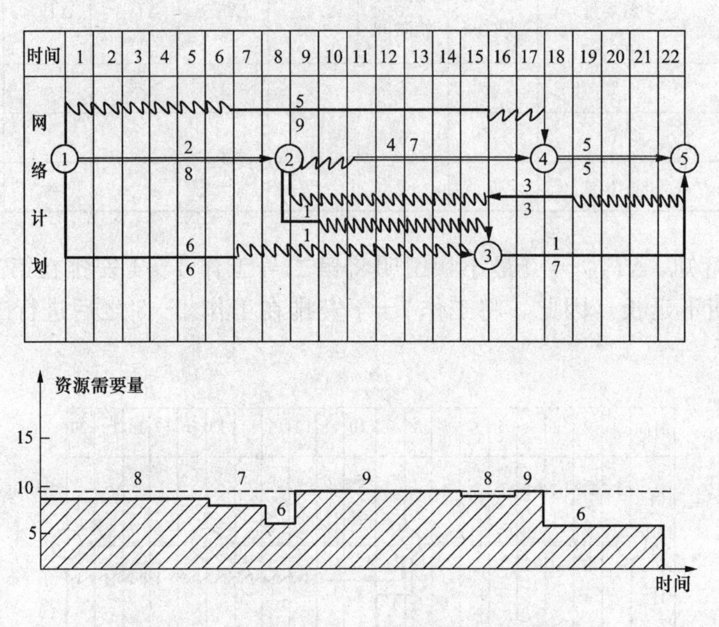

图 4-51 “资源均衡、工期最短”优化网络图

（二）“工期固定，资源均衡”（resource leveling）的优化

安排建设工程进度计划时，需要使资源需用量尽可能的均衡，使整个工程每单位时间的资源需用量不出现过多的高峰和低谷，这样不仅有利于工程建设的组织与管理，而且可以降低工程费用。

“工期固定，资源均衡”的优化有很多种方法，如方差值最小法、极差值最小法、削高峰法等。这里举例介绍“削高峰法”。

【例 4-6】 某工程网络计划如图 4-52 所示。箭线下的数字表示工作持续时间，箭线上的数字表示工作需要的资源数量。

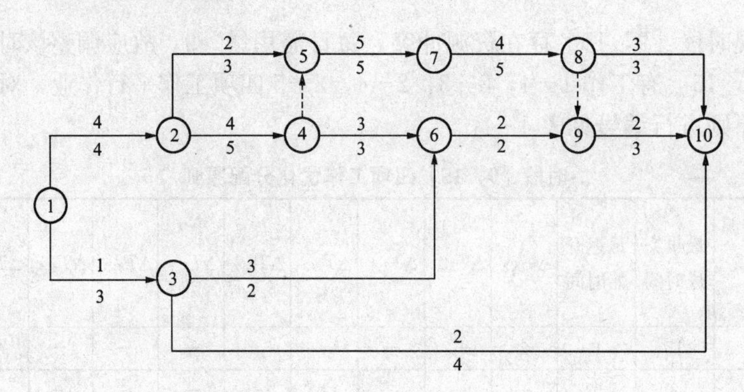

图 4-52 某工程网络计划

解 计算步骤：

第一步：按最早开始时间绘制时标网络计划，如图 4-53 所示。

第二步：计算每日资源需用量见图 4-53 曲线图。

第三步：确定资源限量。

资源限量上限就是图 4-53 曲线图中最大值减去它的一个计量单位（可根据需要确定其大小，如 1t 或 10t 等）的数值。优化时是使峰值先下降一个计量单位。然后按每次下降一个计量单位进行下去，直到基本“削平”。在本例中，最大值是第 5 天的 11，减去一个计量单位，资源限量定为

$$R = 11 - 1 = 10$$

第四步：分析资源需用量的高峰并进行调整。

根据 4-53 曲线图中资源需用量，可以确定何处出现超过资源限量的情况。对超过限量的时间区段中每一个工作 $i-j$ 是否能调整，按下式作出判别

$$\Delta T_{i-j} = TF_{i-j} - (T_h - ES_{i-j}) \geqslant 0 \tag{4-43}$$

式中　ΔT_{i-j} ——表示工作的时间差值；

T_h ——表示资源需用量高峰期的最后时刻。

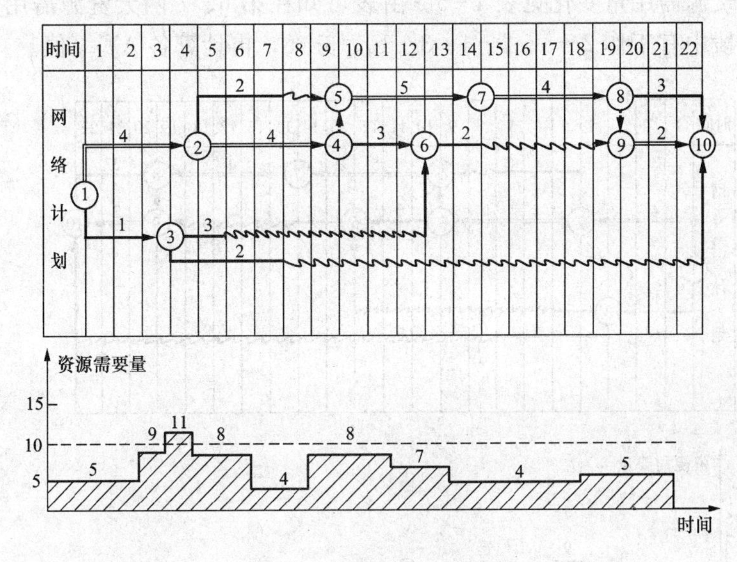

图 4-53　确定资源限量

若不等式成立，则该工作可以向右移动至高峰值之后，即移（$T_h - ES_{i-j}$）时间单位；若不等式不成立，则该工作不能移动。

当在需要调整的时段中不止一个工作可使不等式成立时，应按时间差值 ΔT_{i-j} 的大小顺序，最大值的优先移动；如果 ΔT_{i-j} 值相同，则应考虑资源需用量小的优先移动。在本例中，第 5 天资源需用量为 11 超过 R_a =10 的规定。在这一天里有 2—5、2—4、3—6、3—10 四项工作，分别计算它们的 ΔT_{i-j}，即

$$\Delta T_{2-5} = 2 - (5 - 4) = 1$$

$$\Delta T_{2-4} = 0 - (5 - 4) = -1$$

$$\Delta T_{3-6} = 12 - (5 - 3) = 10$$

$$\Delta T_{3-10} = 15 - (5 - 3) = 13$$

通过 ΔT_{i-j} 值计算，得知工作 2—5、3—6、3—10 都可以移动，其中工作 3—10 的

ΔT_{i-j} 值最大，故优先将该工作向右移动 2 天（即第 5 天以后开始），见图 4-54，然后计算每日资源需用量，看峰值是否小于或等于 $R_a(R_a=10)$。如果由于工作 3—10 最早开始时间改变，在其他时段中出现超过 $R_a=10$ 的情况时，则重复第四步，直至不超过 $R_a=10$ 为止。本例工作 3—10 调整后，其他时段里没有再出现超过 $R_a=10$ 的。

第二次调整：

画出工作 3—10 移动后的时标网络计划见图 4-54，并计算出相应的每日资源需用量，如图 4-54 曲线图。

经第一次调整后，资源需用量最大值为 9，故资源限量定为 $R_a=9-1=8$。逐日检查至第 5 天，资源需用量超过了 $R=8$ 的值。在该天中有工作 2—4、3—6、2—5，各计算其 ΔT_{i-j} 值

$$\Delta T_{2-4}=0-(5-4)=-1$$

$$\Delta T_{3-6}=12-(5-3)=10$$

$$\Delta T_{2-5}=2-(5-4)=1$$

其中工作 3—6 的 ΔT_{i-j} 值为最大，故优先调整工作 3—6，将其向后移动 2 天（即第 5 天以后开始），资源需用量变化见表 4-5。由表可知在第 6、7 两天资源需用量又超过了 $R_a=8$，在这一时段中有工作 2—5、2—4、3—10、3—6，再计算各 ΔT_{i-j} 值。

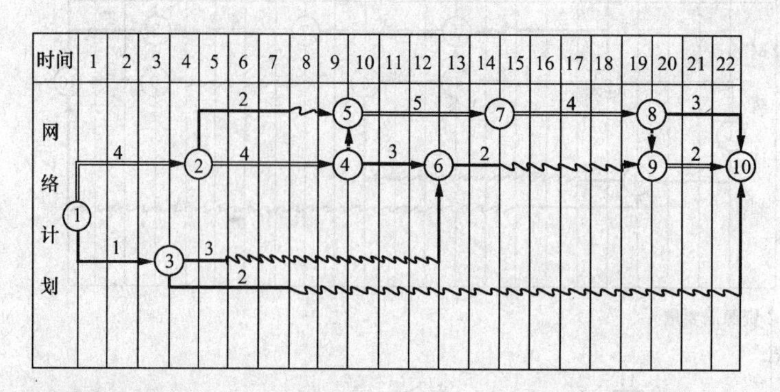

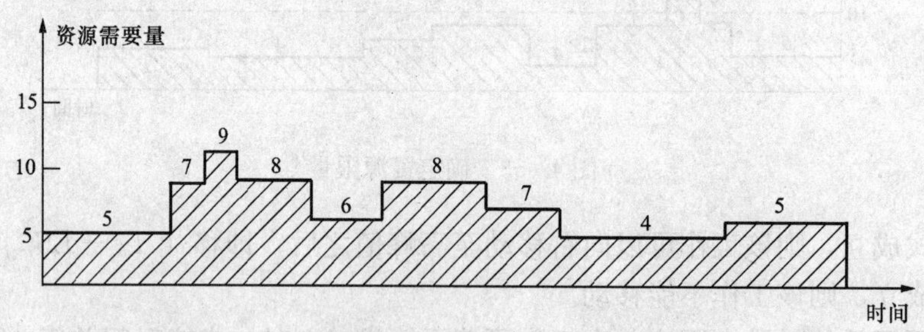

图 4-54 工作 3—10 移动后的时标网络计划

表 4-5 **每日资源需用量**

工作日	1	2	3	4	5	6	7	8	9	10	11	12	13	14	15	16	17	18	19	20	21	22
资源数量	5	5	5	4	6	11	11	6	6	8	8	8	7	7	4	4	4	4	4	5	5	5

$$\Delta T_{2-5}=2-(7-4)=-1$$

$$\Delta T_{2-4}=0-(7-4)=-3$$

$$\Delta T_{3-6}=10-(7-5)=8$$

$$\Delta T_{3-10} = 12 - (7 - 5) = 10$$

按理应选择 ΔT_{i-j} 最大值的工作 3—10，但因为它的资源需用量为 2，移动它仍然不能解决资源冲突，故选择工作 3—6（它的资源需用量为 3），将其向右移动 2 天，相应的每日资源需用量变化见表 4-6。由表可知，在第 8、9 两天资源需用量又超过了 $R_a = 8$，在这一时间区段中有工作 2—4、3—6、3—10，分别计算其 ΔT_{i-j} 值：

表 4-6　　每日资源需用量

工作日	1	2	3	4	5	6	7	8	9	10	11	12	13	14	15	16	17	18	19	20	21	22
资源数量	5	5	5	4	6	8	8	9	9	8	8	8	7	7	4	4	4	4	4	5	5	5

$$\Delta T_{2-4} = 0 - (9 - 4) = -5$$

$$\Delta T_{3-6} = 8 - (9 - 7) = 6$$

$$\Delta T_{3-10} = 12 - (9 - 5) = 8$$

选择 ΔT_{i-j} 值大的工作 3—10 优先调整，向右移动 4 天（即第 9 天以后开始），每日资源需用量见表 4-6。由表可知，在第 10 至 13 天资源需用量又超过了 $R_a = 8$。在这段时间中，有工作 5—7、4—6、3—10、6—9，分别计算其 ΔT_{i-j} 值：

$$\Delta T_{5-7} = 0 - (13 - 9) = -4$$

工作 4—6 必须与工作 6—9 一同移动：

$$\Delta T_{4-6} = 5 - (13 - 9) = 1$$

$$\Delta T_{3-10} = 9 - (13 - 9) = 5$$

选择 ΔT_{i-j} 值大的工作 3—10 向右移动 4 天（从第 13 天以后开始），计算每日资源需用量后，发现第 14 天仍超过，可将工作 3—10 再后移 1 天，再计算资源需用量，见图 4-55 曲线图。此时已满足 $R_a = 8$ 的要求，第二次调整计算完毕。画出时标网络计划，见图 4-55。

为了进一步考虑改善资源计划的均衡性，从图 4-55 曲线图中，得知资源需用量最大值为 8，故资源限量为 $R_a = 8 - 1 = 7$。

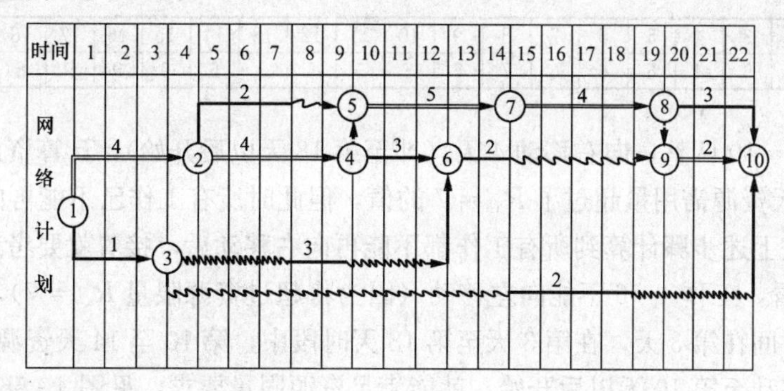

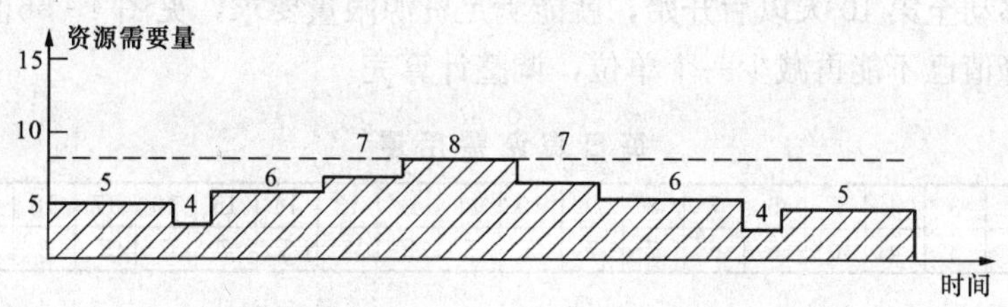

图 4-55　第二次调整计划完毕的时标网络计划

第三次调整：

在图 4-56 曲线图中，第 10 至 12 天资源需用量超过 $R_a=7$ 的值，在这段时间内有工作 4—6、5—7 计算其 ΔT_{i-j} 值

$$\Delta T_{4-6}=5-(12-9)=2$$

$$\Delta T_{5-7}=0-(12-9)=-3$$

故选择工作 4—6 调整，向右移动 3 天（即第 12 天以后开始，因为工作 4—6 没有自由时差，工作 4—6 必须同工作 6—9 一起移动），计算每日资源需用量，见表 4-7。由表可知，第 13 至 17 天超过了 $R_a=7$ 的值。在这段时间里有工作 5—7，4—6，6—9，7—8，3—10。

表 4-7　　每日资源需用量

工作日	1	2	3	4	5	6	7	8	9	10	11	12	13	14	15	16	17	18	19	20	21	22
资源数量	5	5	5	4	6	6	6	7	7	5	5	5	10	10	9	8	8	6	4	5	5	5

如图 4-55 所示，能够在第 18 天以后开始的只有工作 3—10，而且在第 13 至 14 天仍然不能解决资源冲突。而从上述计算出的 ΔT_{i-j} 的数值看，工作 4—6 尚有两天可以利用，因此先考虑第 13 至 14 天的资源冲突，在这段时间里有工作 4—6 及 5—7，各计算 ΔT_{i-j} 值

$$\Delta T_{4-6}=2-(14-12)=2$$

$$\Delta T_{5-7}=0-(12-9)=-3$$

工作 4—6 再向右移动 2 天，工作 6—9 亦移动 2 天，每日资源需用量变化见表 4-8。由表可知，在第 15 至 18 天还超过 $R_a=7$ 的值，在这段时间里，有工作 7—8、4—6、3—10，计算 ΔT_{i-j} 值

$$\Delta T_{7-8}=0-(18-14)=-4$$

$$\Delta T_{4-6}=0-(18-14)=-4$$

$$\Delta T_{3-10}=4-(18-14)=0$$

表 4-8　　每日资源需用量

工作日	1	2	3	4	5	6	7	8	9	10	11	12	13	14	15	16	17	18	19	20	21	22
资源数量	5	5	5	4	6	6	6	7	7	5	5	5	5	5	9	9	9	8	6	5	5	5

选择工作 3—10 调整，向右移动 4 天（即至第 18 天以后开始），计算资源需用量，见表 4-8。在第 19 天资源需用量超过了 $R_a=7$ 的值，但此时所有工作已不能再向右移动。

第五步：按上述步骤计算到所有工作都不能再向右移动后，接着就要考虑是否能向左移动。从表 4-9 看，工作 4—6 不能向左移动（因为将超过资源限量 $R_a=7$），而工作 3—10，最早允许开始时间在第 3 天，在第 3 天至第 18 天时段中，第 10 至 14 天资源需用量为 5，如果该工作向左移动至第 10 天以后开始，就能满足资源限量要求，见图 4-56 曲线图。至此，资源需用量高峰值已不能再减少一个单位，调整计算完。

表 4-9　　每日资源需用量

工作日	1	2	3	4	5	6	7	8	9	10	11	12	13	14	15	16	17	18	19	20	21	22
资源数量	5	5	5	4	6	6	6	7	7	5	5	5	5	5	7	7	7	6	8	7	7	7

第六步：绘制调整后的时标网络计划见图 4-56。

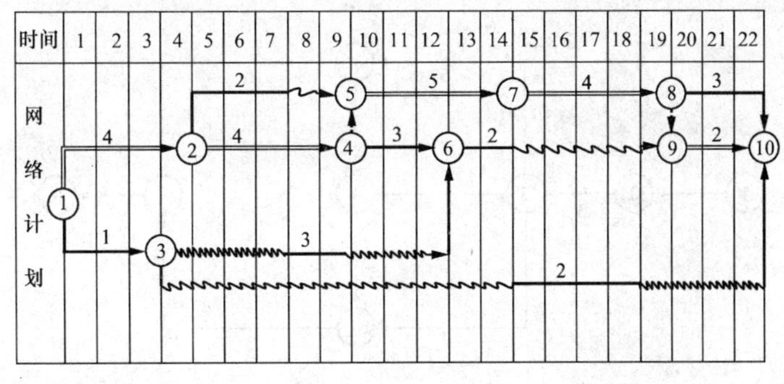

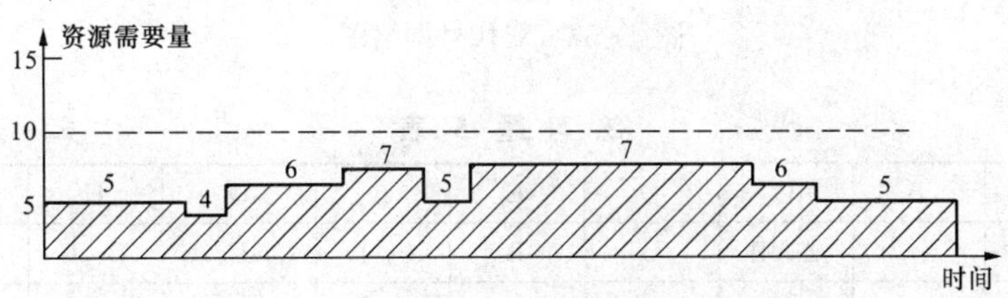

图 4-56　“工期固定、资源均衡”优化网络图

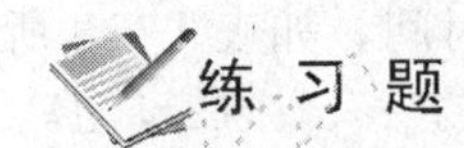

练 习 题

1. 某工程各工作关系见表 4-10，试绘出双代号网络图。

表 4-10　　**练 习 题 1 表**

工作代号	A	B	C	D	E	F	G	H	I
工作名称	准备	测量	土方工程	路基工程	安装排水	清杂	路面施工	路肩施工	清场
紧后工作	B	C	D，E，F	G、H	G	H	I	I	—

2. 根据表 4-11 的工作关系绘制双代号网络图。

表 4-11　　**练 习 题 2 表**

工序代号	A	B	C	D	E	F	G	H
紧前工序	—	A	A	B、C	B	D	D、E	F、G
持续时间	1	3	1	6	2	4	2	4

3. 某工程需建 4 个预制通道涵，划分工作为挖基、基础、通道墙、盖板及回填土等 4 项，分别组织 4 个作业队进行流水施工，绘制双代号网络。

4. 根据双代号网络图计算 ES_{i-j} 、EF_{i-j} 、LF_{i-j} 、LS_{i-j} 、TF_{i-j} 、FF_{i-j} ，并标注在图 4-57 上。

5. 根据表 4-12、表 4-13 绘制单代号网络图。

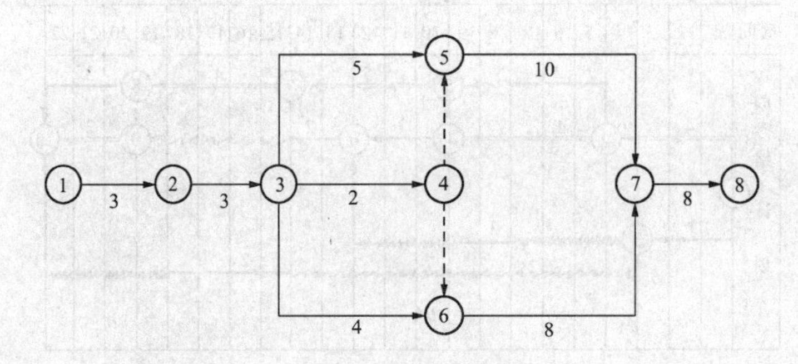

图 4-57　双代号网络图

表 4-12　　练 习 题 5 表

工作名称	A	B	C	D	E	F	G	H	I	J
紧前工作	—	—	A、B	B	B	C、D	C、D、E	D、E	F	F、G、H
持续时间	3	5	3	5	4	5	4	3	4	5

6. 已知工程各工序关系和工序时间，如表 4-13 所示。试绘制双代号网络图，并用图上计算法计算每个工序的 ES_{i-j}，EF_{i-j}，LS_{i-j}，LF_{i-j}，TF_{i-j}，FF_{i-j}，指出关键线路（用双线）和工期。

表 4-13　　练 习 题 5 、6 表

工序	A	B	C	D	E	F	G	H	I	J	K
紧前工序	—	A	A	B	B	C、D	E	E	F、G	A	H、I、J
工序时间	4	6	9	6	3	6	4	8	4	8	2

7. 根据表 4-14 所列逻辑关系，绘制双代号网络图，用工序时间参数计算 ES_{i-j}，EF_{i-j}，LS_{i-j}，LF_{i-j}，TT_{i-j}，FT_{i-j}，并找出关键线路。

表 4-14　　练 习 题 7 表

工序名称	A	B	C	D	E	F	G	H	I	J	K
紧前工序	—	—	B	B	A，C	A，C	A，C，D	E	F，G	F，G	H，I
作业时间	2	3	5	6	4	10	7	4	5	8	9

第五章　建筑工程的单位工程施工组织设计

学习要点

掌握单位工程施工组织设计编制程序及依据和单位工程施工组织设计的内容；掌握施工方案的选择；掌握编制施工进度计划的方法及步骤；掌握施工平面图设计的内容、依据和步骤；熟悉施工方案的技术经济比较。

第一节　单位工程施工组织设计编制依据

单位工程施工组织设计，是指导单位工程现场施工活动的技术经济文件。目前，我国的单位工程施工设计制度正在不断完善，在工程招标阶段，承包商根据原始资料、结合实际情况精心编制施工组组织设计大纲，根据工程的具体特点、建设要求、施工条件和企业的管理水平，制定初步设计方案、施工进度计划、施工平面图以及技术物资的供应、技术、安全质量控制等措施。确定分部工程间的科学合理的搭接与配合关系，从而达到工期短、质量好、成本低的目标。

一、编制单位工程施工组织设计的依据

（1）建设单位对本工程的要求。如开竣工日期、质量要求、降低工程成本的要求、某些特殊施工技术的要求、采用何种先进技术、材料供应情况、提交施工图计划以及建设单位可提供的条件（如施工用临时建筑、水电气供应、食堂及生活设施等）。

（2）施工组织总设计。当该单位工程是建筑群的一个组成部分时，要根据施工组织总设计的既定条件和要求来编制单位工程施工组织设计。

（3）本工程资源配备情况。施工单位对本工程可提供的条件如劳动力、主要施工机械设备、各专业工人数以及年度计划。

（4）工程地质勘探资料、测量控制网、地形图、当地气象资料。

（5）本工程的施工图纸、施工图预算及施工预算书。

（6）国家级建设地区现行的有关规范、规程、规定。

（7）有关新技术成果和类似工程的经验资料，当地资源供应情况。

（8）施工单位对类似工程的施工经验资料。

（9）工程施工协作单位的情况，设备安装进场的时间。

（10）当地政治、经济、生活、文化、商业以及市场供应情况。

（11）对本工程的特殊的施工技术要求和特殊的施工条件。

（12）有关参考资料等。

二、单位工程施工组织设计程序

（1）熟悉施工图、会审施工图，到现场进行实地调查并收集有关施工资料。

（2）计算工程量，注意必须要按分部分项和分层分段分别计算。

（3）拟定施工方案，进行技术经济比较并选择最优施工方案。

（4）编制施工进度计划，同样要进行方案比较，选择最优进度。

（5）根据施工进度计划和实际条件编制下列计划：

1）预制构件、门窗的需用量计划提送加工厂制作；

2）施工机械及机具设备需用量计划；

3）总劳动力及各专业劳动力需要量计划。

（6）计算为施工及生活用临时建筑的数量和面积，如材料仓库及堆场面积，办公室、工具室、临时加工棚面积。

（7）计算和设计施工临时用水、供电、供气的用量；选择管径及管线布置；选用变压器、加压泵等的规格和型号。

（8）拟订材料运输方案和制订供应计划。

（9）布置施工平面图同样要进行方案比较，选择最优施工平面方案。

（10）拟定保证工程质量、降低工程成本和确保施工安全的措施和防火措施。

单位工程施工组织设计程序如图 5-1 所示。

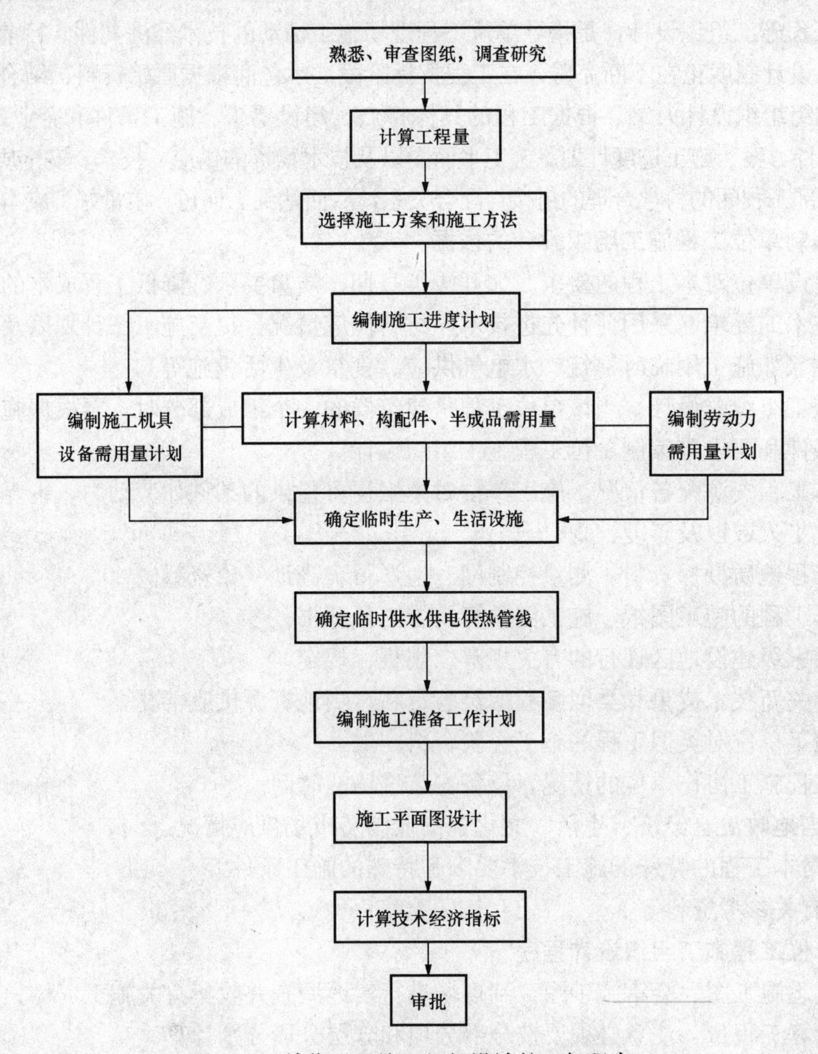

图 5-1 单位工程施工组织设计的一般程序

三、单位工程施工组织设计的内容

单位工程施工组织设计的内容，根据工程的性质、规模、结构特点、技术复杂程度和施工条件的不同，对其内容和深广度要求也不同，不强求一致，但内容必须简明扼要，使其真正能起到指导现场施工的作用。

单位工程施工组织设计的内容一般应包括：

1. 工程概况

主要包括工程特点、建设地点特征和施工条件等内容。

2. 施工方案

主要包括施工顺序的确定，施工机械与施工方法的选择，技术措施与组织措施的制定等内容。

3. 施工进度计划

主要包括各分部（分项）工程的工程量、劳动量或机械台班量、施工班组人数、每天工作班数、工作持续时间及施工进度等内容。

4. 施工准备工作及各项资源需要量计划

主要包括施工准备工作计划及劳动力、施工机具、主要材料、构件和半成品需要量计划。

5. 施工平面图

主要包括起重运输机械位置的确定，现场搅拌站、加工棚、仓库及材料堆放场地的布置，运输道路的布置，临时设施及供水、供电管线的布置等内容。

6. 主要技术经济指标

主要包括工期指标，质量和文明安全指标，实物量消耗指标，成本指标和投资额指标等。

对于一般常见的建筑结构类型或规模不大的单位工程，其施工组织设计可以编制得简单一些，其内容一般以施工方案、施工进度计划、施工平面图为主，辅以简要的文字说明即可。

第二节　工程概况和施工特点分析

单位工程施工组织设计，应先对拟建工程概况做一个简要、突出重点的文字介绍。

一、工程概况

工程概况是对工程全貌进行综合描述，说明拟建工程的建设单位、工程性质、用途和规模；投资额、工期要求；施工单位、设计单位及监理单位名称；上级有关要求；施工图纸、施工合同情况、主管部门的有关文件或要求等内容。应主要介绍以下几点：

1. 建筑设计特点

应主要说明拟建工程的平面形状及尺寸、层高、层数、总高、建筑面积；说明装修工程内、外装饰的材料、做法和要求；楼、地面材料种类和做法；门窗种类、油漆要求；天棚构造；屋面保温隔热及防水层做法等。

2. 结构设计特点

简述基础构造及埋置深度，设备基础的形式，桩基础的根数及深度，主体结构的类型，墙、柱、梁、板的材料及截面尺寸，预制构件的类型、重量及安装位置；楼梯的形式及做法；对新结构、新工艺等应特别说明；对建筑施工中工程量大、施工要求高、难度大的项目也要做重点突出的说明。

3. 工程施工条件概述

针对工程特点及现场施工单位的具体情况加以说明。应主要说明施工现场“三通一平”的状况及周围情况；材料供应及预制构件加工、供应条件；施工单位内部机械机具供应、运输，各种建筑材料供应条件等；劳动力及主要技术工种、数量平衡情况；项目管理、承包方式及劳动班组组织形式、技术水平；现场临设情况等。

二、工程施工特点

应对拟建工程对象的性质、类型、建筑和结构特征，结合工程具体施工条件，对工程作必要的特点分析。主要说明工程施工的重点所在，抓住关键问题，拟定施工方案、编制施工进度计划、设计施工平面布置图，在技术力量配备以及施工准备上采取有效措施，以保证施工顺利进行。

第三节 施工方案设计

施工方案是单位工程施工组织设计的核心内容之一。施工方案合理与否，不仅影响到施工进度计划和施工平面图的布置，而且关系到工程施工的效率、质量、工期和技术经济效果，必须予以充分重视。施工方案设计一般应包括：确定主要分部分项工程及其施工方法；安排施工顺序和施工流向；选择施工机械。

施工方案包括的内容很多，主要有：施工方法的确定、施工机具和设备的选择、施工顺序的安排、科学的施工组织、合理的施工进度、现场的平面布置。其中，前两项属于施工技术问题，后四项属于施工组织问题。施工技术是施工方案的基础，同时又要满足施工组织的要求，施工组织则应当保证施工技术的实现，两者相互联系、相互制约。

一、确定施工流向和施工顺序

（一）确定施工流向

确定施工流向，就是确定单位工程在平面上和竖向上施工开始的部位和进展方向。对于单层建筑物，如厂房，可按其车间、工段或跨间，分区分段确定出在平面上的施工流向；对于多层建筑物，除了要确定其每层平面上的施工流向外，还应确定沿竖向分层的施工流向。

确定单位工程的施工流向，一般应考虑以下因素：

（1）根据建筑物的生产工艺流程或使用要求确定施工流向。凡是在工艺流程上要先期投入生产或需先期投入使用者，应先施工。

（2）根据建设单位对生产和使用的要求，生产上或使用上要求急的工段或部位应当先施工。

（3）房屋高低层和高低跨。如基础工程施工应按先深后浅的顺序施工；柱子吊装应从高低跨并列处开始，屋面防水层施工应按先低后高的方向进行。

（4）施工现场条件和施工方案。如土方工程边开挖边余土外运，施工起点应选定在离道路远的部位，由远而近进行。

（5）分部分项工程的特点及相互关系。

（6）根据各单位工程的繁简程度和施工过程间的相互关系。一般情况下，技术复杂、耗时长的区段或部位应先施工。

（7）划分施工层、施工段的部位，如伸缩缝、沉降缝、施工缝等也可决定施工起点流向。

在确定施工流向时除了要考虑上述因素外，必要时还应考虑施工段的划分、组织施工的方式、施工工期等因素。

（二）确定施工顺序

施工顺序是指施工过程或分项工程之间施工的先后次序。它的确定既是为了按照客观的施工规律组织施工，也是为了解决工种之间在时间上搭接问题，在保证质量与安全施工的前提下，以期做到充分利用空间、争取时间、缩短工期的目的。

土木工程的施工项目（公路、市政、房建）的施工有其共同点，不论是施工准备还是正式施工，只有按照合理的施工顺序才能保证现场秩序，避免混乱，实现文明施工。

1. 施工顺序确定的依据

（1）依据施工合同约定的施工顺序安排，如重点工程、难点工程、控制工期的工程以及对后续影响较大的工程确定先开工；

（2）按设计图纸或设计资料要求确定施工顺序；

（3）按施工技术、施工规范与操作规程的要求确定施工顺序；

（4）按施工项目整体的施工组织与管理的要求确定施工顺序；

（5）结合施工机械情况和施工现场情况确定施工顺序；

（6）依据本地资源和外购资源状况确定施工顺序；

（7）依据施工项目的地质、水文及本地气候变化，对施工项目的影响程度确定施工顺序。

2. 确定施工顺序应考虑的因素

（1）满足施工工艺的要求。施工顺序应满足施工工艺的要求。即在确定施工顺序时，应着重分析该施工对象各施工过程的工艺关系。所谓工艺关系，是指各个施工过程之间存在的相互依赖、相互制约关系。如现浇混凝土楼板的施工顺序为：支模板→绑扎钢筋→浇混凝土→养护→拆模板。

（2）应与所采用的施工方法和施工机械一致。如基坑（槽）开挖对地下水的处理采用明排水时，其施工顺序应是在挖土过程中排水；而当可能出现流砂时，常采用轻型井点降低地下水位，其施工顺序则应是在挖土之前先降水。

（3）考虑施工工期与施工组织的要求。合理的施工顺序与施工工期有较密切的关系，施工工期影响到施工顺序的选用。如有些建筑物，由于工期要求紧张，采用逆作法施工，这样，便导致施工顺序的较大变化。一般情况下，满足施工工艺条件的施工方案可能有多个，因此，还应考虑施工组织的要求，通过对方案的分析、对比，选择经济合理的施工顺序。通常，在相同条件下，应优先选择能为后续施工过程创造良好施工条件的施工顺序。

（4）考虑施工质量要求。确定施工顺序时，应以充分保证工程质量为前提。当有可能出现影响工程质量的情况时，应重新安排施工顺序或采取必要的技术措施。如基坑回填土，特别是从一侧进行室内回填土，必须在砌体达到必要的强度或完成一结构层的施工后才能开始，否则砌体的质量会受到影响。

（5）考虑当地的气候条件。在安排施工顺序时，应考虑冬、雨季、台风等气候的影响，特别是受气候影响大的分部工程应尤为注意。如土方、砌墙、屋面等工程，应当尽量安排在雨季或冬季到来之前施工，室内工程可适当推后。

（6）考虑施工安全技术要求。在安排施工顺序时，应力求各施工过程的搭接不致产生不安全因素，以避免安全事故的发生。

3. 多层混合结构民用建筑的施工顺序

多层混合结构民用建筑的施工顺序，一般分为基础工程→主体结构→屋面工程及装饰工程。各施工阶段的先后顺序应遵循“先地下后地上”、“先结构后装饰”的原则，见图5-2。

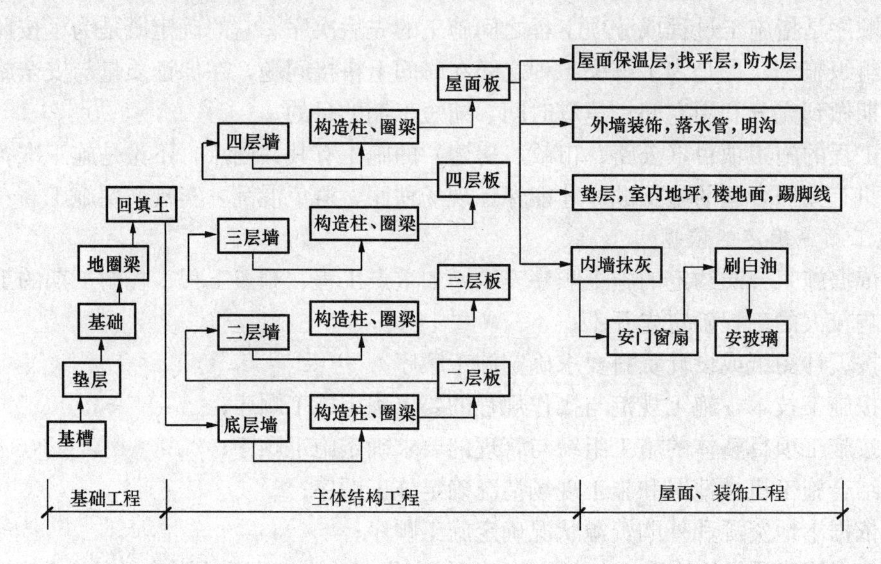

图5-2 混合结构民用建筑施工顺序示意图

（1）基础工程的施工顺序。基础工程是指室内地坪以下的工程。其施工顺序包括基槽开挖→垫层→基础砌筑和地圈梁（或防潮层）→回填土和地下管道铺设等。

在基础施工阶段中，基槽开挖与垫层施工要紧凑，间隔时间不宜过长，以免雨水浸泡基槽而影响地基的承载能力。在安排工序的穿插搭接时，应充分考虑技术间歇和组织间歇，以保证质量及工期。一般情况下，回填土应在基础完工后一次分层填筑完毕，为后续工序及早提供工作面，或者在首层墙砌筑同时进行。同时，地下管道施工应与基础工程施工配合进行。

（2）主体结构工程的施工顺序。主体结构工程阶段的工作主要包括搭脚手架→砌墙→安装门窗框→安装门窗过梁→现浇圈梁→安装楼板（楼梯）→浇板缝等。其中砌墙和安装楼板是主要工序，应合理组织它们间的流水作业，以保证施工的连续性和均衡性。同时，应重视楼梯间、厨房、厕所、阳台等的施工，合理安排其与主要工序间的施工顺序。各层预制楼梯的安装应在砌墙、安楼板的同时或相继完成。当采用现浇钢筋混凝土楼梯时，尤其应注意与楼层施工密切配合，否则，会因混凝土养护需要时间，使后续工序不能按期开始而延误工期。对于现浇楼面的支模板和扎钢筋可安排在墙体砌筑的最后一步架插入，并在浇筑圈梁的同时浇筑楼板。

（3）屋面、装修、房屋设备安装阶段的施工顺序。这一阶段特点是施工内容多，繁而杂，有的工程量大，有的小而分散，劳动消耗量大，手工操作多，工期长。

1）装修工程施工顺序。室外装修工程可采用自上而下的流水施工顺序。即从檐口开始，逐层往下进行，当由上往下每层所有工序都完成后，即开始拆除该层的脚手架。散水及台阶等在外架子拆除后进行施工。

室内装修工程有自上而下和自下而上两种顺序。

室内装修工程自上而下的顺序，通常是指主体结构工程封顶，做好防水层以后，由顶层开始，逐层往下进行。这种顺序的优点是主体结构完成后，有一定的沉降时间，做好屋面防水层后，可防止雨水渗漏，因此，可保证装修工程质量。另外，这种施工顺序，各工序间交叉少，影响小，便于组织施工，有利于保证施工安全，且清理也很方便。其缺点是不能与主体结构施工搭接，工期较长。如图 5-3 (a)、(b) 所示。

室内装修工程自下而上的施工顺序，是指主体结构工程的墙砌到 2～3 层以上时，装修工程从一层开始，逐层往上进行。这种顺序的优点是可以和主体砌墙工程搭接提前施工。其缺点是工序之间交叉多，需要很好安排并采取安全措施。当采用预制楼板时，板缝往往填灌不实易渗漏施工用水，且板靠墙一边易渗漏雨水。为此在上下两相邻楼层中，应采取抹好上层地面，再做下层天棚抹灰的施工顺序。如图 5-4 (a)、(b) 所示。

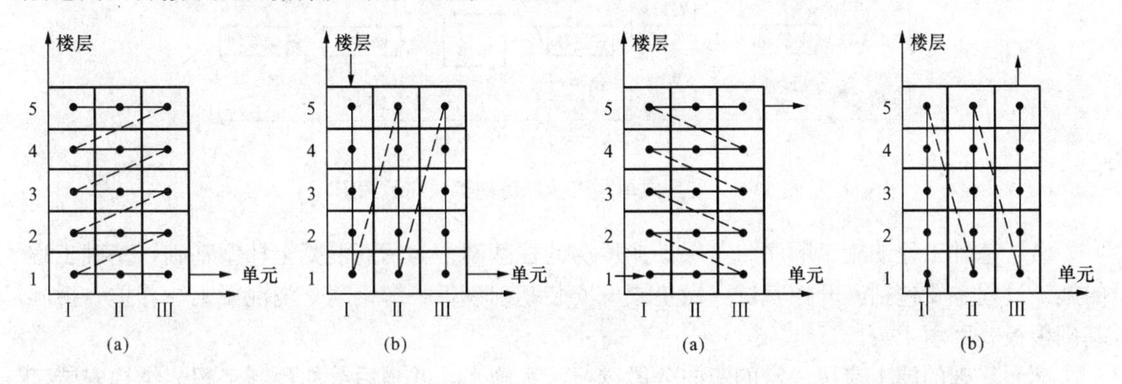

图 5-3　自上而下流水施工

图 5-4　自下而上流水施工

高层建筑室内抹灰工程适于采用自中而下再自上而中的施工顺序，它综合了上述两者的优缺点。

室内抹灰工程在同一层内的顺序一般是：地面和踢脚线→天棚→墙面。这样顺序清理简便，地面质量易于保证，且便于收集墙面和天棚落地灰，节约材料。但由于地面需要技术间歇，墙和天棚抹灰时间推迟，影响后续工序，会使工期拉长。有时为了缩短抹灰工期，也可以按天棚→墙面→地面的施工顺序进行，此时做地面之前必须把楼面上落地灰和渣子扫清洗净后再做地面面层，否则会影响面层与预制楼板的粘结。底层地面一般多是在各层墙面，楼地面做好以后进行。楼梯间和踏步，因为在施工期间容易受到损坏，通常在整个扶灰工程完成以后，自上而下统一施工。门窗扇的安装安排在抹灰之前或抹灰之后进行，视气候和施工条件而定。一般是先抹灰后安装门窗扇。若室内抹灰在冬季施工，为防止抹灰层冻结和加速干燥，则门窗扇应在抹灰前安装好。门窗油漆后再安装玻璃。

室内装修工程与室外装修工程的施工顺序通常互相干扰很小，哪个先施工，哪个后施工，或者室内外同时进行都可以，应视施工条件而定。

2）屋面工程施工顺序。屋面防水工程的施工顺序是依次铺保温层、抹找平层、刷冷底子油、铺卷材等。屋面工程在主体结构完成后开始，并尽快完成，为顺利进行室内装修工程创造条件。一般它可以和装修工程平行进行。

3）房屋设备安装施工顺序。房屋设备安装工程的施工可与土建有关分部分项工程交叉施工，紧密配合。主体结构阶段，应在砌墙或现浇楼板的同时，预留电线、水管等的空洞或预埋木砖和其他预埋件；装修阶段，应安装各种管道和附墙暗管，接线盒等。水电暖卫等设备安装最好在楼地面和墙面抹灰之前或之后穿插施工。

4. 装配式单层工业厂房的施工顺序

装配式单层工业厂房的施工可分为：基础工程→预制工程→结构吊装工程→围护和屋面工程及装饰→设备安装工程五个分部工程，其施工顺序如图 5-5 所示。

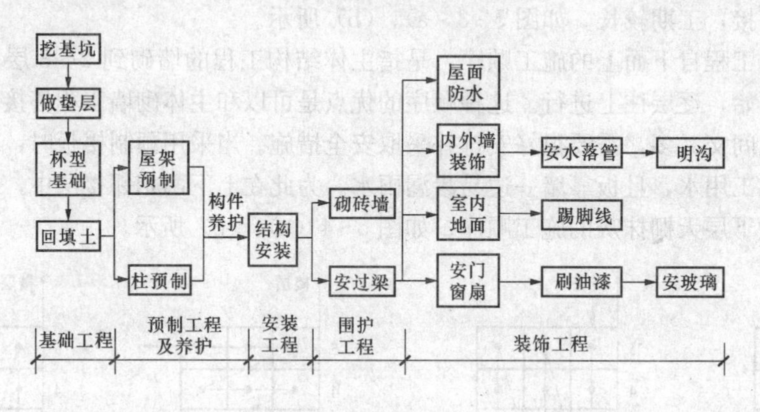

图 5-5 装配式单层工业厂房施工顺序示意图

(1) 基础工程的施工顺序。单层工业厂房的柱基础常为钢筋混凝土杯型基础，基础工程的施工过程主要包括：开挖基坑→做垫层→安装基础模板→绑钢筋→浇混凝土→养护→拆除基础模板→回填土等。

杯型基础的施工应按一定的流向分段进行流水施工，并与后续的预制工程、结构安装工程的施工流向一致。在安排各分项工程之间的搭接施工时，应根据当时的气温条件适当考虑基础垫层和杯口基础混凝土养护时间。拆模后应尽早进行回填土，为后续构件预制创造条件。

在确定施工顺序时，必须确定厂房柱基础与设备基础的施工顺序，它常常会影响到主体结构的安装方法和设备的安装时间。通常有两种方案可供选择：

1)“封闭式”施工顺序。封闭式施工是指先完成厂房结构主体，然后再进行设备基础的施工。

当厂房柱基础的埋置深度大于设备埋置深度时，一般先进行厂房柱基础的施工，待上部结构全部完工后再进行设备基础施工。这种施工顺序的优点是：现场构件预制、起重机开行和构件运输较方便；设备基础在室内施工，不受气候影响。缺点是：会出现土方重复开挖，设备基础施工场地狭窄；工期较长。通常，“封闭式”施工顺序多用于厂房施工处于冬、雨季时，或设备基础不大，或采用沉井等特殊施工方法施工的较深的设备基础。

2)“开敞式”施工顺序。开敞式施工是指厂房柱基础与设备基础同时施工，然后再进行上部结构的施工。当设备基础埋置深度大于厂房柱基础的埋置深度时，多采用厂房柱基础与设备基础同时施工。这种施工顺序的优缺点与“封闭式”施工相反。通常，当厂房的设备基础较大较深，基坑的挖土范围连成一体，或深于厂房柱基，以及地基的土质情况不明时，才采用“开敞式”施工顺序。

若柱基础与设备基础埋置深度相近时，两种施工顺序可任选其一。在确定施工方案时，应根据具体情况进行分析比较。

（2）预制工程的施工顺序。现场预制工程是指柱、屋架、托架梁、大型吊车梁等重量大、运输不便的大型构件，安排在拟建厂房的跨内、外就地预制。中小型构件如屋面板、基础梁等标准构件运输方便，可以在加工厂预制。在确定方案时，应结合工程的建筑结构特征，当地加工厂的生产能力，工期要求，现场施工及运输条件等因素，进行安排。

现场预制钢筋混凝土柱的施工顺序为：场地平整夯实→支模板→绑钢筋→安放预埋件→浇筑混凝土→养护等。

现场预制预应力屋架的施工顺序为：场地平整夯实→支模板→绑钢筋→放置预埋件→预留孔道→浇筑混凝土→养护→预应力筋张拉→锚固和灌浆等。

（3）结构吊装工程的施工顺序。结构安装工程是单层工业厂房施工中的主导施工阶段。单层工业厂房结构吊装的主要构件有：柱、柱间支撑、吊车梁、连系梁、基础梁、屋架天窗架、屋面板、屋盖支撑系统等。

结构安装的开始时间主要取决于构件混凝土的强度，同时又取决于吊装前的各项准备工作的完成情况。

吊装的流向通常与构件预制的流向相一致。但如果车间为多跨且又有高低跨时，安装流向应从高低跨处开始，以适应安装工艺的要求。

结构吊装工程的施工顺序主要取决于结构吊装方法，即分件吊装法和综合吊装法。若采用分件吊装法，其吊装顺序为：起重机第一次开行吊装柱，经校正固定并待接头混凝土强度达到设计强度的70%后，才可吊装其他构件；起重机第二次开行吊装吊车梁、连系梁、地基梁；起重机第三次开行按节间吊装屋盖系统的全部构件。当采用综合吊装法时，其吊装顺序为：先吊装4～6根柱并立即校正及固定，再吊装各类梁及屋盖系统的全部构件，并依此顺序，逐节间完成全部厂房结构吊装。

抗风柱的吊装可在全部柱吊完后，屋盖系统开始吊装前，将第一节间的抗风柱吊装后再吊装第一榀屋架，最后一榀屋架吊装后再吊装最后节间的抗风柱；也可以待屋盖系统吊装完后再吊装全部抗风柱。

（4）围护、屋面、装饰工程的施工顺序。围护工程主要是指墙体砌筑、门窗框安装、屋面工程等。

通常，主体结构吊装完后便可同时进行墙体砌筑和屋面防水施工，墙体工程又包括搭设脚手架、内外墙砌筑等各项工作。砌筑工程完工后即可进行内、外墙面抹灰。地面工程应在屋面工程和地下管线之后进行，而现浇圈梁、门框、雨篷、及门窗安装与砌筑工程穿插进行。

屋面工程施工的顺序依次为铺设保温层、找平层、刷冷底子油、铺设卷材等。此时应特别注意先完成天窗架部分的屋面防水、天窗围护等工作，以确保屋面防水层的施工质量。

单层工业厂房的装饰工程施工可分为室内和室外装饰。室内装饰工程包括勾缝、地面、门窗扇安装、油漆和刷白等分项工程。室外装饰工程包括勾缝、抹灰、踏脚、散水等分项工程。

通常，地面工程应在设备基础、墙体砌筑完成一部分或管道电缆完成后进行，或视具体情况穿插进行；钢门窗安装一般与砌筑工程穿插进行，亦可在砌筑工程完成后开始安装；门窗油漆可以在内墙刷白以后进行，也可以与设备安装一并进行；刷白则应在墙面干燥和大型屋面板灌缝之后进行，并在油漆开始前结束。

(5) 设备安装阶段的施工顺序。水、暖、电、卫安装与砖混结构相同。而生产设备的安装，一般由专业公司承担。

5. 高层现浇钢筋混凝土结构房屋的施工顺序

高层现浇钢筋混凝土房屋的施工顺序往往因结构体系、施工方法的不同而不尽相同。一般可划分为基础及地下室工程、主体工程、屋面工程和装饰工程等分部工程，以滑模施工为例，如图 5-6 所示。

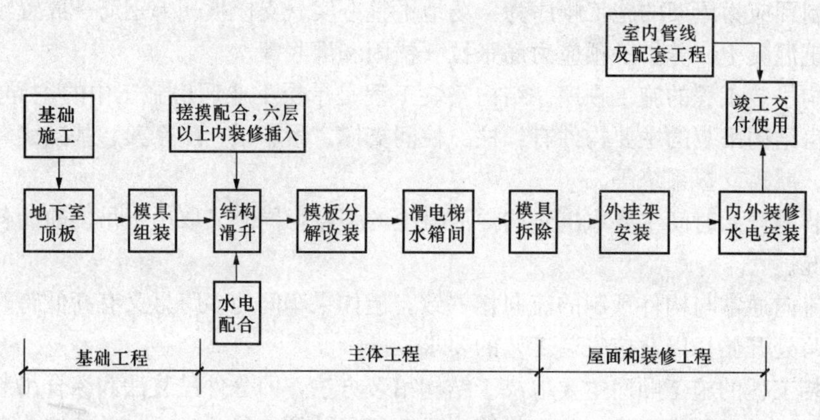

图 5-6　高层滑模施工顺序示意图

(1) 基础及地下室工程的施工顺序。高层建筑的基础均为深基础。除在特殊情况下采用逆作法施工外，通常采用自下而上的顺序，即挖土、清槽、桩施工、垫层、柱头处理、防水层、保护层、承台梁板施工、柱墙施工、梁板施工、外墙防水、保护层、回填土。

(2) 主体结构工程的施工顺序。主体结构工程与结构体系、施工方法有极密切的关系，应视工程具体情况，合理选择，以滑模施工为例，如图 5-7 所示。

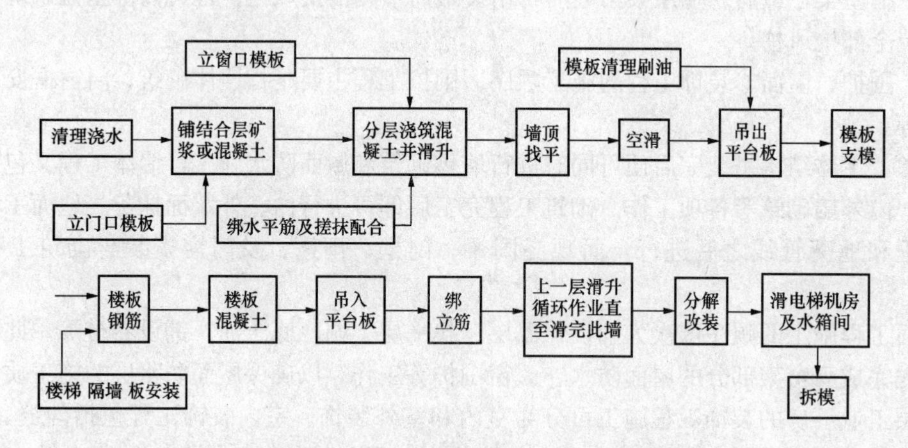

图 5-7　主体结构工程滑模施工顺序示意图

(3) 屋面和装饰工程的施工顺序。屋面工程的施工顺序与混合结构房屋的屋面工程基本相同。

装饰工程的施工分为室内和室外装饰。室内装饰包括地面、门窗扇和玻璃安装、油漆、刷白等分项工程；室外根据具体情况有若干分项工程，分项工程及施工顺序因工程具体情况不同差异较明显。

二、施工方法和施工机械的选择

施工方法和施工机械的选择是施工方案设计的核心内容，它直接影响到施工进度、施工质量、成本和安全等，它是组织施工的关键，是组织施工时首先应予以解决的问题。施工方法和施工机械的选择在很大程度上受结构形式和建筑特征、工期长短、资源供应情况、施工现场情况等制约。因此，编制施工组织设计时，必须注意施工方法的技术先进性与经济合理性的统一；兼顾施工机械的适用性和多用性，尽可能充分发挥施工机械的使用效率，充分考虑工程的建筑及结构特点、工期要求、资源供应情况、施工现场条件、施工单位的技术特点、技术水平、劳动组织形式、施工习惯等。

选择施工方法的原则：

（1）选择施工方法必须具备实现的可能性；

（2）选择施工方法应考虑对工期的影响，也就是保证合同工期的要求；

（3）选择施工方法应进行多种可能方案的经济比较，力求降低成本；

（4）选择施工方法要能够保证施工质量和施工安全；

（5）选择施工方法应在技术上具有先进性，可提高劳动生产率，应注意先进性与经济性、可行性相结合；

（6）选择施工方法时，应尽量采用机械化施工，提高机械化施工水平、加快施工进度。

（一）确定施工方法

确定施工方法应重点考虑影响整个单位工程的分部分项工程的施工方法，如在单位工程中占重要地位的分部分项工程，对于采用施工技术复杂或采用新技术、新工艺对工程质量起关键作用的分部分项工程应详细而具体地拟定该项目的操作过程和方法、质量要求和保证质量的技术安全措施。而对于按常规做法和施工人员熟悉的分项工程，则只提出应注意的特殊问题即可。确定施工方法主要包括：拟定主要的操作过程和方法，施工机械的选择；提出质量要求和达到质量要求的技术措施；指出可能产生的问题及防治措施；提出季节性施工和降低成本措施；制订切实可行的安全施工措施。各分部工程施工方法要点如下：

1. 土石方工程

（1）选择土石方工程施工机械及其型号、数量，施工流向；

（2）确定土石方工程开挖或爆破方法；

（3）确定边坡坡度及土壁支护方案和沉设方法；

（4）选择排除地表水、降低地下水的方法，确定排水沟、集水井或井点布置有关配套设备；

（5）计算土方工程量并确定土石方平衡调配方案。

2. 基础工程

（1）浅基础的垫层、混凝土基础和钢筋混凝土基础施工的技术要求，以及地下室施工的技术要求；

（2）桩基础施工方法及施工机械选择。

3. 钢筋混凝土结构工程

（1）模板的类型及支模方法、拆模时间和有关要求，对复杂工程尚需进行模板设计和绘制模板放样图；

（2）钢筋的加工（调直、切断、除锈、弯曲、成型、焊接）、运输和安装方法，对梁柱交接等钢筋密集处的处理方法；

（3）选择混凝土的制备方案（商品混凝土或现场拌制混凝土），确定搅拌、运输及浇筑顺序和方法以及泵送混凝土和普通垂直运输混凝土的机械选择；确定混凝土搅拌、振捣设备的类型和规格、养护制度及施工缝的位置和处理方法；

（4）预应力钢材、锚夹具、张拉设备的选用和验收，成孔材料及成孔方法（包括灌浆孔、泌水孔），端部和梁柱节点处的处理方法，预应力张拉力、张拉程序以及灌浆方法、要求等；混凝土的养护及质量评定。

4. 结构安装工程

根据起重量、起重高度、半径，选择起重机械，确定结构安装方法，拟定安装顺序，起重机开行路线及停机位置；构件平面布置设计，工厂预制构件的运输、装卸、堆放方法；现场预制构件的就位、堆放的方法，吊装前的准备工作、主要工程量和吊装进度的确定。

5. 现场垂直和水平运输

确定垂直运输量，选择垂直运输方式，脚手架的搭设方式，水平运输方式，运输设备的型号和数量，配套使用的专用器具设备。确定地面和楼面水平运输的行驶路线，确定垂直运输机械的停机位置。综合安排各种垂直运输设施的工作任务和服务范围。

6. 砌筑工程

墙体的组砌方法和质量要求，大规格砌块砌筑的排列图；确定脚手架搭设方法及安全网的布置；砌体标高及垂直度的控制方法；垂直运输及水平运输机具的确定；砌体的流水施工组织方式的选择。

7. 屋面及装饰工程

确定屋面材料的运输方式，屋面工程各分项工程的施工操作及质量要求；装饰材料运输及储存方式，各分项工程的操作及质量要求，新材料的特殊工艺及质量要求，确定工艺流程和劳动组织进行流水施工。

8. 特殊项目

对于采用新技术、新结构、新工艺、新材料的工程，以及高耸、大跨、深基础、软弱地基、水下结构等项目，应单独专项选择和确定施工方法。详细编制内容包括：工程平、剖面图、工程量、施工法、工艺流程和施工构造图、劳动组织、技术要求、质量安全措施、施工进度以及材料、构件和机械设备的需要量计划。

（二）选择施工机械

施工机械对施工工艺、施工方法有直接的影响，施工机械化是现代化大生产的显著标志，对加快建设速度，提高工程质量，保证施工安全，节约工程成本起着至关重要的作用。因此，选择施工机械成为确定施工方案的一个重要内容，应主要考虑下述问题：

（1）选择施工机械应首先根据工程特点选择适宜主导工程的施工机械。在选择装配式单层工业厂房结构安装用的起重机械时，若工程量大而集中，可选用生产效率较高的塔式起重机或桅杆式起重机；若工程量较小或工程量虽大却较分散时，则采用无轨自行式起重机械；在选择起重机型号时，应使起重机性能满足起重量、起重高度、起重半径和起重臂长等的要求。

在选择桥梁安装用的起重机类型时，当工程量较大而集中时，可以采用生产率较高的架桥机（或安装门架）；但当工程量小或工程量虽大却相当分散时，则采用吊车较为经济；在选择起重机型号时，应使起重机在起重臂外伸长度一定的条件下能适应起重量及安装高度的要求。

（2）施工机械之间的生产能力应协调一致，以充分发挥主导施工机械的效率，在选择与之配套的各种辅助机械和运输工具时，应注意它们间的协调。如挖土机与运土自卸汽车的配套协调，汽车的数量应保证挖土机连续工作，使挖土机能充分发挥其生产效率。

（3）在同一工地上的施工机械的种类和型号应尽可能少。为了便于现场施工机械的管理及减少转移，对于工程量大的工程应采用专用机械；对于工程量小而分散的工程，则应尽量采用多用途的施工机械。如挖土机既可用于挖土也可用于装卸、起重和打桩。

（4）在选用施工机械时，应尽量选用施工单位现有机械，以减少资金的投入，充分发挥现有机械的作用。若施工单位现有机械不能满足工程需要，则可考虑租赁或购买。

（5）对于高层建筑或结构复杂的建筑物（构筑物），其主体结构施工的垂直运输机械最佳方案往往是多种机械的组合，例如：塔式起重机和施工电梯；塔式起重机、施工电梯和混凝土泵；塔式起重机、施工电梯和井架；井架、快速提升机和施工电梯等。

三、施工方案的技术经济分析

（一）施工方案技术经济分析的意义

每一个施工过程都可以采用多种不同的施工方法和施工机械来完成，在拟定施工方案时，必须考虑方案是可行的，且具有良好的经济效益和社会效益。在多个可行的方案中，必须经过对比、分析，再行取舍。进行施工方案的技术经济分析，有以下作用和意义：

（1）为选择合理的施工方案提供依据。

（2）通过分析和评价工作，得到不同方案的经济价值，确定出不同施工方案合理的使用范围。

（3）施工方案的技术经济分析，能有效地促进新技术的推广和应用。

（4）通过对施工方案的技术经济分析，可以不断提高建筑业的技术、组织和管理水平，提高建设的投资效益。

（二）施工方案技术经济评价方法

对施工方案进行技术经济评价是选择最优施工方案的重要环节之一。因为任何一个分部（分项）工程，都有几个可行的施工方案，而施工方案的技术经济评价的目的就是对每一分部（分项）工程的施工方案进行优选，选出一个工期短、质量好、材料省、劳动力安排合理、工程成本低的最优方案。

施工方案的技术经济评价涉及的因素多而复杂，一般只需对一些主要分部工程的施工方案进行技术经济比较，当然有时也需对一些重大工程项目的总体施工方案进行全面技术经济评价。

施工方案的技术经济评价方法主要有定性分析法和定量分析法两种。

1. 定性分析法

定性分析法是结合工程施工实际经验，对多个施工方案的一般优缺点进行分析和比较。例如：技术上是否可行、施工操作上的难易程度和安全可靠性；施工机械设备是否体现经济合理性的要求；方案是否能为后续工序提供有利条件；施工组织是否合理；是否能体现文明施工等。

2. 定量分析法

定量分析法是通过对各个方案的工期指标、实物量指标和价值指标等一系列单个技术经济指标进行计算对比，从而得到最优实施方案的方法。定量分析指标通常有以下几方面：

(1) 施工工期。建筑产品的施工工期是指从开工到竣工所需要的时间，一般以施工天数计。通常，根据单位工程的开工、竣工日期，可以确定各单位工程的施工工期。施工工期的长短反映影响建设速度的各有关因素。当要求工程尽早完成，投入生产和使用时，选择施工方案就要在确保工程质量、安全和成本较低的条件下，优先考虑工期较短的方案。工期 t 的计算公式为

$$t = \frac{Q}{v} \tag{5-1}$$

式中　Q——工程量；

v——单位时间内计划完成的工程量（如采用流水施工，v 即流水强度）。

(2) 单位产品的劳动消耗量。单位产品的劳动消耗量是指完成单位产品所需消耗的劳动工日数，它反映施工机械化程度和劳动生产率水平。通常，方案中劳动量消耗越少，施工机械化程度和劳动生产率水平越高。劳动消耗量 N 包括主要工种用工 n_1、辅助用工 n_2、准备工作用工 n_3，即

$$N = n_1 + n_2 + n_3 \tag{5-2}$$

(3) 主要材料消耗量。它反映各施工方案主要材料的节约情况，这里主要材料是指钢材、木材、水泥、化学建材等材料。

(4) 成本。降低成本指标可以综合反映采用不同施工方案时的经济效果，一般可用降低成本率 r_c 来表示

$$r_c = \frac{C_0 - C}{C_0} \tag{5-3}$$

式中　C_0——原计划工程成本；

C——采取措施后工程成本。

(5) 投资额。拟定的施工方案需要增加新的投资时，如购买新的施工机械或设备时，则需要增加投资额指标进行比较，低者优选。

在实际工程应用时，往往会出现指标不一致的情况，此时，需要根据工程实际情况，优先考虑对工程实施有重大影响的指标。如工期要求紧，就应优先考虑工期短的方案。

四、主要技术组织措施

（一）技术措施

技术组织措施是单位工程施工设计的重要组成部分，它的目的在于确定施工项目所要采取的技术方面和组织方面的具体措施，以完成施工项目的目标。对新材料、新结构、新工艺、新技术以及深基础、设备基础、水下和软弱地基等项目，均应编制相应的技术措施。

技术组织措施计划的内容通常包括：

(1) 措施的项目和内容。例如怎样提高施工的机械化程度，改善机械的利用情况；采用新机械和新工具；采用新工艺；采用新材料；采用先进的施工组织方法；改善劳动组织以提

高劳动生产率；减少材料运输损耗和运输距离等。

（2）各项措施所涉及的工作范围。

（3）各项措施预期取得的经济效益。

有时在采用某种措施后，某些项目的费用可以得到节约，但另一些项目的费用将增加，这时，在计算经济效果时，增加和减少的费用都要计算进去。

（二）质量措施

保证工程质量的关键是对施工组织设计的工程对象经常发生的质量通病制订防治措施，可以按照各主要分部分项工程提出质量要求，也可以按照各工种工程提出质量要求。保证工程质量的措施应考虑以下方面：

（1）确保拟建工程定位、放线、轴线尺寸、标高测量等准确无误的措施；

（2）确保地基承载力符合设计规定而应采取的有关技术组织措施；

（3）各种基础、地下结构、地下防水施工的质量措施；

（4）确保主体承重结构各主要施工过程的质量要求；各种预制承重构件检查验收的措施；各种材料、半成品、砂浆、混凝土等检验及使用要求；

（5）对新结构、新工艺、新材料、新技术的施工操作提出质量措施或要求；

（6）确保冬、雨期施工的质量措施；

（7）屋面防水施工、装饰工程操作中，确保施工质量的技术措施；

（8）可能出现的技术问题或质量通病的改进办法和防范措施；

（9）执行施工质量的检查、验收制度；

（10）确保主体结构中关键部位施工质量的措施。

（三）降低成本措施

在制定降低成本计划时，要对具体工程对象的特点和施工条件，如施工机械，劳动力、运转、临时设施和资金等进行充分的分析。通常从以下几方面着手：

（1）科学地组织生产，正确地选择施工方案。如合理进行土石方平衡，以节约土方运输及人工费用。

（2）采用先进技术，改进作业方法，提高劳动生产率，节约单位工程施工劳动量以减少工资支出。提高模板进度，采用整装整拆，加速模板周转，以节约木材或钢材。

（3）节约材料消耗，选择经济合理的运输工具。有计划地综合利用材料、合理代用，推广新的优质廉价材料。如用钢模代替木模，采用新品种水泥等。

（4）提高机械利用率，充分发挥其效能，节约单位工程施工机械台班费支出。综合利用吊装机械，减少吊次，以节约台班费。

降低成本指标，通常以成本降低率表示

$$降低成本率(\%) = \frac{降低成本额}{预算成本} \times 100\%$$

式中：预算成本为工程设计预算的直接费用和施工管理费用的总和；降低成本额通过技术组织措施计划来计算。

（四）安全施工措施

保证安全施工的措施，可从下述几方面来考虑：

（1）保证土石方边坡稳定的措施；

（2）脚手架、吊篮、安全网的设置及各类洞口、临边防止人员坠落的措施；

（3）外用电梯、井架及塔吊等垂直运输机具拉结要求和防倒塌措施；

（4）安全用电和机电设备防短路、防触电的措施；

（5）易燃易爆有毒作业场所的防火、防爆、防毒措施；

（6）季节性安全措施，如雨期的防洪、防雨，夏季的防暑降温、冬期的防滑、防火等措施；

（7）现场周围通行道路及居民保护隔离措施；

（8）保证安全施工的组织措施，如安全宣传、教育及检查制度等；

（9）各种机械、机具安全操作要求；

（10）高空作业、立体交叉作业的安全措施。

（五）现场文明施工措施

文明施工或场容管理一般包括以下内容：

（1）施工现场围栏与标牌设置，出入口交通安全，道路畅通，场地平整，安全与消防设施齐全；

（2）临时设施的规划与搭设，办公室、宿舍、更衣室、食堂，厕所的安排与环境卫生；

（3）各种材料、半成品、构件的堆放与管理；

（4）散碎材料、施工垃圾的运输及防止各种环境污染；

（5）成品保护及施工机械保养；

（6）安全与消防。

第四节 单位工程施工进度计划

单位工程施工进度计划是在选定施工方案的基础上，根据规定工期和各种资源供应条件，按照施工过程的合理施工顺序及组织施工的原则，用横道图或网络图，对单位工程从开工到竣工的全部施工过程在时间上和空间上的合理安排。

一、施工进度计划的作用

（1）安排单位工程的施工进度，保证在规定工期内完成符合质量要求的工程任务；

（2）确定单位工程的各个施工过程的施工顺序、持续时间以及相互衔接和合理配合关系；

（3）为编制各种资源需要量计划和施工准备工作计划提供依据；

（4）为编制季、月、旬生产作业计划提供依据。

二、施工进度计划编制依据

（1）经过审批的建筑总平面图、地形图、施工图、工艺设计图以及其他技术资料；

（2）施工组织总设计对本单位工程的有关规定；

（3）主要分部分项工程的施工方案；

（4）所采用的劳动定额和机械台班定额；

（5）施工工期要求及开、竣工日期；

（6）施工条件、劳动力、材料等资源及成品半成品的供应情况，分包单位情况等；

（7）其他有关要求和资料。

三、施工进度计划的编制程序

单位工程施工进度计划的编制程序如图5-8所示。

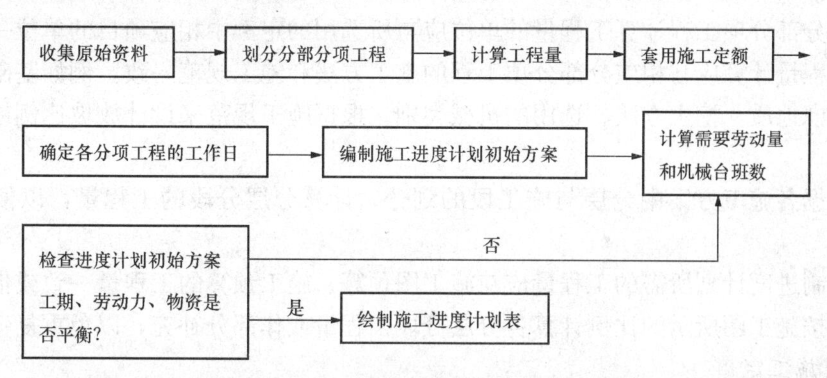

图5-8　单位工程施工进度计划的编制程序

四、施工进度计划的编制步骤

1. 确定施工过程

编制施工进度计划，首先应按施工图纸和施工顺序，将拟建工程的各个分部分项工程按先后顺序列出，并结合施工方法、施工条件和劳动组织等因素，加以适当调整，填在施工进度计划表的有关栏目内。通常，施工进度计划表中只列出直接在建筑物或构筑物上进行施工的建筑安装类施工过程以及占有施工对象空间、影响工期的制备类和运输类施工过程，例如钢筋混凝土柱、屋架等的现场预制等。

在确定施工过程时，应注意下述问题：

（1）施工过程划分粗细程度应根据单位工程施工进度计划的具体需要而定。单位工程总的控制性进度计划，可划分得粗一些，通常只列出分部工程名称；而实施性进度计划则应划分细一些，特别是对工期有直接影响的项目必须列出，以便于指导施工，控制工程进度。为了使进度计划简明清晰，原则上应在可能条件下尽量减少工程项目的数目，可将某些次要项目合并到主要项目中去，或对在同一时间内，由同一专业工程队施工的项目，合并为一个工程项目，而对于次要的零星工程项目，可合并为其他工程一项。如门油漆、窗油漆合并为门窗油漆一项。

（2）施工过程的划分要结合所选择的施工方案。例如单层工业厂房结构安装工程，若采用分件吊装法，则施工过程的名称、数量和内容及安装顺序应按照构件来确定；若采用综合吊装法，则施工过程应按照施工单元（节间、区段）来确定。

（3）所有施工过程应基本按施工顺序先后排列，所采用的施工项目名称应与现行定额手册上的项目名称相一致。

（4）设备安装工程和水暖电卫工程通常由专业工程施工队组织施工。因此在一般土建工程施工进度中，只要反映出这些工程与土建工程间的配合即可。

2. 计算工程量

工程量计算是一项十分繁琐的工作，而且往往是重复劳动，如工程概算、施工图预算、投标报价、施工预算等文件中均需计算工程量，则单位工程进度计划中各分项工程的工程量不必再重复计算，只需根据预算中的工程量总数，按各施工层和施工段在施工图中的比例加以划分即可，因为进度计划中的工程量仅是用来计算劳动量及资源需用量等的需要，不作计算工资或工程结算的依据，故不必精确计算。计算工程量时应注意以下几点：

（1）各分部分项工程计算工程量的单位应与所选用的定额中相应项目的单位一致。

（2）工程量计算应与相应分部分项工程的施工方法和施工规范一致。例如基础土方量的计算，应考虑地质、挖土方法、选用的机械类别。根据施工规范来设计放坡比例或使用土壁支撑加固。

（3）根据各施工方案中分层与施工段的划分，计算分层分段的工程量，以便组织流水作业。

（4）编制进度计划所需的工程量应与施工图预算、施工预算的工程量一致或借用以上的计算结果，按施工图所示的比例计算各分层分段工程量或作部分补充，以免重复劳动。

3. 套用施工定额

根据所划分的施工项目和施工方法，即可套用施工定额（当地实际采用的劳动定额及机械台班定额），以确定劳动量和机械台班量。

施工定额有两种形式：即时间定额和产量定额；时间定额是指某种专业，某种技术等级的工人小组或个人在合理的技术组织条件下，完成单位合格的建筑产品所必需的工作时间，一般用符号 H_i 表示，它的单位有：工日/m³、工日/m²、工日/m，工日/t 等。因为时间定额以劳动工日数为单位，便于综合计算，故在劳动量统计中用得比较普遍。产量定额是指在合理的技术组织条件下，某种专业，某种技术等级的工人小组或个人在单位时间内所应完成合格的建筑产品的数量，一般用符号 S_i 表示，它的单位有：m³/工日、m²/工日，m/工日、t/工日等。因为产量定额是以建筑产品的数量来表示，具有形象化的特点，故在分配施工任务时用得比较普遍。时间定额和产量定额是互为倒数的关系，即

$$H_i = \frac{1}{S_i} \text{或} S_i = \frac{1}{H_i} \tag{5-4}$$

套用国家或地方颁发的定额，必须注意结合本单位工人的技术等级、实际施工操作水平、施工机械情况和施工现场条件等因素，确定完成定额的实际水平，使计算出来的劳动量、机械台班量符合实际需要，为准确编制施工进度计划打下基础。

有些采用新技术、新材料、新工艺或特殊施工方法的项目，施工定额中尚未编入，这时可参考类似项目的定额、经验资料，或按实际情况确定。

4. 确定劳动量和机械台班数量

根据各工程项目的工程量、施工方法、所采用的定额及施工单位以往的经验，计算各分部分项工程的所需劳动量及施工机械台班数，按下式计算

$$P = \frac{Q_i}{S_i} \tag{5-5}$$

或

$$P = Q_i H_i$$

式中 P——完成某施工过程所需的劳动量（工日）或机械台班数量（台班）；

Q_i——完成某施工过程的工程量（m³、m²、m、t…）；

S_i——某施工过程所采用的产量定额（m³、m²、m、t…/工日）；

H_i——某施工过程所采用的时间定额（工日/m³、m²、m、t…）。

【例5-1】　已知某工程人工开挖基槽土方工程量为300m³，经研究确定平均产量定额4m³/工日，试计算完成挖土任务所需劳动量。

解　根据式（5-5）　$P=\frac{Q_i}{S_i}=\frac{300}{4}=75$（工日）

【例5-2】　某单层工业厂房基础采用敞开式施工，柱基及设备基础选择轮胎式液压反铲挖土机施工，其斗容量为0.4m³，经研究采用的台班产量定额为250m³，机械挖土工程量4550m³。其中95%的挖土量由自卸翻斗车随挖随运，汽车台班运土量为40m³。计算挖土机及汽车台班需要量。

解　根据式（5-5）　$P_{挖土机}=\frac{Q_{挖}}{S_{挖}}=\frac{4550}{250}=18.2$（台班）

取整数，需要18个台班。

$$P_{汽车}=\frac{Q_{运}}{S_{运}}=\frac{4550\times 0.95}{40}=108.06(台班)$$

取整数，需要108个台班。

经常遇到施工进度计划所列项目与施工定额所列项目的工作内容不一致的情况，具体处理方法如下：

（1）若施工项目是由两个或两个以上的同一工种，但材料、做法或构造都不同的施工过程合并而成时，可用其加权平均定额来确定劳动量或机械台班量。加权平均产量定额的计算可按下式进行

$$\overline{S}_i=\frac{\sum_{i=1}^{n}Q_i}{\sum_{i=1}^{n}p_i}=\frac{Q_1+Q_2+Q_3+\cdots+Q_n}{\frac{Q_1}{S_1}+\frac{Q_2}{S_2}+\frac{Q_3}{S_3}+\cdots+\frac{Q_n}{S_n}} \tag{5-6}$$

$$\sum_{i=1}^{n}Q_i=Q_1+Q_2+Q_3+\cdots+Q_n(总工程量)$$

$$\sum_{i=1}^{n}P_i=\frac{Q_1}{S_1}+\frac{Q_2}{S_2}+\frac{Q_3}{S_3}+\cdots+\frac{Q_n}{S_n}(总劳动量)$$

式中　$\overline{S}_i$——某施工项目加权平均产量定额；

Q_1、Q_2、Q_3、…、Q_n——同一工种但施工做法、材料或构造不同的各个施工过程的工程量；

S_1、S_2、S_3、…、S_n——与上述施工过程相对应的产量定额。

（2）对于有些采用新技术，新材料、新工艺或特殊施工方法的施工项目，其定额在施工定额手册中未列入，则可参考类似项目或实测确定。

（3）对于“其他工程”项目所需劳动量，可根据其内容和数量；并结合施工现场的具体情况，以占总劳动量的百分比（一般为10%～20%）计算。

（4）水、暖、电、卫设备安装等工程项目，一般不计算劳动量和机械台班需要量，仅安排与一般土建单位工程的配合。

5. 确定各项目的施工持续时间

施工项目的施工持续时间的计算方法一般有定额计算法和倒排计划法。

（1）定额计算法。这种方法就是根据施工项目需要的劳动量或机械台班量，以及配备的工人人数或机械台数，来确定其工作的持续时间；其计算公式是

$$t=\frac{Q}{RSZ}=\frac{P}{RZ} \tag{5-7}$$

式中 t——项目施工持续时间，按进度计划的粗细，可以采用小时、日或周；

Q——项目的工程量，可以用实物量单位表示；

R——拟配备的工人或机械的数量，用人数或台数表示；

S——产量定额，即单位工日或台班完成的工程量；

Z——每天工作班制；

P——劳动量（工日）或机械台班量（台班）。

【例 5-3】 某工程砌筑砖墙，需要总劳动量 110 工日，一班制工作，每天出勤人数为 22 人（其中瓦工 10 人，普工 12 人），则施工持续时间为

$$t=\frac{Q}{RSZ}=\frac{P}{RZ}=\frac{110}{22\times 1}=5(\text{天})$$

1）施工班组人数的确定。在确定施工班组人数时，应考虑最小劳动组合人数、最小工作面和可能安排的施工人数等因素。

最小劳动组合，即某一施工过程进行正常施工所必需的最低限度的班组人数及其合理的组合。最小劳动组合决定了最低限度应安排多少工人，如砌墙就要按技工和普工的最少人数及合理比例组成施工班组，人数过少或比例不当都将引起劳动生产率下降。

最小工作面，即施工班组为保证安全生产和有效地操作所必需的工作面。最小工作面决定了最高限度可安排多少工人。不能为了缩短工期而无限制地增加人数，否则将造成工作面的不足而产生窝工。

可能安排人数，是指施工单位所能配备的人数。一般只要在上述最低和最高限度之间，根据实际情况确定就可以了。有时为了缩短工期，可在保证足够工作面的条件下组织非专业工种的支援。如果在最小工作面情况下，安排最高限度的工人数仍不能满足工期要求时，可组织两班制施工。

2）机械台数的确定。与施工班组人数确定情况相似，也应考虑机械生产效率、施工工作面、可能安排台数及维修保养时间等因素确定。

3）工作班制的确定。一般情况下，当工期容许、劳动力和机械周转使用不紧迫、施工工艺上无连续施工要求时，可采用一班制施工。当工期较紧或为了提高施工机械的使用率及加速机械的周转，或工艺上要求连续施工时，某些项目可考虑两班制施工。

（2）倒排计划法。这种方法是根据流水施工方式及总工期的要求，先确定施工时间和工作班制，再确定施工班组人数或机械台数。其计算公式如下

$$R=\frac{P}{tZ} \tag{5-8}$$

式中符号同式（5-7），确定施工持续时间，应考虑施工人员和机械所需的工作面。人员和机械的增加可以缩短工期，但有一个限度，超过了这个限度，工作面不充分，生产效率必然会下降。

6. 初排施工进度计划

在编制施工进度计划时，应首先确定主导施工过程的施工进度，使主导施工过程能尽可能连续施工。其余施工过程应予以配合，服从主导施工过程的进度要求。具体方法如下：

(1) 确定主要分部工程并组织主要阶段的流水施工，并安排其他阶段的流水施工。首先确定主要分部工程，主要分部工程是指采用主要机械、耗费劳动力及工时最多的阶段，组织其中主导分项工程的连续施工并将其他分项工程和次要项目尽可能与主导施工过程穿插配合、搭接或平行作业。例如，现浇钢筋混凝土框架主体结构施工中，框架施工为主导工程，应首先安排其主导分项工程的施工进度，即框架柱扎筋、柱梁（包括板）立模、梁（包括板）扎筋、浇混凝土等主要分项工程的施工进度。当主导施工过程优先考虑后，再安排其他分项工程施工进度。

(2) 按各分部工程的施工顺序编排初始方案。各分部工程之间按照施工工艺顺序或施工组织的要求，将相邻分部工程的相邻分项工程，按流水施工要求或工序之间的穿插、搭接或平行配合关系拼接起来，组成单位工程进度计划的初始方案。

7. 施工进度计划的检查与调整

检查和调整的目的在于使初始方案满足规定的计划目标，确定理想的施工进度计划。其内容如下：

(1) 检查施工过程的施工顺序以及平行、搭接和技术间歇等是否合理；

(2) 安排的工期是否满足要求；

(3) 所需的主要工种工人是否连续施工；

(4) 安排的劳动力、施工机械和各种材料供应是否能满足需要，资源使用是否均衡等。

经过检查，对不符合要求的部分进行调整。其方法一般有：增加或缩短某些分项工程的施工时间；在施工顺序允许的情况下，将某些分项工程的施工时间前后移动；必要时还可以改变施工方法或施工组织措施。

资源消耗的均衡程度常用资源不均衡系数和资源动态图来表示（见图 5-9）。资源动态图是把单位时间内各施工过程消耗某一种资源（如劳动力）的数量进行累计，然后将单位时间内所消耗的总量按统一的比例绘制而成的图形。

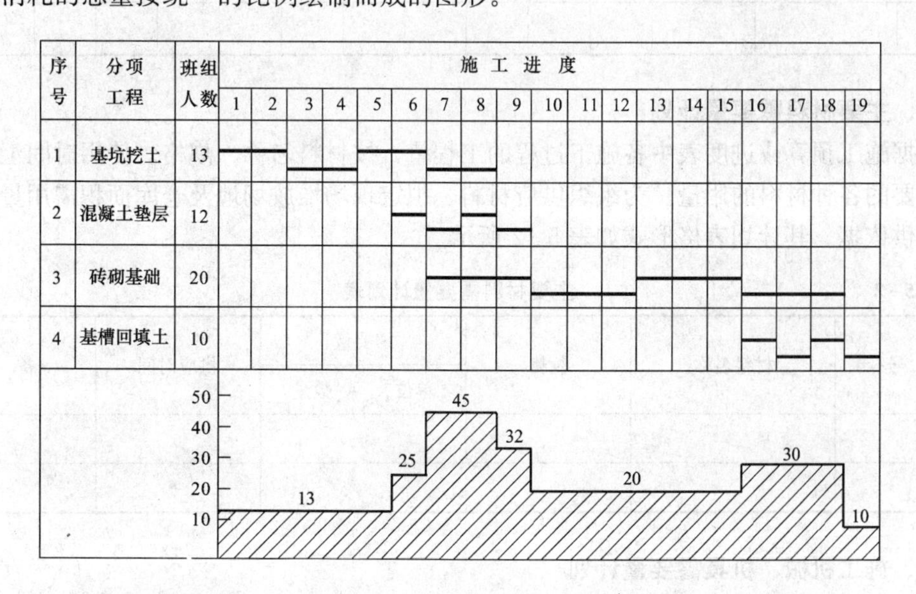

图 5-9　劳动力消耗动态图

资源消耗不均衡系数可按下式计算

$$K=\frac{R_{max}}{\overline{R}} \tag{5-9}$$

式中 R_{max}——单位时间内资源消耗的最大值；

$\overline{R}$——该施工期内资源消耗的平均值。

资源消耗不均衡系数一般宜控制在1.5左右，最大不超过2。如果出现劳动力不均衡的情况，可通过次要项目的施工人数、施工时间和起止时间以及重新安排搭接等方面来实现均衡。

第五节 资源需要量计划

在单位工程施工进度计划确定之后，即可编制各项资源需要量计划。资源需要量计划主要用于确定施工现场的临时设施，并按计划供应材料、构件、调配劳动力和施工机械，以保证施工顺利进行。

一、劳动力需要量计划

劳动力需要量计划主要作为安排劳动力、调配和衡量劳动力消耗的指标，主要根据已确定的施工进度计划提出。其编制方法是将单位工程施工进度表内所列各施工过程每天（或旬、月）所需工人人数按工种汇总列成表格。其表格形式如表5-1所示。

表5-1 劳动力需要量计划

序号	工程名称	人数	月			月			月			月		
			上	中	下	上	中	下	上	中	下	上	中	下

二、主要材料需要量计划

根据施工预算或进度表中各施工过程的工程量，按材料名称、规格、使用时间汇总施工现场需要的各种材料的用量。为组织供应材料、拟定现场堆放场地及仓库面积需用量及运输计划提供依据。其计划表格形式如表5-2所示。

表5-2 主要材料需要量计划表

序 号	材料名称	规格	需要量		供应时间	备 注
			单位	数量		

三、施工机械、机具需要量计划

主要根据单位工程分部分项施工方案及施工进度计划要求，提出各种施工机械、主要机具的名称、规格、型号、数量及使用时间。其表格如表5-3所示。

表 5-3　施工机械需要量计划

序号	机械及机具名称	规格型号	需要量		机械来源	使用起止日期	备注
			单位	数量			

四、预制构件、半成品需要量计划

建筑结构构件、配件和其他加工品的需要量计划，同样可按编制主要材料需要量计划的方法进行编制。它是同加工单位签订供应协议或合同、确定堆场面积、组织运输工作的依据。其表格如表 5-4 所示。

表 5-4　预制构件需要量计划

序号	品名	规格	图号	需要量		使用单位	加工单位	供应日期	备注
				单位	数量				

第六节　单位工程施工平面图

单位工程施工平面图设计是施工组织设计的主要组成部分，是对建筑物或构筑物的施工现场的平面规划，是施工方案在施工现场空间上的体现，它反映了已建工程和拟建工程之间，以及各种临时建筑、设施相互之间的空间关系。施工现场的合理布置和科学管理是进行文明施工的前提；同时，对加快施工进度、降低工程成本、提高工程质量和保证施工安全有很重要的意义。因此，在施工设计中，对施工平面图的设计应予重视，每个工程在施工之前都要进行施工现场布置和规划，在施工组织设计中，均要进行施工平面图设计。

一、单位工程施工平面图的设计依据

在进行施工平面图设计前，应认真研究施工方案，并对施工现场进行深入细致的调查研究，并对原始资料作周密分析，使设计与施工现场的实际情况相符，从而使其确实对施工现场空间布置起到指导作用。一般单位工程施工平面图采用的比例是 1∶200 至 1∶500。布置施工平面图的依据如下：

（1）建筑总平面图，包括等高线的地形图、建筑场地的原有地下沟管位置、地下水位、可供使用的排水沟管。

（2）建设地点的交通运输道路、河流、水源、电源、建材运输方式、当地生活设施，弃土、取土地点及现场可供施工的用地。

（3）各种建筑材料、预制构件、半成品、建筑机械的现场存储量及进场时间。

（4）单位工程施工进度计划及主要施工过程的施工方法。

（5）建设单位可提供的房屋及生活设施，包括临时建筑物、仓库、水电设施、食堂、宿舍、锅炉房、浴室等。

（6）一切已建及拟建的房屋和地下管道，以便考虑在施工中利用若影响施工的则提前拆除。

（7）建筑区域的竖向设计和土方调配图。

二、单位工程施工平面图布置的内容

（1）已建及拟建的永久性房屋、构筑物及地下管道。

（2）材料仓库、堆场，预制构件堆场、现场预制构件制作场地布置，钢筋加工棚、木工房、工具房、混凝土搅拌站、砂浆搅拌站、化灰池、沥青灶，生活及行政办公用房。

（3）临时道路、可利用的永久性或原有道路，临时水电气管网布置、水源、电源、变压站位置、加压泵房、消防设施、临时排水沟管及排水方向，围墙、传达室、现场出入口等。

（4）移动式起重机开行路线及轨道铺设、固定垂直运输工具或井架位置、起重机回转半径及相应幅度的起重量。

（5）测量放线及定位线标志、永久性水准点位置，地形等高线和土方取弃场地。

（6）一切安全及防火设施的位置。

三、单位工程施工平面图设计的基本原则

（1）在满足现场施工条件下，布置紧凑，便于管理，尽可能减少施工用地。

（2）在满足施工顺利进行的条件下，尽可能减少临时设施，减少施工用的管线，尽可能利用施工现场附近的原有建筑物作为施工临时用房，并利用永久性道路供施工使用。

（3）最大限度地减少场内运输，减少场内材料、构件的二次搬运；各种材料按计划分期分批进场，充分利用场地；各种材料堆放的位置，根据使用时间的要求，尽量靠近使用地点，节约搬运劳动力和减少材料多次转运中的损耗。

（4）临时设施的布置，应有利于施工管理及工人生产和生活。办公用房应靠近施工现场，福利设施应在生活区范围之内。

（5）施工平面布置要符合劳动保护、保安、防火的要求。

施工现场的一切设施都要有利于生产，保证安全施工。要求场内道路畅通，机械设备的钢丝绳、电缆、缆风绳等不得妨碍交通，如必须横过道路时，应采取措施。有碍工人健康的设施（如熬沥青、化石灰等）及易燃的设施（如木工棚、易燃物品仓库）应布置在下风向，离开生活区远一些。工地内应布置消防设备，出入口设门卫。山区建设中还要考虑防洪泄洪等特殊要求。

根据以上基本原则并结合现场实际情况，施工平面图可布置几个方案，选其技术上最合理、费用上最经济的方案。可以从如下几个方面进行定量的比较：施工用地面积；施工用临时道路、管线长度；场内材料搬运量；临时用房面积；临时设施成本；场内运输量等。

四、设计施工平面图的步骤

首先详细研究施工图、施工进度计划、施工方法以及原始资料。

1. 熟悉、了解和分析有关资料

熟悉、了解设计图纸、施工方案和施工进度计划的要求，通过对有关资料的调查、研究分析，掌握现场四周地形、工程地质、水文地质等实际情况。

2. 确定垂直运输机械的位置

垂直运输机械的位置直接影响到仓库、材料堆场、砂浆和混凝土搅拌站的位置，以及场道路和水电管网的位置等。因此，应首先予以考虑。

（1）固定式垂直运输机械。固定式垂直运输机械（如井架、桅杆、固定式塔式起重机等）的布置，主要应根据机械性能，建筑物平面形状和大小，施工段划分情况，起重高度、材料和构件重量和运输道路等情况而定。应做到使用方便、安全，便于组织流水施工，便于楼层和地面运输，并使其运距短。通常，当建筑物各部位高度相同时，布置在施工段界线附近；当建筑物高度不同或平面复杂时，布置在高低跨分界处或拐角处；当建筑物为点式高层时，采用固定式塔式起重机布置在建筑中间或转角处；井架可布置在窗间墙处，以避免墙体留槎，井架用卷扬机不能离井架架身过近。

布置塔式起重机时，应考虑塔机安拆的场地，当有多台塔式起重机时，应避免相互碰撞。

（2）移动式垂直运输机械。有轨道式塔式起重机布置时应考虑建筑物的平面形状、大小和周围场地的具体情况。应尽量使起重机在工作幅度内能将建筑材料和构件运送到操作地点，避免出现死角。

履带式起重机布置时，应考虑开行路线、建筑物的平面形状、起重高度、构件重量、回转半径和吊装方法等。

（3）外用施工电梯。外用施工电梯又称人货两用电梯，是一种安装在建筑物外部，施工期间用于运送施工人员及建筑材料的垂直提升机械。外用施工电梯是高层建筑施工中不可缺少的关键设备之一。在施工时应根据建筑体型、建筑面积、运输量、工期及电梯价格、供货条件等选择外用电梯，其布置的位置应方便人员上下和物料集散；使电梯口至各施工处的平均距离应最近；并便于安装附墙装置。

（4）混凝土泵。混凝土泵是在压力推动下沿管道输送混凝土的一种设备，它能一次连续完成水平运输和垂直运输，配以布料杆或布料机还可有效地进行布料和浇筑，在高层建筑施工中已得到广泛应用。选择混凝土泵时，应根据工程结构特点，施工组织设计要求、泵的主要参数及技术经济比较等进行选择。通常，在浇筑基础或高度不大的结构工程时，如在泵车布料杆的工作范围内，采用混凝土泵车最为适宜。在使用中，混凝土泵设置处应场地平整、道路畅通，供料方便，距离浇筑地点近，便于配管，排水、供水、供电方便，在混凝土泵作用范围内不得有高压线。

3. 布置材料、预制构件仓库和搅拌站的位置

砂浆及混凝土搅拌站的位置，要根据房屋类型、现场施工条件，起重运输机械和运输道的位置等来确定。布置搅拌站时应考虑尽量靠近使用地点，并考虑运输、卸料方便。或布置在塔式起重机服务半径内，使水平运输距离最短。还应注意以下几方面：

（1）在起重机布置位置确定后，布置材料、预制构件堆场及搅拌站位置。材料堆放尽量靠近使用地点，减少或避免二次搬运，并考虑到运输及卸料方便。基础施工用的材料可堆放在基础四周，但不宜离基坑（槽）边缘太近，以防压塌土壁。

（2）如用固定式垂直运输设备，则材料、构件堆场应尽量靠近垂直运输设备，以减少二次搬运。采用塔式起重机为垂直运输时，材料和构件堆场、砂浆搅拌站、混凝土搅拌站出料口等应布置在塔式起重机有效起吊范围内。

（3）预制构件的堆放位置要考虑到吊装顺序。先吊的构件放在上面，后吊的放在下面，吊装构件进场时间应密切与吊装进度配合，力求直接卸到就位位置，避免二次搬运。

（4）砂浆、混凝土搅拌站的位置尽量靠近使用地点或靠近垂直运输设备。有时浇筑大型混凝土基础时，为减少混凝土运输量，可将混凝土搅拌站直接设在基础边缘，待基础混凝土

浇好后再转移。因砂、石及水泥的用量较大，砂、石堆场及水泥仓库应紧靠搅拌站布置，搅拌站的位置也应考虑到使这些大宗材料的运输和卸料方便。同时，石灰、淋灰池也应靠近搅拌站布置。若用袋装水泥，应设专门的干燥、防潮水泥库房；若用散装水泥，则需用水泥罐贮存。砂、石堆场应与运输道路连通或布置在道路边，以便卸车。沥青堆放场及熬制锅的位置应离开易燃品仓库或堆放场，并宜布置在下风向。

（5）材料和半成品的堆放是指水泥、砂、石、砖、石灰及预制构件等。这些材料和半成品堆放位置在施工平面图上很重要，应根据施工现场条件、工期、施工方法、施工阶段、运输道路、垂直运输机械和搅拌站的位置以及材料储备量综合考虑。其堆场和库房的面积可按下式计算

$$F=\frac{q}{P} \tag{5-10}$$

$$q=\frac{nQ}{T} \tag{5-11}$$

式中 F——堆场或仓库面积（m^2），包括通道面积；

P——每 m^2 堆场或仓库面积上存放材料数量，见表 5-5；

q——材料储备量；

n——储备天数，见表 5-5；

Q——计划期内材料需要的数量；

T——需用该项材料的施工天数，$T>n$。

表 5-5 每 m^2 堆场或仓库面积上存放材料数量

序号	材料名称	单位	储备天数 n	每 m^2 储存量 P	堆置高度（m）	仓库类型	备注
1	水泥	t	20～40	1.4	1.5	库房	
2	砂、石	m^3	10～30	1.2	1.5	露天	
3	砂、石	m^3	10～30	2.4	3.0	露天	
4	石膏	t	10～20	1.2～1.7	2.0	棚	
5	砖	千块	10～30	0.5～0.7	1.5	露天	
6	卷材	卷	20～30	0.8	1.2	库	
7	钢管	t	30～50	0.5～0.7	1.2	露天	
8	钢筋成品	t	3～7	0.36～0.72	—	露天	
9	钢筋骨架	t	3～7	0.28～0.36	—	露天	
10	钢筋混凝土板	m^3	3～7	0.14～0.24	2.0	露天	
11	钢模板	m^3	3～7	12～20	1.8	露天或棚	
12	钢筋混凝土梁	m^3	3～7	0.3	1～1.5	露天	
13	钢筋混凝土柱	m^3	3～7	1.2	1.2～1.5	露天	
14	大型砌块	m^3	3～7	0.9	1.5	露天	
15	轻质混凝土制品	m^3	3～7	1.1	2.0	露天	

4. 布置运输道路

尽可能将拟建的永久性道路提前建成后为施工使用，或先造好永久性道路的路基，在交

工前再铺路面。现场的道路最好是环行布置，应保证行驶畅通并有足够的转弯半径，以保证运输工具回转、调头方便。单车道路宽不小于4m；双车道路宽不小于6m。道路两侧一般应结合地形设置排水沟，深度不小于0.4m，底宽不小于0.3m。

单位工程施工平面图的道路布置，应与全工地性施工总平面图的道路相配合。

5. 布置行政管理及生活用临时房屋

临时设施分为生产性临时设施和生活性临时设施。生产性临时设施有钢筋加工棚、木工房、水泵房等；生活性临时设施有办公室、工人休息室、开水房、食堂、厕所等。临时设施布置原则是有利生产，方便生活，安全防火。

生产性临时设施如钢筋加工棚和木工加工棚，宜布置在建筑物四周稍远的位置，应有一定的材料、成品堆放场地。

一般情况下，办公室应靠近施工现场，设于工地入口处，亦可根据现场实际情况选择合适的地点设置；工人生活用房尽可能利用建设单位永久性设施。生活区应与现场分隔开；宿舍应布置在安全的上风向一侧。

6. 布置水、电管网

(1) 施工现场临时供水。现场临时供水包括生产、生活、消防等用水。临时供水应根据用水量、管径计算，然后进行布置。单位工程的临时供水管网，一般采用枝状布置方式。通常，施工现场临时用水应尽量利用工程永久性供水系统，减少临时供水费用。因此在做施工准备工作时，应先修建永久性给水系统的干线，至少把干线修至施工工地入口处。若系高层建筑，必要时，可增设高压泵以保证施工水头的要求。在保证供水的前提下，应使管线越短越好。

消防用水一般利用城市或建设单位的永久性消防设施。室外消防栓应沿道路布置，间距应不超过120m，距房屋外墙一般不小于5m，距道路不应大于4m。工地消防栓2m以内不堆放其他物品。室外消防栓管径不得小于100mm。

临时供水管的铺设最好采用暗铺法，即埋置在地面以下，防止机械在其上行走时将其压坏。临时管线不应布置在将要修建的建筑物或室外管沟处，以免这些项目开工时，切断水源影响施工用水。施工用水龙头位置，通常由用水地点的位置来确定。例如搅拌站、淋灰池、浇砖处等，此外，还要考虑室内外装修工程用水。

(2) 施工现场临时供电。随着机械化程度的不断提高，在施工中用电量将不断增多。因此必须正确地计算用电量并合理选择电源和电网供电系统。通常，为了维修方便，施工现场多采用架空配电线路，且要求架空线与施工建筑物水平距离不小于10m，与地面距离不小于6m，跨越建筑物或临时设施时，垂直距离不小于2.5m。现场线路应尽量架设在道路一侧，尽量保持线路水平，以免电杆受力不均。在低电压线路中，电杆间距应为25～40m，分支线及引入线均应由电杆处接出，不得由两杆之间接线。

单位工程施工用电应在全工地性施工总平面图中一并考虑。一般情况下，计算出施工期间的用电总数，提供给建设单位，不再另设变压器，只有独立的单位工程施工时，才根据计算的现场用电量选用变压器，其位置应远离交通要道及出入口处，布置在现场边缘高压线接入处，四周用铁丝网围绕加以保护。

建筑施工是一个复杂多变的生产过程，工地上的实际布置情况会随时改变，如基础施工、主体施工、装饰施工等各阶段在施工平面图上是不同的。在整个施工期间使用的一些主要道路、垂直运输机械、临时供水供电线路和临时房屋等，则不会轻易变动。对于大型建筑工程、施工期限较长或建设地点较为狭小的工程，要按施工阶段布置多张施工平面图；对于较小的建筑物，一般按主要施工阶段的要求来布置施工平面图即可。同时还应注意以下几点：

1）尽量利用原有的高压电网及已有变压器。

2）线路应布置在起重机械的回转半径之外。否则必须搭设防护栏，其高度要超过线路2m，机械运转时还应采取相应措施，以确保安全。现场机械较多时，可采用埋地电缆代替架空线路，以减少互相干扰。

3）供电线路跨过材料、构件堆场时，应有足够的安全架空距离。

4）各种用电设备的闸刀开关应单机单闸，不允许一闸多机使用，闸刀开关的安装位置应便于操作。

5）配电箱等设施安置在室外时，应有防雨措施，严防漏电、短路及触电事故。

7. 施工平面图绘制要求

单位工程施工平面图是施工的重要技术文件之一，是施工组织设计的重要组成部分。因此要求精心设计，认真绘制。施工平面图比例要准确；要标明主要位置尺寸；要按图例或编号注明布置的内容、名称；线条粗细分明；字迹工整、清晰；图面清楚、美观。施工平面图图例见表 5-6。

表 5-6　施工平面图图例

序号	名　称	图　例	序号	名　称	图　例
1	水准点	点号/高程	10	烟囱	
2	原有房屋		11	水塔	
3	拟建正式房屋		12	房角坐标	x=1530 y=2156
4	施工期间利用的拟建正式房屋		13	室内地面水平标高	105.10
5	将来拟建正式房屋		14	现有永久公路	
6	临时房屋：密闭式敞棚式		15	施工用临时道路	
7	拟建的各种材料围墙		16	临时露天堆场	
8	临时围墙	—×—×—	17	施工期间利用的永久堆场	
9	建筑工地界线		18	土堆	

续表

序号	名　称	图　例	序号	名　称	图　例
19	砂堆		37	消防栓（原有）	
20	砾石、碎石堆		38	消防栓（临时）	L
21	块石堆		39	原有化粪池	
22	砖堆		40	拟建化粪池	
23	钢筋堆场		41	水源	水
24	型钢堆场	LIC	42	电源	
25	铁管堆场		43	总降压变电站	
26	钢筋成品场		44	发电站	
27	钢结构场		45	变电站	
28	屋面板存放场		46	变电器	
29	一般构件存放场		47	投光灯	
30	矿渣、灰渣堆		48	电杆	
31	废料堆场		49	现有高压 6kV 线路	—WW6—WW6—
32	脚手、横板堆场		50	施工期间利用的永久高压 6kV 线路	—LWW6—LWW6—
33	原有的上水管线		51	塔轨	
34	临时给水管线	—s—s—	52	塔吊	
35	给水阀门（水嘴）		53	井架	
36	支管接管位置	s	54	门架	

续表

序号	名 称	图 例	序号	名 称	图 例
55	卷扬机	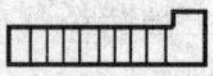	63	混凝土搅拌机	
56	履带式起重机	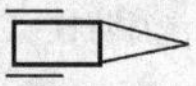	64	灰浆搅拌机	
57	汽车式起重机	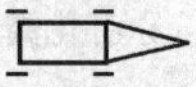	65	洗石机	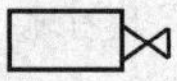
58	缆式起重机		66	打桩机	
59	铁路式起重机	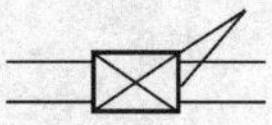	67	脚手架	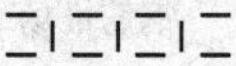
60	多斗挖土机		68	淋灰池	
61	推土机		69	沥青锅	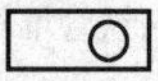
62	铲运机		70	避雷针	

第七节 某小区高层住宅单位工程施工组织设计实例

一、工程概况

该工程为某住宅小区高层住宅，位于淮河畔，该工程平面尺寸为24.3m×22.8m，地下一层半，±0.00上三十层，上有局部塔楼两层，建筑总高度93.5m，总建筑面积18 202.2m²。

本工程采用桩基础，为ϕ800钻孔灌注桩，桩端嵌固于中风化岩层（已完成），主体结构为钢筋混凝土剪力墙体系。地下室底板厚2.0m，混凝土等级为C30，地下室外墙厚400mm，内墙厚300mm，现浇顶板厚200mm、180mm，混凝土强度等级为C40，主体结构混凝土墙体厚度分别为300mm（一～十层），250mm（十～二十层），200mm（二十～三十层），现浇楼板厚180mm和100mm，混凝土强度等级分别为C40，C30和C25。设有三部电梯，楼梯为现浇混凝土结构。

地下室内墙面粉刷水泥砂浆，±0.00以上内墙面粉刷1∶1∶6混合砂浆，刷106涂料，外墙面均贴面砖。楼地面面层为普通水泥砂浆地面，厨房、卫生间为缸砖地面，瓷砖墙裙。室内为木门窗，外门窗为钢门窗，阳台均为铝合金窗封闭阳台，分户门均为防盗门，屋面用珍珠岩隔热，PVC卷材防水。

本工程位于市区，交通便利，三材由甲方提供，乙方负责验收，地材由乙方自采。

拟建场地地势起伏不大，地面标高在10.00～10.33m之间，地基基本平整，在西北部有暗塘，勘察报告揭示，填充物松散，上部以建筑垃圾为主，下部为粘土夹砖块，地下水属孔隙潜水，地下水位一般在地下1～2m之间，受大气影响而升降。

本工程主要实物工程量如下：

±0.00以下：

大体积混凝土底板：混凝土1301m³，钢筋120t；

墙体：混凝土526m³，钢筋70t；

顶板：混凝土177m³，钢筋40t。

±0.00以上：

标准层混凝土量共6613m³，其中1～10层为264m³/层，11～20层为220m³/层，21～30层为176m³/层。

本工程开工日期为2003年2月8日，预计工期23个月（不含桩基工程）。

二、施工准备

1. 主要材料供应计划（见表5-7）

表5-7　主要材料供应计划表

序号	品种	规格	单位	数量	进场时间
1	钢筋	综合	t	1326.0	分批进入
2	水泥	综合	t	5110.0	分批进入
3	木材		m³	315.0	分批进入
4	黄砂	中粗砂	t	5900.0	分批进入
5	石子	20～40	t	11 200.0	分批进入
6	硅酸盐砌块		m³	1100.0	2003年8月
7	空心砖	190×190×190	块	74 740	2003年8月
8	面砖	100×100	块	95 800	2004年6月
9	瓷砖	152×152	块	224 850	2004年6月
10	地缸砖	150×150	块	82 870	2004年6月
11	钢门窗		m²	2448.3	2004年5月
12	玻璃	3mm	m²	1919.3	2004年5月
13	玻璃	5mm	m²	1291.6	2004年5月
14	PVC		m²	650.0	
15	沥青	综合	t	11.0	2004年4月

2. 主要机械设备计划（见表5-8）

表5-8　主要机械设备计划表

序号	品种	单位	数量	功率（kW）	进　场　时　间
1	高层塔吊	台	1	62	2003年5月进场，6月上旬安装结束
2	人货电梯	台	1	15	2003年11月进场（砌墙开始）
3	混凝土搅拌机	台	3	33	2003年1月进场2台，2月上旬1台
4	砂浆机	台	2	11	2003年11月中旬

续表

序号	品种	单位	数量	功率（kW）	进 场 时 间
5	盘锯	台	1	7.5	2003年4月进场，中旬安装
6	手刨	台	1	7.5	2003年4月进场，中旬安装
7	压刨	台	1	7.5	2003年4月进场，中旬安装
8	混凝土配料站	套	1	8	2003年5月进场，6月上旬安装
9	ZL15B装载机	台	1	40	2003年5月进场，6月上旬安装
10	钢筋切断机	台	1	5.5	2003年4月中旬
11	交流对焊机	台	2	50	2003年4月中旬
12	钢筋弯曲机	台	2	15	2003年4月中旬
13	钢筋竖向焊机	台	2	11	2003年4月下旬
14	振动棒	套	10	15	2003年4月下旬
15	钢筋对焊机	台	1	75	2003年4月中旬
16	高压水泵	台	1	11	2003年4月上旬
17	机动翻斗车	台	1		2003年4月下旬
18	钻孔桩机	台	2	30	2003年2月，32台
19	深层搅拌桩机	台	1	75	2003年2月
20	灰浆拌和机	台	1	4	2003年2月
21	灰浆泵	台	1	4	2003年2月

3. 劳动力准备

（1）支护工程施工阶段。

1）工程量。

钻孔灌注桩：混凝土550.6m³，钢筋36.4t；

深层搅拌桩：543m³，水泥119t；

地圈梁：混凝土72.5m³，钢筋5.1t。

2）劳动力配置。

支护工程施工均60天，配两台钻孔桩机，一台深层搅拌桩机，三班制施工，故配备工人：技术工人12人，辅助工人30人，钢筋工两人（地圈梁施工时增配两人）。

（2）±0.00以下工程（不含桩基，基坑土方开挖）劳动力配置。

1）工程量。

底板：混凝土1301m³，钢筋120t；

墙体：混凝土526m³，钢筋70t；

顶板：混凝土177m³，钢筋40t。

2）劳动力配置。地下室施工约40天，大体积混凝土底板采用泵送混凝土，不需现场搅拌，地下室钢筋工程较复杂且钢筋数量多，模板施工作业面小，难度较大，故初配人员：钢筋工约25人左右，瓦工（混凝土工）30人左右，木工（模板工）35～40人。

（3）±0.00以上工程劳动力的配置。

1）工程量。标准层混凝土量共6613m³，如前所述，其中1～10层为264m³/层，11～

20层为220m^3/层，21～30层为176m^3/层，每层中墙体混凝土约占2/3，梁板混凝土约1/3。配筋共1326t。

2）劳动力配置。主体工程工期预计10个月，平均7天一层，混凝土采用现场搅拌站搅拌，故需混凝土工较多；钢筋工程和模板工程强度较小，所需钢筋工和木工较少。因此劳动力配置：钢筋工20人左右，木工30人左右，混凝土工35～40人。

（4）砌体工程开始后，人员数量将达到高峰，预计届时人数将达120人左右，所以应做好班组划分与管理工作，确保工人既达到应有的劳动强度也不致过度疲劳，引发安全或质量事故；同时也要确保工程不出现计划外的间断，影响工期。

4. 施工现场准备

（1）三材由甲方提供。

（2）三通一平由甲方完成，施工单位应积极配合。

（3）做好施工现场排水工作。

1）支护结构施工阶段　因本工程支护施工在自然地面下约1.5m处的坑内施工，故施工前应在坑内设置明沟排水，并在基坑四角设集水坑，及时将坑内水排出坑外，坑外应设置截水沟防止地表水、雨水等流入基坑。钻孔桩施工时产生的泥浆应及时外运，不得溢入基坑。

2）深基坑排水　本工程基坑深（挖深7.4m）、面积大且在春夏之交的多雨季节施工，因此要做好基坑周围的排水工作，防止地表水，坑外雨水向坑内汇流，另外，基坑内的排水应有专人负责，确保排水工作的正常进行，坑内不得汇聚明水。

3）污、废水排放工作　本工程现浇混凝土量较大，因此，对洗刷工具和搅拌机的污水，应进行认真的处理（如沉淀处理），除去杂质后再排入地下管网中。严禁将未经处理的污水直接排入地下管网或河中。

4）楼层的排水　为了使楼层的雨水、施工污水能直接或经过沉淀后排放到城市管网中，防止污染环境和影响施工，应集中设置排水管道。

（4）施工现场临时性生产设施，应尽量利用施工现场或附近原有设施和在建工程本身的建筑物。

1）在现场设置混凝土搅拌站，供应现场所需混凝土。地下室底板采用商品混凝土施工，利用混凝土泵输送。

2）设置钢筋加工车间和露天模板加工厂。

3）现场仓库、材料堆场，施工机械、设备以及生活设施均应按施工平面图布置。

（5）按照资源需要量计划，将开工前及开工后近期需要使用的建筑材料、构配件及施工机具及时组织进场，按施工平面图规定的位置进行堆放，以确保工程按期开工。建筑材料进场后，应立即进行各项试验、检验工作。施工机具进场并组装后，应进行试运转与保养工作。在各项施工准备工作基本完成后，方能开工。

三、支护结构工程施工方案

1. 概述

本工程有一层半地下室，基坑开挖深度为7.4m。根据浅部地质条件，上部土层较软弱且局部有暗塘，但下部土层（约10m左右）土质较好，为不透水的粉质粘土层，且具有较高的地耐力，因此，本工程支护结构采用悬臂式排桩支护结构（钻孔灌注桩）挡土，深层搅拌水泥桩阻水的设计方案，由钻孔灌注桩承担基坑侧壁固土自重和地面荷载产生的土压力与水压力，为防止地下水从桩间土中向基坑内渗漏，在钻孔灌注桩外侧采用深层水泥搅拌桩组成连续帷幕阻水，从而形成了排桩加深搅桩的组合支护结构。

2. 支护结构方案

本工程采用十二边形（平面）钻孔灌注桩挡土，桩长 11.0m，桩径为 ϕ700，桩间距为 900mm，桩的配筋为：主筋 10 φ 20，螺旋箍筋φ 6.5@250，加劲筋φ12@1500，混凝土标号为 C25，桩顶距自然地面约 1.5m，桩顶设连续的地圈梁（帽梁）一道，宽 700mm，高 500mm，混凝土为 C25，主筋为 8Φ20＋2Φ12，箍筋为φ 6.5@250。

阻水结构为深层搅拌桩连续帷幕，桩径为 ϕ700，水泥掺入比为 14%，深层搅拌桩插入下部土层 0.5m，平均桩长约 8.5m，相邻桩间搭接为 200mm，采用 SJB-Ⅱ型的头深层搅拌桩机施工。

十二边形平面近似圆形，该支护结构方案具有很高的安全性。

3. 支护结构施工

(1) 施工顺序。因工期较紧，深层搅拌桩养护期较混凝土长，同时考虑到钻孔灌注桩对土的扰动较小，所以为了保证按期完工，采取先施工深层搅拌桩的施工顺序，具体如下：

深层搅拌桩机先开工，待深层搅拌桩开工三天后，一台钻孔桩机可跟在深层搅拌桩机后面开始施工，另一台钻孔桩机可与深层搅拌桩机同时或稍后开工，位置居于深层搅拌机的对边上与深层搅拌桩机同方向推进，当深层搅拌桩机赶上该桩机时，为了保证阻水深层搅拌桩的连续性，钻孔桩机应让出位置，待深层搅拌桩机连续施工通过后再恢复施工。

(2) 施工方法。

1) 深层搅拌桩的施工工艺流程如图 5-10 所示。

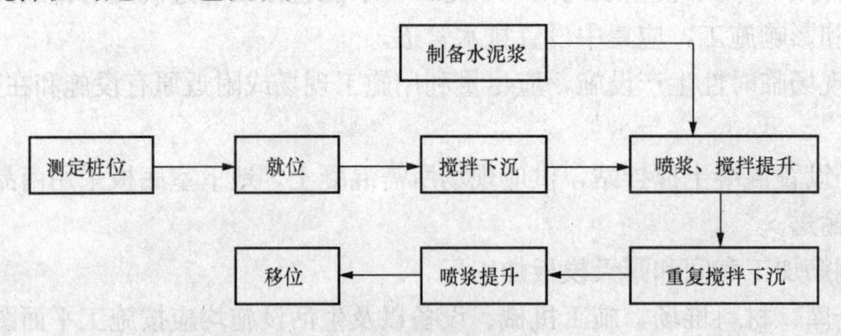

图 5-10　深层搅拌桩的施工工艺流程

搅拌桩机启动前，应检查机架的平面位置和垂直度，水泥浆喷浆口应对准设计桩位，保证偏差小于 50mm，机架的垂直度偏差应不超过 1%。

搅拌机下沉时应使软土充分搅碎，一般不使用输浆管冲水，下沉速度一般不大于 0.75m/min。

制备水泥浆时，水灰比应控制在 0.5～0.6，制备好的水泥浆不得有离析现象。

当搅拌机下沉到设计深度后，略为提升（约 100mm）后开动灰浆泵，将水泥浆压入土中，并且边搅拌，边喷浆，边提升，提升速度应≤0.75m/min。应保证连续供浆。

重复搅拌下沉及喷浆提升工艺与上述相同。

2）钻孔灌注桩的施工工艺流程。钻孔灌注桩是先用钻孔机械进行钻孔，然后于桩孔内放入钢筋骨架，再在水下灌注混凝土，其施工工艺流程如图 5-11 所示。

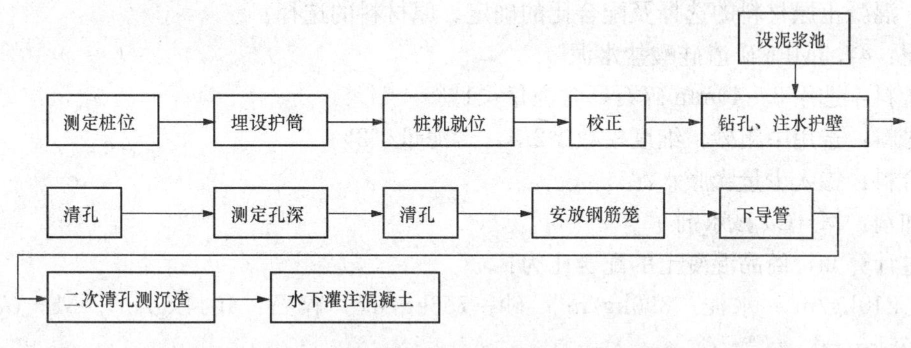

图 5-11　钻孔灌注桩的施工工艺流程

本工程支护结构中的钻孔灌注桩采用正循环施工，钻机就位时应保证平稳，垂直度偏差≤1%，钻头中心线与桩位中心线的偏差应≤20mm。桩机就位后，用水准尺检查转盘是否水平并检查转盘中心与钻架上吊滑轮是否在同一垂线上。

在钻孔过程中，向孔内注水，进行造浆护壁，防止孔壁坍塌，若土质较差，则应投入粘土造浆，以增大泥浆比重。

当钻孔至设计深度后，吊放钢筋笼。钢筋笼的制作应符合设计要求，并保证在运输与吊放过程中不发生变形。钢筋笼制作偏差不得超过下列限值：主筋间距 10mm，箍筋间距 20mm，钢筋笼长度 200mm。钢筋笼吊放入孔时，应吊起对准桩孔并扶正后缓慢放下，不得碰撞孔壁，严禁将钢筋笼自由投至孔底。

桩身混凝土灌注采用导管法，导管在下放时应保持垂直且位置居中，放至距孔底 300～500mm 时固定。

水下灌注混凝土应注意保证灌注质量，防止断桩。第一次混凝土灌注量为 0.8m^3，可保证第一次混凝土能将导管下口埋入混凝土内 0.8m 以上。在灌注混凝土过程中应保持管口埋入混凝土面以下至少 0.9m。

3）地圈梁施工。桩顶地圈梁施工时应注意将桩顶主筋伸入圈梁内并与圈梁钢筋可靠搭接。圈梁混凝土应尽量连续浇筑，如因施工条件限制不能连续浇筑，应事先确定施工缝位置并征得设计人员同意，继续浇筑混凝土前应对连接处的松散混凝土进行处理。

四、地下室工程施工方案

本工程地下结构共两层，地下室与半地下室各一层，建筑面积 1110.0m^2，桩基和土方工程由业主分包给专业施工单位完成。地下室施工所需混凝土均采用商品混凝土，其工程量为：地下室底层底板混凝土 1301.0m^3，钢筋 120t；地下室和半地下室墙体混凝土 526m^3，钢筋 70t；地下室及半地下室顶板混凝土 177m^3，钢筋 40t。

1. 地下室底板施工

本工程地下室底板长 27.6m，宽 24.5m，基本呈方形，厚 2m，混凝土 1301m^3，设计强度 C30，抗渗等级 S8，底板下为 100mm 厚 C10 素混凝土垫层和 73 根 ϕ800 钢筋混凝土钻孔灌注桩，基坑周围为钢筋混凝土支护灌注桩，建筑物周围东面临河，南面紧靠另一高层住宅，均无可用的施工场地，西南和北面可用施工场地较小，整个施工场地狭窄。

因底板较厚，且体积庞大，属大体积混凝土，同时施工现场狭窄，故施工方法采取商品混凝土并利用输送泵车直接将混凝土送到坑底，混凝土采用斜面分层浇筑。

(1) 混凝土原材料的选择及配合比的确定。原材料的选择：

水泥：42.5MPa 矿渣硅酸盐水泥

粗骨料：选用5～40mm碎石，含泥量＜1%

细骨料：选用中粗砂，细度模数＞2.4，含泥量＜2%

掺合料：掺入少量膨胀水泥

外加剂：M－Ca减水剂

通过计算知，商品混凝土的配合比为：

水：210kg/m^3；水泥：390kg/m^3；砂：756kg/m^3；碎石：1044kg/m^3；M－Ca减水剂：0.975kg/m^3。

配合比为水泥∶砂∶石∶减水剂＝1∶1.94∶2.68∶0.0025

(2) 浇筑方案。预计于2003年5月上旬开始浇筑。

选用DC－S115D型泵车，其额定最大输送量为70m^3/h，正常施工时为40m^3/h，输送管径ϕ100，最大水平输送距离为270m。

所需泵车台数
$$N_b = \frac{Q}{Q_{max}\eta}$$

本工程要求确保40～50m^3/h的输送能力，每台泵车要求达到25m^3/h的浇筑强度，故
$$N_b = 50/25 = 2(\text{台})$$
所以供需两台泵车。

根据混凝土浇筑计划、顺序和速度等要求，在基坑北面设置两台泵车（见图5-12），由南向北进行斜面分层浇筑，分层数为4层，每层厚500mm。（见图5-13）这样可确保下层混凝土初凝前将上层混凝土浇筑完。1301m^{3}的混凝土计划在40h内全部浇完。

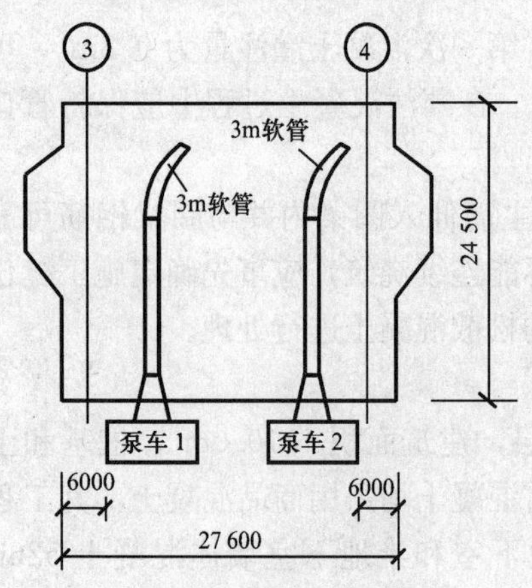

图5-12 混凝土搅拌车路线，泵车布置

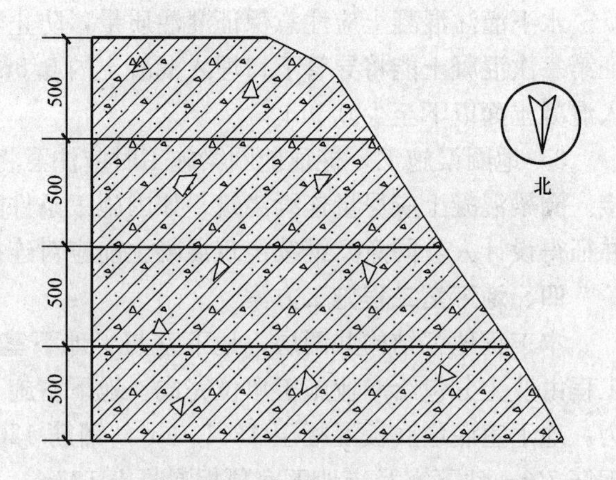

图5-13 大体积混凝土地板浇筑斜面分层示意图

(3) 泵送混凝土要点。

1) 混凝土搅拌运输车出料前，应高速旋转30s后反转出料。出料时，如发现混凝土拌和物有异常现象，应立即停止出料，分别采取下列措施：

如搅拌筒内混凝土拌和物产生离析沉淀时，应在高速转动3～4min后方可出料。

如发现混凝土拌和物的坍落度过小，喂料困难时，可向搅拌筒内加入与混凝土水灰比相同的水泥浆，经充分搅拌后再喂料，在任何情况下，都严禁向拌和物中加水以增加其坍落度。

2）开始泵送时，混凝土泵操作人员应使之低速转动，并应注意观察泵的压力和各部分工作情况，待工作正常、顺利泵送后，再提高运转速度，加大行程，转入正常的泵送。

3）正常情况下宜保持连续泵送，尽量避免泵送中断，若混凝土供应不及时，可适当降低泵送速度以保持混凝土泵连续工作。

4）泵送中断不得超过 1h，若中断时间超过 30min 或出现异常时，混凝土泵应间隔进行转动，即每隔 4～5min 开泵一次，每次使泵正转和反转各推动两个冲程，防止输送管内混凝土拌和物离析或凝结，同时受料斗中的搅拌器亦搅拌 3～4r，以防止混凝土离析，但不宜连续进行搅拌。

5）泵送过程中要定时检查活塞的冲程，不使其超过允许的最大冲程，泵活塞的冲程虽可改变，但为了防止缸体不均匀磨损和阀门磨损，宜采用大行程运转。

6）在混凝土泵送过程中亦要注意混凝土坍落度的损失，一是气温的影响，气温变化对坍落度影响很大，根据国外试验结果，一般条件下，混凝土拌和物的温度升高 1℃，其坍落度约降低 0.4cm；二是泵送时间的影响，泵送时间的长短与混凝土坍落度损失有密切关系，连续泵送，在较短时间内浇筑完毕，则坍落度损失较小。如泵送时间过长或泵送中经常中断，则混凝土坍落度损失较大。

7）在泵送过程中如出现泵送困难，泵的压力急剧升高或输送管线产生较大的振动等异常情况时，不宜勉强提高压力进行泵送。宜用木槌敲击管线中的锥形管，弯管等部位，使泵反转或放慢泵送速度，以防止管线堵塞；如输送管线产生堵塞，可用木槌敲击等方法查明堵塞部位，待混凝土卸压后拆卸堵塞管段加以排除。重新泵送时，要待管内空气排尽后，才能将拆卸过的管段的接头拧紧。

8）在泵送过程中要加强通信联络，及时反馈信息，快速而及时的多万位联络是顺利泵送的重要保证。

9）在泵送混凝土过程中，受料斗内应充满混凝土，以防吸入空气，若吸入空气应立即反泵将混凝土吸回料斗内，除去空气后再转为正常泵送。

10）在泵送混凝土时，水箱应充满洗涤水，并应经常更换和补充。

泵送混凝土将结束时，要估算残留在输送管线中的混凝土量，因为这些混凝土经水或压缩空气推出后尚能使用。

混凝土泵使用完毕应及时清洗，清洗时从进料口塞入海绵球，然后泵水或压缩空气将输送管线中的混凝土推出。清洗用水不得排入浇筑的混凝土内，清洗之前一定要反泵吸料，降低管线内的剩余压力。

混凝土泵的操作和使用，应严格遵照其使用说明，遇到故障应及时排除。

（4）混凝土的泌水及表面处理。大流动性的混凝土在浇筑、振捣过程中，上涌的浮浆和泌水会顺混凝土坡面下流到坑底。为及时将其排出，在素混凝土垫层施工时，预先在横方向上做出 3cm 的坡度，使大部分泌水顺垫层坡度通过两侧模板底部的预留孔排出坑外。

当混凝土浇筑接近顶端模板时，应改变浇筑方向，从顶端反向往回浇筑，与原浇筑斜坡相交形成一个集水坑，同时有意识地加强两侧模板处的混凝土浇筑强度，使集水坑逐步在中间缩小成水潭，用软轴泵及时抽除，从而排除最后阶段的所有泌水。

由于采用泵送混凝土，其表面水泥浆较厚，在浇筑结束后应认真处理。经4～5h后，初步用刮尺将混凝土表面按标高刮平，在初凝前用滚筒碾压数遍，再用木抹子打磨压实，以闭合缩水裂缝，约12～14h后，覆盖一层塑料薄膜，再铺两层草包作保温保湿养护。

（5）混凝土的养护。养护是大体积混凝土施工中的一项十分关键的工作，主要应保持适宜的温度和湿度，以便控制混凝土内外温差，促进混凝土强度的正常发展，防止裂缝的产生和开展。对底板表面如前述铺一层薄膜和二层草包，侧面可在模板外侧用二层草包养护，草包应错缝骑马式铺放。养护工作必须根据测温值与温差，及时调整养护措施。

根据现场情况，应尽可能延长养护时间，拆模后应立即回填土或再用草包覆盖保护，以便控制内外温差，防止混凝土早期和中期裂缝。

2. 地下室墙板与顶板施工

地下室施工的钢筋、混凝土工程可参见主体结构施工方案，在此仅介绍模板工程施工要点。

考虑到本工程为全现浇剪力墙结构，因此模板材料大量采用胶合板模板，辅以少量钢模板；木模（拼条），胶合板模板具有不收缩、不翘曲、不开裂、均质、接缝少、周转率高、加工方便等优点，适合于剪力墙与楼板模板。本工程选用915mm×1830mm×18mm无框胶合板模板。

（1）地下室墙板模板施工。墙板模板以915mm×1830mm规格为主，配以各种切割后的模板面板组拼成墙板模板，板后竖向采用100mm×50mm木枋作内楞（小楞），间距为400mm（中心距），水平向采用2ϕ48×3.5钢管作外楞（主楞），构成常规模板体系，墙模板拉结采用穿墙螺栓M_{14}，间距为500mm（横向）×600mm（竖向），主楞外侧用间距1200mm的双钢管扣接在主楞上作竖向加固。

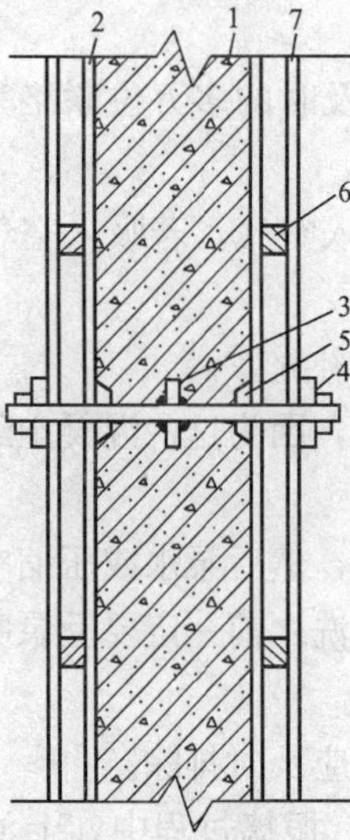

模板安装时注意处理好板的拼缝，必要时采用压缝木条或贴缝胶带。对拉穿墙螺栓采用ϕ14圆钢加工而成（两端加工成丝杆即可），外墙模板用的对拉螺栓必须加焊止水钢板，并往两端模板内侧加焊圆钢垫片夹支两边模板，考虑到今后要割除外墙螺杆并补表面混凝土，在圆钢垫片前加装一小木块（图5-14），拆模后拔除木块，贴底割除螺杆，再用膨胀水泥砂浆抹平。内墙模板之对拉螺栓加用套管，成为工具式螺杆，可重复使用。

图5-14 地下室外墙穿墙螺栓构造图

1—混凝土；2—模板；3—止水钢板；4—对拉螺栓；5—预埋木块；6—内楞；7—外楞

墙模板支撑体系根据房间开间大小可采用对撑，也可采用三角斜撑撑在地面固定点上。地面固定点采用ϕ18长300mm钢筋埋入楼板内150mm，外墙外模板支撑采用斜撑支撑于坑底或支护桩体上，支撑点处要加垫钢板或枕木以防沉陷或位移。

墙模板组装时其截面尺寸均按允许负值偏差组装，水平方向尺寸连续排列，考虑到模板模数限制，可拼接部分阴阳角木模板。

地下室柱、墙模板的安装质量应能达到清水混凝土面的要求，所有门、窗、设备洞孔等应用木衬模作假口，注意制作牢固，安装准确，拆除方便，接缝严密。

墙模板施工时，先弹出中心线和两边线，钉限位板，然后绑扎墙体钢筋，再选择装配一侧模板，模板竖起后用铁丝将其临时固定在钢筋骨架上，然后竖立档，将对拉螺栓穿过该模板，套上套管，再立另一侧模板，临时固定后竖立档，将对拉螺栓拉通两侧模板，然后立横档及斜撑。检查垂直度（用线锤），拉线找平，最后撑牢钉实，等待浇筑混凝土。

（2）地下室顶板模板施工。顶板模板体系与墙板模板相同。顶板模板支撑体系采用钢管排架体系，上铺（扣接）横向钢管间距 600mm，再放置楼底模板及小楞（50mm×100mm，间距 500mm），梁模板可以用胶合模板亦可用组合钢模板，其底模板采用 50mm 厚木板或钢模板，高度小于 600mm 的梁侧模可以直接用排架钢管支撑，但排架应设斜向钢管加固，当梁高大于 600mm 时采用对拉螺栓固定侧模板。

地下室顶板模板安装时要特别注意处理好顶板模板与梁、柱模板边角的接头，杜绝漏浆、跑模、烂根等现象，施工缝处应用模板闸好，严禁随意留缝。吊顶插筋或留洞应妥善固定，插筋处应用钉子作好标记，以便拆模后凿出插筋。

钢管排架搭设时应注意柱距与步高不得过大，竖向钢管高度必须符合尺寸要求，严禁排架搭好再任意切割钢管，竖管接长应采用对接扣件，如绑接则应用两只以上扣件扣紧，一根立杆只能绑接一次，且多根立杆不得在同一高度上绑接。排架要双向拉结，连成整体，并用剪刀撑加固，小开间处应采用长短适宜的钢管搭设排架，以免地下室封顶后不便拆除。

模板安装完成后应进行检查与清理，模板面应刷涂脱模剂，模板应进行抄平检查，严格控制模板标高和平整度，模板在拆模后，混凝土表面均应达到外光内实，边角整齐，表面平整光洁，顶板底面应能直接喷涂平顶（无吊顶处）。

五、主体结构工程施工方案

标准层施工顺序：弹线→柱、墙钢筋绑扎→柱、墙设备安装配合柱，墙钢筋预埋、预留→柱墙模板安装→复测模板轴线、截面→柱墙混凝土浇筑→立支撑，安装梁、板模板→梁板钢筋绑扎→安装预埋（水、电）→复测梁、板标高、轴线→加固、自检、修理→隐蔽工程验收→浇筑混凝土→混凝土养护→拆模。钢筋、模板采用分两段流水作业，对水、电安装预埋在构件中的部分在模板、钢筋工程施工时予以穿插、配合。

根据工程特点与施工现场情况，考虑到工程适用性及工期要求，选用一台 QTZ－80A 自升式塔式起重机，一台上海产快速井架，一台上海产施工升降机 SCD160/160－sui 即人货两用电梯。塔吊、升降机等底部的混凝土基础按设计图纸施工，其安装亦应符合有关规程。

机械设备及各种临时设施的布置位置可参见施工现场平面布置图（见图 5 - 15）。

1. 模板工程

主体结构施工的模板工程与地下室施工模板工程相同，在此作一些补充说明：

（1）为确保工程质量与施工安全，模板及其支架必须具有足够的承载能力与稳定性。

（2）墙模板竖向内楞间距 a＝400mm，水平双钢管外楞间距由顶部向下排列最上面为 700mm，以下均为 600mm，对拉螺栓水平间距为 500mm。

（3）楼板厚 180mm，底模板为 18mm 厚胶合板模板，采用 50mm×100mm 木方作内楞木，钢管扣支架作外楞和支撑，内楞间距为 600mm，外楞间距为 900mm，钢管支撑架纵横向间距为1000～1500mm。

（4）模板工程质量控制允许偏差及检验方法见表5-9。

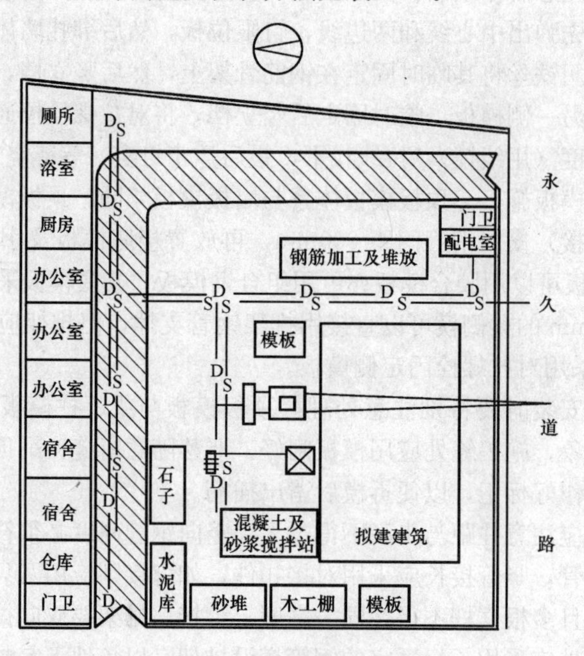

图5-15 施工现场平面布置图

表5-9 模板工程允许偏差及检验方法表

项次	项目		允许偏差（mm）	检验方法
1	轴线位置		5	钢尺检查
2	底模上表面标高		±5	水准仪、拉线、钢尺检查
3	截面内部尺寸	基础	±10	钢尺检查
		柱、墙、梁	+4，−5	钢尺检查
4	层高垂直度	不大于5m	6	经纬仪或吊线、钢尺检查
		大于5m	8	经纬仪或吊线、钢尺检查
5	相邻两板表面高低差		2	钢尺检查
6	表面平整度		5	2m靠尺和塞尺检查
7	预埋管、预留孔中心线位置		3	拉线、尺量
8	预埋螺栓	中心线位置	2	拉线、尺量
		外露长度	+10，0	拉线、尺量
9	预留洞	中心线位置	2	拉线、尺量
		截面尺寸	+10，0	拉线、尺量

（5）脱模剂。为了增加模板周转次数，保证混凝土表面质量，防止钢筋受到油污，宜用石蜡、柴油等作为脱模剂。其配合比为柴油∶石蜡∶滑石粉＝1∶0.2∶0.8（重量比），调配方法如下：先将六块石蜡敲碎加入1～2倍的柴油，放入热皿内，用微火或水溶锅缓缓加热至石腊全溶后，再将剩余的柴油及滑石粉倒入并搅拌均匀，冷却后即可使用。

涂刷方法：先将模板清扫干净，然后均匀涂刷，涂刷时边涂边后退，操作人员必须穿干净的软底鞋，涂刷后严禁踩踏，并防止雨水冲刷和浸泡，待隔离剂干后方可进行下一道工序。

(6) 拆模。拆模时间可根据构件类型、特点、施工时的气温情况及混凝土所应达到的强度等综合确定。为防止过早拆模造成结构裂缝、断裂或倒塌，要求拆模时需达到规定强度。

不承重的侧模，只要能保证混凝土表面和棱角不致因拆模而损坏即可拆除，承重的底模应根据结构类型、跨度，分别达到规定的强度方可拆除，否则必须经过验算。

拆模程序一般是先支的后拆，后支的先拆；先拆非承重部位，后拆承重部位。拆除模板要注意安全，不得站在正拆除的模板的下方或正拆除的模板上。拆除时应掌握技巧，不要硬撬或用力过猛，避免损伤结构和模板。已拆下的模板要及时起钉、修理，按规格分类排放。模板修理后要清理干净，并涂刷保护剂或隔离剂。

拆模后如发现混凝土有缺陷应及时修补。对于数量不多的小蜂窝、麻面或露石，先用钢丝刷或压力水冲洗，再用 1∶2～1∶2.5 的水泥砂浆填满，抹平并加强养护。对于较大的蜂窝和露筋应凿去全部深度内的薄弱混凝土层和个别突出骨料，用钢丝刷或压力水清洗后，用比原设计混凝土强度等级高一级的细骨料混凝土填塞，仔细捣实，加强养护。对于影响结构承重性能的缺陷，应会同有关单位研究后妥善处理。

2. 钢筋工程

本工程钢筋用量 1326t，采取现场加工，焊接及绑扎连接等多种连接方法施工。

(1) 钢筋检验。钢筋进场应具有出厂证明书或试验报告单，并需分批做机械性能试验（$d \leqslant 12$mm 的热轧Ⅰ级钢筋可不做）。使用中如发现钢筋脆断、焊接性能不良或机械性能明显不正常时，还应进行钢筋化学成分分析。

钢筋的机械性能检验应按下述规定进行：

每批取样单位（重量不大于 60t）任意选出两根钢筋和两套试样，每套试样从每根钢筋的端部截去 500mm，然后再截取试样两根，一根作抗拉试验（屈服点、抗强度、伸长率），另一根作冷弯试验。试样长度 $d<28$mm 时，抗拉试样长 300mm，冷弯试样长 250mm，$d \geqslant 28$mm 时抗拉试样长 360mm，冷弯试样长 300mm。试验时，当有一项试验结果不符合规范规定时，应另取双倍数量的试样重做各项试验，如仍有一个试样不合格时，则该批钢筋为不合格品。

(2) 钢筋加工。钢筋表面应保持洁净、如有油漆、漆污和用锤敲击时能剥落的浮皮、铁锈等，应在使用前清除干净。对 $d \leqslant 20$mm 的钢筋采用绑扎接头和一般电弧焊接头，对 $d>20$mm 的钢筋采用对焊。墙内竖向钢筋接头采用电渣压力焊。

1) 钢筋绑扎。钢筋绑扎接头的钢筋搭接长度应不小于表 5-10 中的规定，除此以外，在受拉区不得小于 300mm，在受压区不得小于 200mm。

当绑扎接头用于受拉钢筋时，在接头长度范围内，箍筋间距不能大于搭接钢筋较小直径的 $5d$（d 为受拉钢筋直径），且不应大于 100mm，当用于受压钢筋时，在接头长度范围内，箍筋间距不能大于搭接钢筋较小直径的 $10d$（d 为受压钢筋直径），且不应大于 200mm。

受力钢筋的绑扎接头不允许集中在构件的同一截面内，其接头钢筋截面积与该截面受力钢筋总截面积之比，在受拉区不得大于 25%，在受压区不得大于 50%。

因钢筋绑扎接头在钢筋混凝土构件中是较薄弱的部位，所以施工时要注意将其置于构件小应力截面内。

表 5-10　受拉钢筋绑扎接头最小搭接长度

钢筋类型		混凝土强度等级			
		C15	C20～C25	C30～C35	≥C40
光圆钢筋	HPB235 级	45d	35d	30d	25d
带肋钢筋	HRB335 级	55d	45d	35d	30d
	HPB400 级、HRB400 级	—	55d	40d	35d

2）电渣压力焊。施工准备：要求设置专用电源，网络电压不能低于 380V；操作工人必须持证上岗。施焊前将焊接接头端部 120mm 范围内的油污和铁锈用钢丝刷清除干净，搭设简易操作架，焊药提前烘烤，保证使用。

焊接参数：应根据钢筋直径，选择好焊接电流和焊接时间。

施焊要点：用夹具夹紧钢筋，使上、下钢筋同心，轴线偏差不大于 2mm；在接头处放 10mm 左右的铁丝圈，作为引弧材料；将已烘烤合格的焊药装满在焊剂盒内，装填前应用缠绕的石棉绳塞封焊剂盒的下口，以防焊药泄漏。施焊时应按照可靠的“引弧过程”，充分的“电弧过程”、短而稳的“电渣过程”和适当的“挤压过程”进行，即借助铁丝圈引弧，使电弧顺利引燃，形成“电弧过程”，随着电弧的稳定燃烧，电弧周围的焊剂逐渐熔化，上部钢筋加速熔化，上钢筋端部逐渐潜入渣池，此时电弧熄灭，转入“电渣过程”，由于高温渣池具有一定的导电性，所以产生大量电阻热能，促使钢筋端部继续熔化，当钢筋熔化到一定程度，在切断电源的同时，迅速顶压钢筋，并持续一定时间，使钢筋接头稳固接合。

质量要求：对接头应逐根进行外观检查，对外观不合格的接头，应切除重焊。接头应焊包均匀，无裂纹，钢筋表面无明显烧伤缺陷，接头处钢筋轴线的偏移不超过 0.1d（d 为钢筋直径）且不得大于 2mm，接头处钢筋轴线弯折应<4°。每一楼层中尚应以 300 个同类接头（同钢种、同直径）为一批，进行强度检验。每批接头切取三个试件，其抗拉强度均不得低于该级别钢筋的抗拉强度标准值，如有一个试件不合要求，应取双倍试件复检，复检如有一个试件仍不合格，则该批接头不合格。

（3）钢筋安装注意事项。钢筋安装时应注意柱纵向钢筋的弯钩应朝向柱心，截面较小的柱用插入式振捣器振捣时弯钩和模板所成角度不应小于 15°，箍筋的弯钩叠合处应交错布置在四角纵向钢筋上，箍筋转角与纵向钢筋交叉点处均应扎牢（箍筋平直部分与纵向钢筋交叉点可间隔扎牢）。

墙的垂直钢筋长度不宜超过 4m（$d \leqslant 12$mm）或 6m（$d > 12$mm），水平钢筋长度不宜超过 8m。钢筋的弯钩应朝向混凝土内，本工程为双层钢筋网，在两层钢筋之间应设置撑铁以固定钢筋的间距，撑铁可用 6～10mm 的钢筋制成，长度等于两层网片的净距，间距为 1m，并且相互错开排列。

梁内立筋当双排排列时，两排钢筋之间应垫以直径不小于 25mm 的短钢筋，以保持其净距，箍筋弯钩叠合处应交错布置在两根架立钢筋上，其余要求和柱一样。板钢筋安装要严格控制板上部负筋的位置。混凝土保护层用水泥砂浆垫块控制。

（4）钢筋工程质量检查要点。

1）根据设计图纸检查钢筋的钢号、直径、根数、间距是否正确，特别要检查立筋的位置；

2）检查钢筋接头的位置以及搭接长度是否符合要求；

3）检查钢筋绑扎是否牢固，有无松动变形现象；

4）检查混凝土保护层是否符合要求；

5）做好隐蔽工程验收记录；

6）混凝土浇筑过程中派专人看护防止钢筋移位。

3. 混凝土工程

本工程主体结构混凝土工程量共 6613m^3，其中 1～10 层混凝土为 C40，11～20 层为 C30，21～30 层为 C25。

根据现场条件，考虑到经济因素，本工程设置二台 JE350 混凝土搅拌机，一台自动配料机，组成现场简易混凝土搅拌站。

（1）材料要求。水泥优先采用 42.5MPa，普通硅酸盐水泥，每一批次均应送检测中心检验，各项指标满足规范要求后方可使用。石子用中碎，粒径为 20～40mm。砂为中粗砂。

混凝土原材料的计量必须准确，以保证混凝土强度、耐久性和施工性等满足设计与施工要求，各种原材料计量允许偏差见表 5-11。

表 5-11　各种原材料计量允许偏差

材料名称	水泥、掺和料	粗、细骨料	水、外加剂
允许偏差	±2%	±3%	±2%

为了保证混凝土水灰比的准确性，混凝土的用水量应按现场砂、石的含水量加以调整。

（2）混凝土的浇筑。混凝土的运输一般采用塔吊料斗进行，辅以手推车。混凝土的浇筑必须使所浇筑的混凝土密实，强度符合设计要求，保证结构的整体性、耐久尺寸准确和钢筋、预埋件位置准确，拆模后混凝土表面平整光洁。

混凝土浇筑前应检查模板的尺寸，轴线及支架的承载能力与稳定性；检查钢筋工程并作工程验收记录。在混凝土浇筑过程中还应及时填写“混凝土工程施工日志”。

混凝土浇筑时，应注意以下问题：

1）防止离析　混凝土在运输、浇筑入模的过程中，如操作不当容易发生离析现象，影响混凝土的均质性。所以在浇筑时混凝土自由下落高度不宜超过 2m，否则，应采用串筒、溜槽等工具，一旦发生离析和坍落度不能满足施工要求时，必须在浇筑前进行二次搅拌。

2）连续浇筑　混凝土墙、柱和梁板浇筑时均不留施工缝，一次浇筑成型。在梁、板浇筑时注意控制混凝土浇捣厚度，在竖向钢筋上作出油漆标志线，在混凝土浇捣找平时用尼龙线拉直，测定各部位高度及平整度，在混凝土将要初凝时，用木抹压实拉毛一次，此后将禁止上人踩踏。必须上人的地方应临时铺设木板（架空）保护，不得在浇筑的新混凝土上留下“足凹印”。

3）分层浇筑　为了使混凝土能振动捣实，应分层浇筑，分层振捣，并在下层混凝土初凝前将上层混凝土浇筑，振捣完毕。对于插入式振捣器，混凝土分层浇筑的厚度不得超过振动棒长 1.25 倍。

（3）混凝土的振动捣实。本工程采用内部振捣器（插入式）进行混凝土的振动捣实。使用内部振捣器时，振动棒应垂直插入，并插到下层尚未初凝的混凝土层中50～100mm，以促使上、下层混凝土相互融合。振捣时要快插慢拔，快插是为了避免先振捣上表面混凝土而造成分层离析，慢拔是为了使混凝土及时填满振动棒拔出时形成的空洞。振动棒各插点的间距应该是均匀的，间距不超过振动棒有效作用半径的1.5倍，移动插点采用交错式。每个插点的振捣时间一般为20～30s，用高频振动器时，最短不应少于10s，过短不易捣实，过长则又可能引起离析。

（4）混凝土的养护。混凝土拌和物经浇筑、振捣密实后，即进入静置养护期，混凝土浇筑完12h以内覆盖塑料薄膜，其上再盖三层草帘保温，覆盖时间不少于7天，混凝土强度在1.2MPa以下时，不得上人作业。混凝土总养护时间不少于14天。

（5）混凝土质量检查与缺陷修补。混凝土的质量检查包括施工前、施工中、施工后三个阶段。施工前主要检查原材料的质量是否合格，混凝土的配合比是否合理。施工中应检查配合比执行情况，混凝土坍落度等，每一工作班至少两次。施工后主要检查结构构件的轴线、标高、混凝土强度，如有特殊要求还要检查混凝土的抗冻性、抗渗性等指标，已成型的混凝土结构构件其形状、截面尺寸、轴线位置及标高等都应符合设计的要求，其偏差不得超过《混凝土结构工程施工质量验收规范》（GB 50204—2002）的规定。

当混凝土达到规定强度拆去模板后，如发现缺陷，应立即找出原因，并根据具体情况采取不同措施进行修补。

混凝土缺陷主要有以下处理方法：

1）表面抹浆修补。对于数量不多的小蜂窝、麻面或露石，先用钢丝刷或压力水冲洗，再用1∶2～1∶2.5的水泥浆填满、抹平并加强养护。当表面裂缝较细，数量不多时，可将裂缝处冲洗后抹补水泥浆。

2）细石混凝土填补。对于较大的蜂窝或露筋较深时，应凿去全部深度内的薄弱混凝土层和突出的骨料，用钢丝或压力水冲洗后，用比原设计混凝土强度等级高一级的细骨料混凝土填塞，仔细捣实，加强养护。

3）环氧树脂修补。当裂缝宽度在0.1mm以上时，可用环氧树脂灌浆修补，材料以环氧树脂为主要成分加增塑剂（邻苯二甲酸二丁酯）、稀释剂（二甲苯）和固化剂（乙二胺）。修补时先用钢丝刷将混凝表面的灰尘、浮渣及散层仔细清除，严重的用丙酮擦洗，使裂缝处保持干净。然后选择裂缝较宽处布设嘴子，嘴子的间距应根据裂缝的大小和结构形式而定，一般为30～60cm。嘴子用环脂腻子封闭，待腻子干固后进行试漏检查以防止跑浆。最后对所有的钢嘴都灌满浆液。混凝土裂缝灌浆后，一般经7天后方可使用。

4）压浆法补强。对于不易处理的较深蜂窝，应采用压浆法补强。压浆法主要是通过管子用压力灌浆。灌浆前，先将易于脱落的混凝土清除，用水或压缩空气清洗缝隙，把粉屑、石渣清理干净，并保持潮湿。灌浆用的管子用高于原设计强度一级的混凝土或用1∶2.5的水泥砂浆来固定，并养护6天。每一灌浆处埋管二根，管径为ϕ25，一根压浆，另一根排气或积水，埋管的间距一般为50cm。在填补混凝土凝结的第二天，用砂浆输送泵压浆，水泥浆的水灰比为0.6～0.8，输送泵的压力为0.4～0.8MPa。每一灌浆处压浆两次，第二次在第一次灌浆初凝后进行。压浆完毕2～3天后割除管子并用砂浆填补孔隙。

(6) 混凝土季节性施工。

1) 冬期施工。室外日平均气温连续五天稳定低于5℃时，混凝土工程的施工即属于冬期施工，为了防止新浇混凝土受冻而降低其后期强度，应采取必要的技术措施。简述如下：

改善混凝土的配合比：最小水泥用量不得低于300kg/m³，水灰比不大于0.6，在满足施工的前提下，尽量降低水灰比。

蓄热法施工：加热原材料，提高混凝土的入模温度，并进行蓄热保温养护，防止混凝土早期受冻。

搅拌时加入一定的外加剂，加速混凝土硬化以提前达到混凝土受冻临界强度，或降低水的冰点，使混凝土在负温下不致受冻。

以上措施，可根据气温条件和现场情况，因地制宜地采用。

2) 夏、雨季施工。夏季施工主要应注意做好防暑降温工作，现场应配备足够的遮阳设施，在搅拌混凝土前应用水冲洗石子以降温，(注意同时应减少拌和水用量)，使混凝土熟料的出机温度控制在25℃以下。浇筑后，及时进行浇水养护，以防混凝土表面由于水的散失而引起开裂。气温在25℃以上时，应在浇筑的6h内开始养护，且养护时间不得少于7昼夜。梅雨季节应注意混凝土浇筑时间避开下雨时间并及时覆盖保养。本工程主体施工阶段恰在夏季和雨季，应特别注意。

4. 脚手架工程

本工程外脚手架采用分单元套管式爬升脚手架，主体施工阶段向上爬升，装修阶段下降。

(1) 脚手架布置。

1) 平面布置：根据建筑物的外轮廓形状，每隔4m左右布置一道爬架片，每2～5片构成一个爬升单元，共布置36片爬架，10个爬升单元。施工状态下，各爬升单元之间用钢管临时扣接，以增强整体稳定性，爬升前拆除此连接，待爬升就位后再按原样连接。沿建筑物四周脚手架道路应畅通，不得将脚手架作为堆载场所。

2) 立面布置：每片爬架通过4个螺栓固定在附着于剪力墙或阳台梁的支座上，每片爬架由大、小两片爬架套接组成，大爬架又称固定架，高11.1m由ϕ48×3.5钢管焊接而成，在其下部内侧设有两个附墙支座，在主管与横管相交部位加焊短斜管加强。小爬架又称活动架，其主杆用ϕ63.5×4无缝钢管焊成，套在固定架上部立杆外，横管仍采用ϕ48×3.5钢管，小爬架内侧立杆，上部焊有两个附墙支座。活动架可沿大爬架立杆上下运动。爬架间由大横杆、安全栏杆及外侧剪刀撑等构成爬升单元，大、小爬架共构成7步脚手架，每步架高约1.7m，每步架铺设4根脚手钢管，上铺竹笆片，形成连续通道，外侧扣接钢管作为防护栏杆并附设剪刀撑，再用竹笆片和两层安全网封闭。

(2) 脚手架安装。爬架片的位置按平面布置图确定，预留孔尺寸必须符合设计图纸要求，上下用线锤吊正，水平采用钢尺抄平，预留孔采用ϕ40钢管埋没，混凝土浇筑后要清孔，孔洞位置误差不超过10mm。

脚手架安装步骤如下：

1) 脚手架安装在塔吊配合下按脚手架平面布置图进行，先将每一爬升单元的脚手杆件连接件运送到安装部位的楼层上，对号入座。

2) 在爬架底部搭设普通脚手架作为安装人员落脚及材料堆放场地。

3）先安装附着在结构上（墙上或阳台梁上）的支座，用穿墙螺栓将其固定在墙上或阳台梁上，然后安装大爬架，待其校正后加以固定，最后固定小爬架。爬架安装完成后，用扣件连接最下一步的横向脚手钢管及安全栏杆，铺上竹笆片，爬架与墙间隙处用脚手板封严。

4）在底步架安装完毕的基础上，向上依次完成各步架的安装工作。对十多片爬架组成的组合爬升单元，各步架应保持标高一致。

5）对每个爬升单元，在其外侧附设剪刀撑增强整体性。在脚手架外侧架设 20mm×20mm 密眼安全网。校正整个架子的垂直度与平整度，紧固所有螺栓，做好验收记录及螺栓接口处的加油、绑扎、养护工作。

6）阳台部分的爬架固定在阳台梁上，阳台下应附设三角支架对阳台进行加固。

7）在正常施工状态下，爬升单元间要临时连成整体，脚手钢管，栏杆接头处用扣件连接，竹笆片要满铺，不得出现没有栏杆防护的区段。沿主体结构高度方向，每隔 4 层应布设一道水平安全网。

（3）脚手架爬升与下降。脚手架爬升时，所爬楼层的墙体混凝土强度应达到 10MPa 以上，且外墙模板、梁模板均已拆除。爬升前先拆除爬升单元之间的连接管，检查、修正上一层预留孔，安装墙上（或梁上）支座，做好爬升准备。

脚手架爬升程序如下：

1）爬升小爬架。在大爬架最上排横梁的吊耳上挂 3t 手拉葫芦，钩住小爬架上吊耳拉紧链条，确认其受力可靠。再松开小爬架两支座处的螺栓，在同一爬升单元的小爬架均被松开后由一名工人统一、指挥同步拉升手拉葫芦，使整个爬升单元的小爬架平行向上滑升，到位后立即固定小爬架支座。确认小爬架全部固定完毕，拆除手拉葫芦。

2）爬升大爬架。将手拉葫芦拴于小爬架下吊耳上，钩住大爬架下部的吊耳，拉紧链条松开大爬架两支座处的螺栓，在统一指挥下，同步拉升同一爬升单元的大爬架平行向上滑升。待其到位后，立即固定大爬架支座。

3）连接。待所有爬架均到位固定后，将临时拆除的脚手管、栏杆、封底脚手板等安装上去。经验收合格后即可开始使用。

脚手架下降程序同爬升程序相反，先降大爬架，后降小爬架。要注意的是：下降时应将墙或梁上的预留孔修补好，外墙面所有工作均在脚手架下降前完成。

（4）脚手架拆除。拆除时设置警戒区，由专人监护，统一指挥。先清理脚手架上的杂物，然后自上而下分步拆除，严禁从空中抛掷拆下的钢管、扣件、竹笆片等，最后用塔吊将爬架片吊离墙面。

拆除后的爬架片要及时清理整修，检查焊缝、几何尺寸，给能继续使用的爬架片涂刷一层防锈漆，并做好保养工作。运输与堆放时应设置地楞，防止架子变形。

六、工程测量控制

1. 定位放线

根据建设单位提供的基准点，将主控轴线引测至基坑开挖范围以外，打设 8 根龙门桩（或木桩），为了确保桩点不位移，用混凝土将其四周固定，并砌砖墩加以保护，轴线引测采用“外控内测”法。

±0.00 以下部分按主控轴线点，用经纬仪将主控轴线引测至地下室楼层上。再据此放测其他轴线。

±0.00以上采用天底垂准法结合吊锤线法引测主控轴线，其他轴线采用经纬仪通过主控轴线测放。

天底垂准法的施测程序如下：

1）确定底层控制点位置和相应各层上的俯视孔（一般孔径或边长为150mm）。

2）将目标分划板置于底层控制点上，使其中心与控制点标志的中心重合。开启目标分划板上的附属照明设备。

3）在俯视孔位置上安置仪器并将基准点对中。

4）当垂准点标定在所测定楼层面十字丝目标上后，用墨线弹在俯视孔边上。

5）利用标出来的楼层上的十字丝作为测站，即可测角放样，测设各条轴线。

在天底垂准法测量的同时，采用吊线锤法进行校核，采用钢丝悬吊的15kg线锤，通过俯视孔检查复核测放的轴线点，为防止风力影响，在下层设立防风板。

2. 高程传递

将建设单位提供的水准点绝对标高引测到本工程附近的永久性建筑物上，标出本工程-2.00m的标高，用红漆作成明显的标志，作为本工程的标高引测点。±0.00以下标高的引测采用水准仪从引测点间基坑内引测。±0.00以上在每层对角设两个高程控制点，各层标高均用钢尺丈量上引、再用水准仪校核找平，使整个楼面处于同一水平面上。另外，每层应及时弹出楼面向上1m的水平线，并用红漆标注其相对标高值，便于内、外装修及设备安装时使用。

3. 变形观测

(1) 沉降观测。在本工程建筑物四周每边设3～4个沉降观测点，配备一台专用水准仪，进行建筑物沉降观测，在垫层及每层地下室均设置临时沉降观测点，至±0.00后在底层埋设永久性观测点，一般每施工一层，进行一次复测，直至竣工。竣工后第一年内测四次，第二年内测二次，第三年及以后每年测一次，直至沉降稳定为止。

(2) 位移观测。对基坑支护结构，在基坑开挖前应在支护桩顶设置位移观测点，监测支护桩在基坑开挖及地下结构施工阶段的桩顶水平位移，以保证支护结构安全使用。

七、装饰工程施工方案

装饰工程工程量大且质量要求高，为达到优质工程目标，应把好装饰工程质量关。为此全体施工人员必须高度重视。首先注意土建与设备安装的配合，装饰工程特别要注意克服平日施工中的质量通病，要求以样板间为标准。即在装饰工程正式开始施工前先施工一个套间，经检验达到优质标准，并请设计院、建设单位、监理单位认可后，可以此样板间为标准，施工中凡质量达不到样板间要求的，立即返工。用样板间来统一整个装饰工程的质量标准和操作方法，以确保装饰工程全部达到优良标准。

本工程外装饰工程施工安排在主体结构完成后进行。内装饰施工随主体结构施工跟进施工，与主体结构形成立体交叉作业。室外装饰由上而下施工，室内装饰由下而上施工。

1. 室内装饰工程施工

内装饰的主要施工程序如图5-16所示。

2. 室外装饰工程施工

外装饰工程施工程序如图5-17所示。

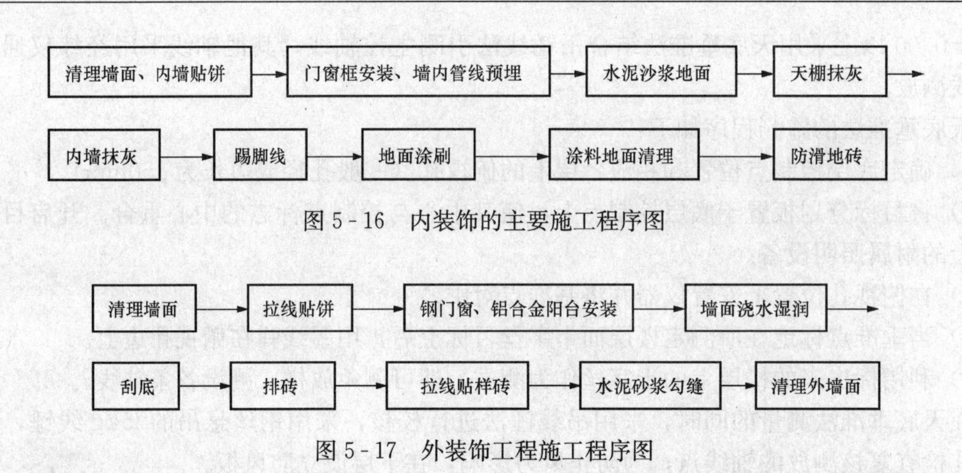

图 5-16 内装饰的主要施工程序图

图 5-17 外装饰工程施工程序图

八、施工进度计划

本工程开工时间为 2003 年 2 月 8 日，预计供气 24 个月（不含桩基工程）。根据工期要求编制施工进度计划如图 5-18 所示。

九、质量、安全保证措施

（1）质量保证措施。保证措施如下：

1）本工程实行项目工程管理，以项目经理为龙头，建立完善的质量管理体系，实行全面质量管理。

2）推行施工质量管理责权制，各阶段施工前严格执行技术交底制度，施工中加强技术复核，自检互检，将事故隐患消灭在萌芽状态。

3）加强对原材料的检验复试工作，设立专职材料员，检查进场的钢筋、水泥等材料的质保资料是否齐全，并及时送验复试。做好混凝土配合比设计，按施工与规范要求留试块，并做好送验工作。

4）坚持隐蔽工程验收制度，做好施工测量工作，确保轴线位置、标高等的准确性。

5）认真做好施工过程中的技术资料的收集工作，及时整理、汇编，保持与工程进度同步。定期进行建筑物的沉降，位移观测，并做好记录、整理工作。

6）加强成品的保护管理，做好工种工序、土建、安装间的交接手续，严格按程序施工。

（2）安全生产措施。

1）职工教育方面。

a. 教育职工自觉遵守纪律和安全生产规章制度，不违章作业，并有权拒绝任何人的违章指挥。

b. 组织职工认真学习安全操作规程，增强安全意识和相互保护意识，经常开展安全教育。

c. 教育职工自觉服从安检人员的安全监督管理，及时纠正违章现象。

d. 教育职工正确使用劳保用品及安全设备，不得随意拆除装置、设施，保养好自己使用的机械设备。

2）操作方面。

a. 主体施工阶段，建筑物外围四周，电梯井口，较大预留洞口等部位，均必须设置防护设施，模板、脚手板、操作平台上的堆放材料等，要分散堆好，不得超载，杂物应及时清理。

顺序	分项工程名称	2003年											2004年												2005年
		2月	3月	4月	5月	6月	7月	8月	9月	10月	11月	12月	1月	2月	3月	4月	5月	6月	7月	8月	9月	10月	11月	12月	1月
		102030	102030	102030	102030	102030	102030	102030	102030	102030	102030	102030	102030	102030	102030	102030	102030	102030	102030	102030	102030	102030	102030	102030	102030
1	支护结构																								
2	基础工程																								
3	地下室																								
4	上部结构施工																								
5	砌体工程																								
6	门窗工程																								
7	内粉刷																								
8	楼地面																								
9	屋面工程																								
10	外装饰																								
11	水电安装																								
12	涂料油漆																								
13	室外工程																								
14	竣工验收																								

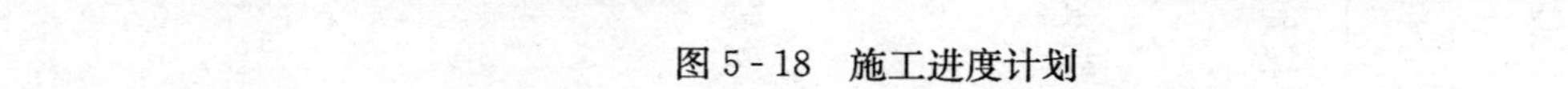

图 5-18　施工进度计划

b. 禁止在无隔离措施情况下，上下同时操作。禁止非施工人员进入施工现场。

c. 焊接、切割等工作要选择好安全地点，留有足够的安全距离，使用氯气、乙炔气时要注意防震、防碰撞、防暴晒。

d. 做好雷雨季节防雷击、夏季高温季节防暑降温、冬季施工防寒、防冻、防滑工作。

e. 拆除模板坚持谁支谁拆，先支后拆的原则，拆下的模板应及时清理整洁，不得乱抛乱扔，不得有朝天钉，在人行道口必须拉好警戒，并派专人负责。

f. 施工人员不得在吊钩下停留，要正确使用“安全三宝”。

3）机械施工方面。

a. 塔吊大臂旋转必须在规定范围内，尤其在负重时，不准伸出规定范围以外，严禁在工地临时设施上空经过。

b. 在塔吊塔顶和大臂端头各设一个避雷针，引地下线应可靠接地。

c. 各种机械应坚持定人定机，持证上岗，禁止无证上岗、无证驾驶、无证操作。

d. 机械设备应定期保养，不得带病运转，机械设备的防护罩（棚）应安全可靠，接零接地良好，并应配备二级保护装置。

4）防火措施。

a. 对进场职工进行防火安全教育，建立现场防火组织，制定相应的防火措施，在重点防火部位（木工房、油漆仓库等）设置足够数量的灭火器、消防桶等。

b. 在走道等明显位置上每隔三层配备一定数量的灭火器。

c. 现场内禁止吸烟，易燃易爆品应有专人保管、使用。

（3）施工现场文明施工措施。

1）施工现场应经常保持整洁卫生，道路平整、坚实、畅通，有排水措施，专人负责管理。

2）临时休息室内外应保持整洁有序，无污水、污物，场上垃圾集中堆放，及时清理。

3）进入施工现场的材料，按规格品种，分类堆放整齐。

4）做好施工现场质量、安全宣传标语和七牌一图的设置工作，格式规格统一。

5）划分施工现场卫生包干区，责任要求明确，定期检查，评比。

思　考　题

1. 单位工程施工组织设计编制的依据及程序有哪些？
2. 单位工程施工组织设计包括哪些内容？它们之间有什么关系？
3. 施工方案设计的内容有哪些？为什么说施工方案是施工组织设计的核心？
4. 如何确定单位工程的施工流向和施工顺序？
5. 试述多层砖混结构建筑的施工顺序。
6. 试述装配式单层工业厂房的施工顺序。
7. 试述单位工程施工进度计划的作用、编制依据和步骤。
8. 如何初排施工进度计划？怎样进行施工进度计划的检查和调整？
9. 试述施工平面图的作用和内容。
10. 施工平面图设计的基本原则是什么？

11. 试述施工平面图的设计步骤。
12. 试述塔式起重机的布置要求。
13. 搅拌机布置与砂、石、水泥库的布置有何关系？
14. 试述施工道路布置的要求。
15. 试述临时供水、供电设施布置的要求。

第六章　建筑工程施工组织总设计

学习要点

熟悉施工组织总设计的作用、编制依据和程序；掌握施工部署和施工方案、施工总进度计划、施工总平面图；了解资源总需要量计划的编制。

施工组织总设计是以建设项目或民用建筑群体为对象编制的，以批准的初步设计或扩大初步设计和有关文件资料编制的，用以指导施工单位进行全场性的施工准备和有计划地运用各种物资资源，安排工程综合施工活动的技术经济文件。施工组织总设计的主要内容包括：工程概况、施工部署和主要建筑施工方案、施工总进度计划、资源需要量计划、施工总平面图、技术经济指标等。

第一节　施工组织总设计的作用、编制依据和程序

一、施工组织总设计的作用

（1）为施工企业编制施工计划和单位工程施工组织设计提供依据；

（2）为组织劳动力、技术和物资资源提供依据；

（3）对整个建设项目的施工做出全面的安排部署；

（4）为施工准备工作提供条件；

（5）为建设单位主管机关或施工单位主管机关编制基本建设计划提供依据；

（6）为施工企业实现企业科学管理，保证最优完成施工任务提供条件。

二、编制施工组织总设计的依据

（1）初步设计或扩大初步设计，设计说明书，可行性研究报告；

（2）国家或上级的指示和工程合同等文件，如要求交付使用的期限，推广新结构、新技术以及有关的先进技术经济指标等；

（3）有关定额和指标，如概算指标、扩大结构定额、万元指标或类似建筑所需消耗的劳动力、材料和工期等指标；

（4）施工中可能配备的人力、机具装备，以及施工准备工作中所取得的有关建设地区的自然条件和技术经济条件等资料；如有关气象、地质、水文、资源供应、运输能力等；

（5）有关规范、建设政策法令、类似工程项目建设的经验资料。

三、施工组织总设计的编制程序

施工组织总设计的编制程序，如图 6 - 1 所示。

第二节　工　程　概　况

工程概况是对建设项目的总说明、总分析，是对拟建建设项目或建筑群所作的一个简单

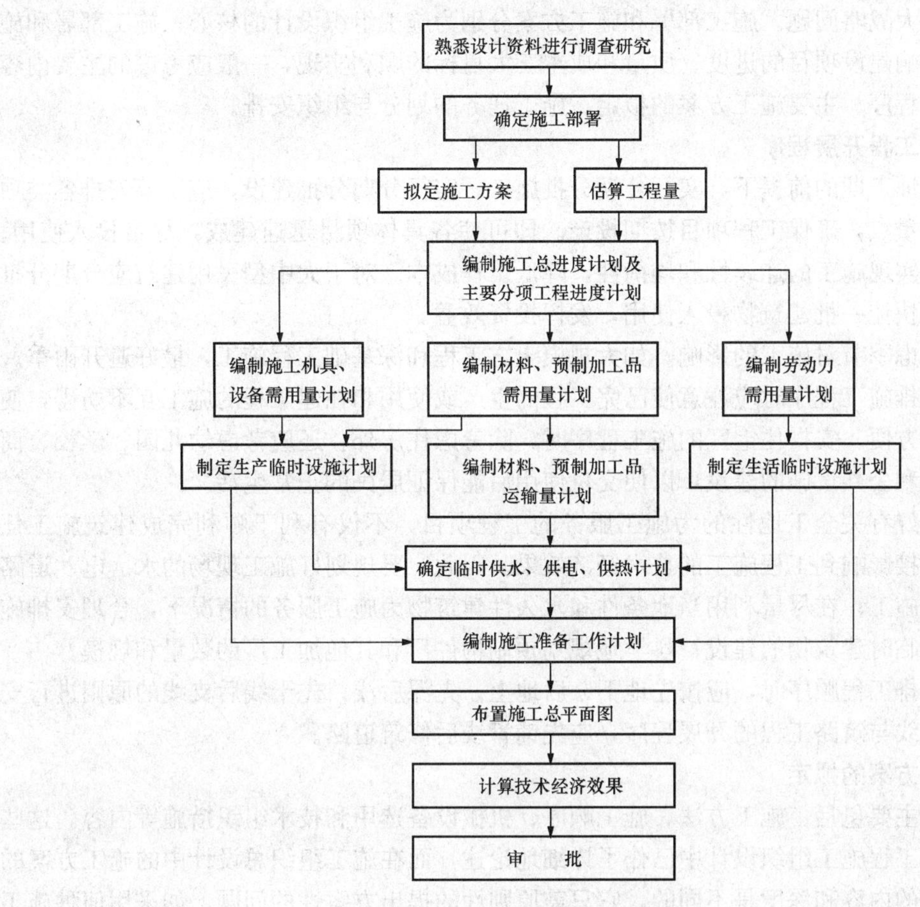

图 6-1　施工组织总设计编制程序

扼要、突出重点的文字介绍。一般包括下列内容：

1. 建设项目内容

包括：工程项目、工程性质、建设地点、建设规模、总期限、分期分批投入使用的工程项目和工期、总占地面积、建筑面积、主要工种工程量；设备安装及其吨数；总投资、建筑安装工作量、工厂区和居住区的工作量；建筑结构类型、新技术的复杂程度等。

2. 建设地区特征

主要包括：建设地区的自然条件和技术经济条件，如气象、水文、地质情况；能为该建设项目服务的施工单位、人力、机具、设备情况；工程的材料来源、供应情况；建筑构件的生产能力、交通情况及当地能提供给工程施工用的人力、水、电、建筑物情况。

3. 施工条件

施工项目对施工企业的要求，选定施工企业时，对其施工能力、技术装备水平、管理水平、主要材料、特殊物资供应情况、市场竞争能力和各项技术经济指标的完成情况等进行分析。

第三节　施工部署和施工方案

施工部署是对整个建设项目的施工全局做出的统筹规划和全局安排。主要解决影响建设项目全局的重大战略问题。施工部署和施工方案分别为施工组织设计的核心；施工部署和施工方案直接影响建设项目的进度、质量和成本三大目标的顺利实现，一般应考虑的主要内容有：工程开展程序、主要施工方案的拟定、施工任务的划分与组织安排。

一、确定工程开展程序

(1) 在保证工期的前提下，实行分期分批施工。实行分期分批建设，应统筹安排各类项目施工，保证重点，确保工程项目按期投产。即可使各具体项目迅速建成，尽量投入使用；又可在全局上实现施工的连续性和均衡性，降低工程成本。对于大中型民用建筑应分期分批建成，以便尽快让一批建筑物投入使用，发挥投资效益。

(2) 要考虑季节对施工的影响。如大规模土方工程和深基础工程施工，最好避开雨季。

(3) 在安排施工程序时应注意使已完工程的生产或使用和在建工程的施工互不妨碍，使生产、施工两方便。安排住宅区的施工程序时，除考虑住房外，还应考虑幼儿园、学校、商店和其他生活和公共设施的建设，以便交付使用后能保证居民的正常生活。

(4) 规划好有关全工地性的为施工服务的工程项目，不仅有利于顺利完成建筑施工任务，而且也直接影响到工程施工的技术经济效果。因此，要规划好施工现场的水、电、道路和场地平整的施工；在尽量利用当地条件和永久性建筑物为施工服务的情况下，合理安排施工和生活用的临时建筑物的建设；科学地规划预制构件厂和其他加工厂的数量和规模。

(5) 在安排工程顺序时，应按先地下、后地上；先深后浅；先干线后支线的原则进行安排。如地下管线与筑路工程的开展程序，应先铺管线后修筑道路。

二、施工方案的拟定

施工方案主要包括：施工方法、施工顺序、机械设备选用和技术组织措施等内容。这些内容，在单位工程施工组织设计中已作了详细地论述，而在施工组织总设计中的施工方案的拟定与其要求的内容和深度是不同的，它只需原则性的提出方案性的问题，如采用何种施工方法；构件吊装采用何种机械等。

对施工方法的确定要兼顾工艺技术的先进性和经济上的合理性；对施工机械的选择，应使主导机械的性能既能满足工程的需要，又能发挥其效能，在各个工程上能够实现综合流水作业，减少其拆、装、运的次数；对于辅助配套机械，其性能应与主导施工机械相适应，以充分发挥主导施工机械的工作效率。

三、施工任务的划分与组织安排

实现建设顺序的规划，必须明确划分参与这个建设项目的各施工单位和职能部门的任务，确定综合和专业化组织的相互配合；划分施工阶段，明确各单位分期分批的主攻项目和穿插项目，做出战役组织的决定。

第四节 施工总进度计划

根据建设项目的综合计划要求和施工条件，以拟建工程的投产和交付使用时间为目标，按照合理的施工顺序和日程安排的工程施工计划，称为施工总进度计划。

施工总进度计划的编制是根据施工部署对各项工程的施工做出时间上的安排。施工总进度计划的作用在于确定各单位工程、准备工程和全工地性工程的施工期限及其开竣工日期，确定各项工程施工的衔接关系。从而确定建筑工地上的劳动力、材料、半成品、成品的需要量和调配情况；附属生产企业的生产能力；建筑职工居住房屋的面积；仓库和堆场的面积；供水、供电和其他动力的数量等。

施工进度计划是施工组织设计中的主要内容，也是现场施工管理的中心内容。如果施工进度计划编制得不合理，将导致人力、物力的运用不均衡，延误工期，甚至还会影响工程质量和施工安全。因此，正确的编制施工总进度计划是保证各项工程以及整个建设项目按期交付使用、充分发挥投资效果、降低建筑工程成本的重要条件。

施工总进度计划根据合理安排施工顺序，保证在劳动力、物资、资金消耗量最少的情况下，按期完成施工任务；并且采用合理施工组织方法，使建设项目施工连续、均衡。施工总进度计划的编制步骤如下：

1. 计算各单位工程以及全工地性工程的工程量

按初步设计（或扩大初步设计）图纸并根据定额手册或有关资料计算工程量。可根据下列定额、资料选取一种进行计算：

（1）万元、十万元投资工程量、劳动力及材料消耗扩大指标。在这种定额中，规定了某一种结构类型建筑，每万元或十万元投资中劳动力、主要材料等消耗数量。对照设计图纸中的结构类型，即可求得拟建工程分项需要的劳动力和主要材料消耗数量。

（2）概算指标或扩大结构定额。这两种定额都是在预算定额基础上的进一步扩大。概算指标是以建筑物每 $100m^3$ 体积为单位；扩大结构定额则以每 $100m^2$ 建筑面积为单位。查定额时，首先查阅与本建筑物结构类型、跨度、高度相类似的部分；然后查出这种建筑物按定额单位所需的劳动力和各项主要建筑材料的消耗数量；从而便可求得拟计算建筑物所需的劳动力和材料的消耗数量。

（3）标准设计或已建成的类似建筑物。在缺乏上述几种定额的情况下，可采用标准设计或已建成的类似建筑物实际所消耗的劳动力及材料，加以类推，按比例估算。但是和拟建工程完全相同的已建工程是比较少见的，因此在采用已建成工程的资料时，可根据设计图纸与预算定额予以折算调整。

这种折算调整后的消耗指标都是各单位多年积累的经验数字，实际工作中常采用这种方法计算。

除房屋外，还必须计算主要的全工地性工程的工程量，例如平整场地的工程量，铁路、道路和地下管线的长度等，这些可以根据建筑总平面图来计算。

将按上述方法计算出的工程量填入统一的工程量汇总表中。

2. 确定各单位工程的施工期限

建筑物的施工期限，随着各施工单位的机械化程度、施工技术和施工管理的水平、劳动力和材料供应情况等不同，而有很大差别。因此，应根据各施工单位的具体条件，并考虑建筑物的类型、结构特征、体积大小和现场环境等因素加以确定。此外，也可参考有关的工期定额来确定各单位工程的施工期限。工期定额是根据我国有关部门多年来的建设经验，在调查统计的基础上，经分析对比后制定的，是签订承发包合同和确定工期目标的依据。

3. 确定各单位工程的开竣工时间和相互衔接关系

在施工部署中已确定了总的施工程序、各生产系统的控制期限及搭接时间，但对每一单位工程具体在何时开工，何时完工，尚未具体确定。经过对各主要建筑物的工期进行分析，确定了各主要建筑物的施工期限之后，就可以进一步安排各建筑物的搭接施工时间；安排各建筑物的开竣工时间和衔接关系时，应考虑以下因素：

（1）保证重点，兼顾一般　在安排进度时，要分清主次，抓住重点，同一时期开工的项目不宜过多，以免分散有限的人力、物力。根据施工总体方案的要求分期分批安排施工项目。

（2）力求做到连续、均衡的施工要求　安排进度时，应考虑在工程项目之间组织大流水施工，从而使各工种施工人员、施工机械在全工地内连续施工，同时使劳动力、施工机具和物资消耗量在全工地上达到均衡，避免出现突出的高峰和低谷，以利于劳动力的调度和原材料供应。另外，宜确定适量的调剂工程项目（如办公楼、宿舍、附属或辅助车间等），穿插在主要项目的流水中，以便保证在重点工程项目的前提下更好地实现均衡施工。

（3）全面考虑各种条件限制　在确定各工程项目的施工顺序时，还应考虑各种客观条件的限制，如施工企业的施工力量，各种原材料、构件、设备的到货情况，设计单位提供图纸的时间，各年度建设投资数量等。充分估计这些情况，以使每个施工项目的施工准备、土建施工、设备安装和试生产的时间能合理衔接。同时，由于建筑施工受季节、环境影响较大，因此经常会对某些项目的施工时间提出具体要求，从而对施工的时间和顺序安排产生影响。

4. 编制施工总进度计划

首先根据各施工项目的工期与搭接时间，编制初步进度计划；其次按照流水施工与综合平衡的要求，调整进度计划；最后绘制施工总进度计划见表 6 - 1。

表 6 - 1　　施工总进度计划

序号	工程名称	建筑指标		设备安装指标	工程造价	施工天数	进度计划							
							第一年（月）				第二年（季）			
		单位	数量				Ⅰ	Ⅱ	Ⅲ	Ⅳ	Ⅰ	Ⅱ	Ⅲ	Ⅳ

由于施工总进度计划的主要作用是控制每个建筑物或构筑物工期的范围。因此，计划不宜制定得过细。

第五节　资源需要量计划

施工总进度计划编制完成后，以其为依据编制下列各种资源需要量计划。

一、劳动力需要量计划

劳动力需要量计划是规划临时设施和组织劳动力进场的基本依据。它是按照总进度计划中确定的各项工程主要工种工程量，先查概（预）算定额或有关资料求出各项工程主要工种的劳动力需要量，再将各项工程所需的主要工种的劳动力汇总，最后得出整个建筑工程劳动力需要量计划。按总进度计划，在纵坐标方向将各个建筑同工种的人数叠加起来形成某工种劳动力曲线图。汇总表格形式如表 6 - 2 所示。

二、构件、半成品及主要建筑材料需要量计划

根据工种工程量汇总表所列各建筑物的工程量，查万元定额或概算指标等有关资料，便可得出各建筑物所需的建筑材料、半成品和构件的需要量。然后再根据总进度计划表，大致估计出某些建筑材料在某季度内的需要量，从而编制出建筑材料、半成品和构件的需要量计划。表 6 - 3 所示为建设项目土建工程所需构件、半成品及主要建筑材料汇总表，有了各种物资需要量计划，材料部门及有关加工厂便可据此准备所需的建筑材料、半成品和构件，并

及时组织供应。

表 6-2　　建设项目土建施工劳动力汇总表

序号	工种名称	劳动量（工日）	工业建筑及全工地性工程							居住建筑		仓库、加工厂等临时建筑	20××年				20××年			
			工业建筑			铁道	铁路	上下水道	电气工程	永久性	临时性		一	二	三	四	一	二	三	四
			主厂房	辅助	附属															
	钢筋工																			
	木工																			
	混凝土工																			
	瓦工																			

表 6-3　　构件、半成品及主要建筑材料需要量计划表

序号	类别	构件、半成品及主要材料名称	单位	总计	运输线路	上下水工程	电气工程	工业建筑		居住建筑		其他临建工程	需要量计划							
													20××年				20××年			
								主要	辅助	永久性	临时性		一	二	三	四	一	二	三	四
	构件及半成品	钢筋																		
		混凝土及钢筋混凝土																		
		木结构、梁、楼板、屋架等工程																		
		钢结构																		
		模板																		
		灰浆																		
	主要建筑材料	石灰																		
		砖																		
		水泥																		
		圆木																		
		钢材																		
		碎石																		

三、主要机具需要量计划

主要施工机械需要量可按照施工部署、主要建筑物施工方案的要求，根据工程量和机械产量定额计算出。至于辅助机械，可根据万元定额或概算指标求得。施工机具、需要量计划除为组织机械供应需要外，还可作为施工用电量、选择变压器容量等的计算依据。表 6-4 为施工机具需要量汇总表。

表 6-4　　施工机具需要量汇总表

序号	机具设备名称	规格型号	电动机功率	数量				购置价值（千元）	使用时间	备注
				单位	需用	现有	不足			

第六节 临时设施工程

在工程开工之前，对施工现场各种生产条件的组织和筹划是施工组织设计的基本任务，其涉及面非常广泛，需要解决的问题也是十分复杂的。主要有：工地加工厂的组织，工地仓库组织，办公及福利设施组织，工地供水组织和工地供电组织。

一、生产加工企业的组织

为了提高建筑工业化水平，简化现场施工工艺，缩短施工时间，必须安排好与建筑施工相配套的各类生产、加工附属企业，保证施工机械物资的供应。若工程所在地已具有某些能为工程服务的原有企业，且生产加工能力满足工程建设需要，则不必再自行组织这方面的业务；若当地原有企业生产能力不足，则可追加部分投资，采取合资、联营等形式，充分利用社会资源，按经济法则运行。

建筑生产企业的类型主要有：混凝土搅拌站、砂浆搅拌站、钢筋混凝土构件预制厂、钢筋加工厂、木材加工厂、金属结构加工厂、施工机械维修厂，必要时还需组织地方材料的开采和加工企业等。

建筑工地生产企业的组织主要是根据工程所在地区的实际情况与工程施工的需要，首先确定需要设置的企业类型；然后再分别就各个不同企业逐一确定其生产规模、产品的品种、生产工艺、厂房的建筑面积、结构形式和厂址的布置，以及确定原材料和产品的储存、运输和装卸等问题。

建筑工地生产企业所需设备的数量要根据工程施工对某种产品的加工量来确定。在求得了对某种产品所需的日加工量后，即可根据生产工艺所要求的设备类型和其日生产率确定所需的各种设备数量。

建筑工地生产企业面积的大小，取决于设备的尺寸、工艺过程、建筑设计及保安与防火等的要求。通常可参考有关经验指标等资料加以确定。

建筑工地生产企业的厂房结构形式应根据地区条件和使用年限长短而定。

建筑工地附属生产企业所需的面积确定后，可根据建筑总平面图对各生产企业进行布置。其布置的内容应包括：原料仓库、厂房、成品仓库、内外运输系统及管理用房等。布置的原则应保证生产流水线在整个企业内不发生逆流现象，并尽可能减少运输线路的交叉；生产企业的位置应设在便于原料运进和成品运出的地方；在满足运输要求的条件下，使工地的运输费最少。布置时，必须遵守有关技术规范及定额的要求和规定（包括卫生、防火、劳动保护及安全技术）。

二、工地仓库的面积

1. 工地仓库类型和结构

建筑工程施工中所用仓库有：

（1）转运仓库。设在火车站、码头等货物转运地点的仓库，作为转运之用，使物资能做短时间的储存；

（2）中心仓库。用以储存整个企业、大型施工现场材料之用；根据情况不同可设在工地内，也可设在工地外；

（3）现场仓库。即为某一工程服务的仓库；

(4) 加工厂仓库。专供某加工厂储存原材料和已加工的半成品构件的仓库。

工地仓库结构按保管材料的方法不同可分为露天仓库、库棚和封闭库房。

2. 建筑材料储备量的确定

建筑工地仓库中材料储备的数量，既应保证工程连续施工需要，又要避免储备量过大，造成材料积压，使仓库面积扩大而投资增加。因此，应结合具体情况确定适当的材料储备量。一般对于施工场地狭小、运输方便的工地可少储存一些；对于加工周期长、运输不便、受季节影响的材料可多储存些。

对经常或连续使用的材料，如砖、瓦、砂、石、水泥、钢材等可按储备期计算，计算公式如下

$$P = T_c \frac{Q_i K_i}{T} \tag{6-1}$$

式中　P——材料的储备量，m^3，t 等；

T_c——储备期定额，天（见表 6-5）；

Q_i——材料、半成品等总的需要量；

T——有关项目的施工总工作日；

K_i——材料使用不均匀系数（见表 6-5）。

计算仓库工程有关系数见表 6-5。

3. 仓库面积的确定

确定某一种建筑材料的仓库面积，与该种建筑材料需储备的天数、材料的需要量以及仓库每平方米能储存的定额等因素有关。而储备天数又与材料的供应情况、运输能力以及气候等条件有关。因此，应结合具体情况确定最经济的仓库面积。

确定仓库面积时，必须将有效面积和辅助面积同时加以考虑。所谓有效面积，是材料本身占有的净面积，它是根据每平方米仓库面积的存放定额来决定的。辅助面积是考虑仓库中的走道以及装卸作业所必需的面积。仓库总面积一般可按下列公式计算

$$F = \frac{P}{qK} \tag{6-2}$$

式中　F——仓库总面积，m^2；

P——仓库材料储备量；

q——每平方米仓库面积能存放的材料、半成品和制品的数量；

K——仓库面积利用系数（考虑人行道和车道所占面积，见表 6-5）。

三、办公及生活临时设施的组织

工程建设期间，必须为施工人员修建一定数量供行政管理与生活福利用的建筑。这类建筑有以下几种：

(1) 行政管理和辅助生产用房。其中包括办公室、传达室、消防站、汽车库以及修理车间等；

(2) 居住用房。其中包括职工宿舍、招待所等；

(3) 生活福利用房，其中包括浴室、理发室、食堂、商店、邮局、银行、学校、托儿所等。

对行政管理与生活福利用临时建筑物的组织工作，一般有以下几个内容：

（1）计算施工期间使用这些临时建筑物的人数；

表 6-5 计算仓库工程有关系数

序号	材料及半成品	单位	储备天数 T_c	不均衡系数 K_i	每平方米储存定额 q	有效利用系数 k	仓库类别	备注
1	水泥	t	30～60	1.3～1.5	1.5～1.9	0.65	封闭库	堆高 10～12 袋
2	生石灰	t	30	1.1	1.7	0.7	棚	堆高 2m
3	砂子（人工堆放）	m^3	15～30	1.4	1.5	0.7	露天	堆高 1～1.5m
4	砂子（机械堆放）	m^3	15～30	1.4	2.5～3	0.8	露天	堆高 2.5～3m
5	石子（人工堆放）	m^3	15～30	1.5	1.5	0.7	露天	堆高 1～1.5m
6	石子（机械堆放）	m^3	15～30	1.5	2.5～3	0.8	露天	堆高 2.5～3m
7	块石	m^3	15～30	1.5	10	0.7	露天	堆高 1.0m
8	预制钢筋混凝土槽型板	m^3	30～60	1.3	0.26～0.3	0.6	露天	堆高 4 块
9	梁	m^3	30～60	1.3	0.8	0.6	露天	堆高 1.0～1.5m
10	柱	m^3	30～60	1.3	1.2	0.6	露天	堆高 1.2～1.5m
11	钢筋（直筋）	t	30～60	1.4	2.5	0.6	露天	占全部钢筋的80%，堆高 0.5m
12	钢筋（盘筋）	t	30～60	1.4	0.9	0.6	封闭库或棚	占全部钢筋的20%，堆高 1m
13	钢筋成品	t	10～20	1.5	0.07～0.1	0.6	露天	
14	型钢	t	45	1.4	1.5	0.6	露天	堆高 0.5m
15	金属结构	t	30	1.4	0.2～0.3	0.6	露天	
16	原木	m^3	30～60	1.4	1.3～1.5	0.6	露天	堆高 2m
17	成材	m^3	30～45	1.4	0.7～0.8	0.5	露天	堆高 1m
18	废木材	m^3	15～20	1.2	0.3～0.4	0.5	露天	废木料约占锯木量10%～15%
19	门窗扇	m^3	30	1.2	45	0.6	露天	堆高 2m
20	门窗框	m^3	30	1.2	20	0.6	露天	堆高 2m
21	木屋架	m^3	30	1.2	0.6	0.6	露天	
22	木模板	m^2	10～15	1.4	0.7	0.7	露天	
23	模板整理	m^2	10～15	1.2	0.65	0.65	露天	
24	砖	千块	15～30	1.2	0.7～0.8	0.6	露天	堆高 1.5～1.6m
25	泡沫混凝土制件	m^3	30	1.2	1	0.7	露天	堆高 1m

注 储备天数根据材料来源、供应季节、运输条件等确定。一般就地供应的材料取表中之低值，外地供应采用铁路运输或水运者取高值。现场加工企业供应的成品、半成品的储备天数取低值，工程处的独立核算加工企业供应者取高值。

（2）确定临时建筑物的修建项目及其建筑面积；

（3）选择临时建筑物的结构型式；

（4）临时建筑物位置的布置。

在考虑临时建筑物的数量前，先要确定使用这些房屋的人数。

在人数确定后，可计算临时建筑物所需的面积，计算公式如下

$$S = NP \tag{6-3}$$

式中　S——建筑面积，m^2；

N——人数；

P——建筑面积指标（见表6-6）。

尽量利用建设单位的生活基地和施工现场及其附近已有的建筑物，或提前修建可以利用的其他永久性建筑物为施工服务。对不足的部分再考虑修建一些临时建筑物。临时建筑物要按节约、适用、装拆方便的原则进行设计。要考虑当地的气候条件、施工工期的长短来确定建筑物的结构型式、有时，大型工业建设项目的施工年限较长，如采取分期分批施工和边建设边生产时，则基建进展到一定时期，建设单位的生产工人就可陆续进厂。因此，利用永久性的生活基地为土建施工长期服务的可能性很小。所以，当建设项目的建设年限在3～5年以上的工地，需要设置半永久性或永久性的基建生活基地。当基建工程完成后，基建队伍转移时，可以移交给建设单位或地方房管部门。表6-6所示为行政、生活福利临时设施建筑面积参考指标。

表6-6　　行政、生活福利临时设施建筑面积参考指标　　m^2/人

序号	临时房屋名称	指标使用方法	参考指标	序号	临时房屋名称	指标使用方法	参考指标
一	办公室	按使用人数	3～4	(3)	理发室	按高峰年平均人数	0.01～0.03
二	宿舍			(4)	俱乐部	按高峰年平均人数	0.10
(1)	单层通铺	按高峰年（季）平均人数	2.5～3.0	(5)	小卖部	按高峰年平均人数	0.03
(2)	双层床	（扣除不在工地住人数）	2.0～2.5	(6)	招待所	按高峰年平均人数	0.06
(3)	单层床	（扣除不在工地住人数）	3.5～4.0	(7)	托儿所	按高峰年平均人数	0.03～0.06
三	家属宿舍		16～25m^2/户	(8)	子弟学校	按高峰年平均人数	0.06～0.08
四	食堂	按高峰年平均人数	0.5～0.8	(9)	其他公用	按高峰年平均人数	0.05～0.10
	食堂兼礼堂	按高峰年平均人数	0.6～0.9	六	小型	按高峰年平均人数	
五	其他合计	按高峰年平均人数	0.5～0.6	(1)	开水房		10～40
(1)	医务所	按高峰年平均人数	0.05～0.07	(2)	厕所	按工地平均人数	0.02～0.07
(2)	浴室	按高峰年平均人数	0.07～0.1	(3)	工人休息室	按工地平均人数	0.15

四、建筑工地临时供水组织

为了满足建筑工地在生产上、生活上及消防上的用水需要，在建筑工地内应设置临时供水系统。

由于修建临时供水设施要消耗较多的投资，因此，在考虑工地供水系统时，必须充分利用永久性供水设施为施工服务。最好先建成永久性供水系统的主要构筑物，此时在工地仅需铺设某些局部的补充管网，即可满足供水需求。当永久性供水设施不能满足工地要求时，才设置临时供水设施。

建筑工地供水组织一般包括这些主要内容：计算整个工地及各个地段的用水量；选择供水水源；选择临时供水系统的配置方案；设计临时供水管网；设计各种供水构筑物和机械设备。

1. 供水量的确定

建筑工地的用水，包括生产（一般生产用水和施工机械用水）、生活和消防用水三个方面。其计算方法如下：

(1) 工程施工用水量 q_1 为

$$q_1=\frac{K_1\sum Q_1N_1K_2}{T_1b\times 8\times 3600} \tag{6-4}$$

式中 q_1——生产用水量，L/s；

Q_1——最大年（季）度工程量（以实物计量单位表示）；

N_1——施工用水定额（表 6-7）；

K_1——未预计的施工用水系数（1.05～1.15）；

T_1——年（季）度有效工作日；

K_2——用水不均衡系数（表 6-8）；

b——每日工作班数。

(2) 施工机械用水量 q_2 为

$$q_2=K_1\sum Q_2N_2\frac{K_3}{8\times 3600} \tag{6-5}$$

式中 q_2——施工机械用水量，L/s；

K_1——未预计施工用水系数（1.05～1.15）；

Q_2——同种机械台数，台；

N_2——施工机械用水定额。见表 6-9；

K_3——施工机械用水不均衡系数。见表 6-8。

(3) 施工现场生活用水量 q_3 为

$$q_3=\frac{P_1N_3K_4}{b\times 8\times 3600} \tag{6-6}$$

式中 q_3——施工现场生活用水量，L/s；

P_1——施工现场高峰期生活人数，人；

N_3——施工现场生活用水定额，视当地气候、工程而定，一般为 20－60L/(人·班)；

K_4——施工现场生活用水不均衡系数。见表 6-8；

b——每天工作班次，班。

表 6-7　　施工用水（N_1）参考定额

序　号	用水对象	单位	耗水量 N_1（L）	备　注
1	浇注混凝土全部用水	m^3	1700～2400	
2	搅拌普通混凝土	m^3	250	实测数据
3	搅拌轻质混凝土	m^3	300～350	
4	搅拌泡沫混凝土	m^3	300～400	
5	搅拌热混凝土	m^3	300～350	
6	混凝土养护（自然养护）	m^3	200～400	
7	混凝土养护（蒸汽养护）	m^3	500～700	
8	冲洗模板	m^2	5	
9	搅拌机清洗	台班	600	实测数据
10	人工冲洗石子	m^3	1000	
11	机械冲洗石子	m^3	600	
12	洗砂	m^3	1000	
13	砌砖工程全部用水	m^3	150～250	
14	砌石工程全部用水	m^3	50～80	
15	粉刷工程全部用水	m^2	30	
16	砌耐火砖砌体	m^3	100～150	包括砂浆搅拌
17	浇砖	千块	200～250	
18	浇硅酸盐砌块	m^3	300～350	
19	抹面	m^2	4～6	不包括调制用水
20	楼地面	m^2	190	找平层同
21	搅拌砂浆	m^2	300	
22	石灰消化	t	3000	

表 6-8　　施工机械用水不均衡系数（K_3）

	用水名称	系　数
K_2	施工工程用水	1.5
	生产企业用水	1.25
K_3	施工机械　运输机械	2.00
	动力机械	1.05～1.1
K_4	施工现场生活用水	1.30～1.50
K_5	居民区生活用水	2.00～2.50

（4）生活区生活用水量 q_4 为

$$q_4 = \frac{P_2 N_4 K_5}{24 \times 3600} \tag{6-7}$$

式中　q_4——生活区生活用水量，L/s；

P_2——生活区居民人数，人；

N_4——生活区昼夜全部用水定额，见表6-10；

K_5——生活区用水不均衡系数，见表6-8。

（5）消防用水量 q_5 可由表6-11中查出。

（6）总用水量Q。由于生活用水是经常性的，施工用水是间断性的，而消防用水又是偶然性的，因此，工地的总用水量Q并不是全部计算结果的总和，而按以下公式计算：

1）当 $(q_1+q_2+q_3+q_4) \leqslant q_5$ 时，则

$$Q = q_5 + \frac{1}{2}(q_1 + q_2 + q_3 + q_4) \tag{6-8}$$

2）当 $(q_1+q_2+q_3+q_4) > q_5$ 时，则

$$Q = q_1 + q_2 + q_3 + q_4 \tag{6-9}$$

3）当工地面积小于0.05km^2，并且 $(q_1+q_2+q_3+q_4) < q_5$ 时，则

$$Q = q_5 \tag{6-10}$$

最后计算的总用水量，还应增加10%，以补偿不可避免的水管渗漏损失。

表6-9　施工机械用水参考定额（N_2）

序号	用水对象	单　位	耗水量 N_2	备　注
1	内燃挖土机	(L/台)·m^2	200～300	以斗容量m^{3}计
2	内燃起重机	(L/台班)·t	15～18	以起重吨数计
3	蒸汽起重机	(L/台班)·t	300～400	以起重吨数计
4	蒸汽打桩机	(L/台班)·t	1000～1200	以锤重吨数计
5	蒸汽压路机	(L/台班)·t	100～150	以压路机吨数计
6	内燃压路机	(L/台班)·t	12～15	以压路机吨数计
7	拖拉机	(L/昼夜)·台	200～300	
8	汽车	(L/昼夜)·台	400～700	
9	标准轨蒸汽机车	(L/昼夜)·台	10 000～20 000	
10	窄轨蒸汽机车	(L/昼夜)·台	4000～7000	
11	空气压缩机	(L/台班)·(m^3/min)	40～80	以压缩机空气排气量m^3/min
12	内燃机动力装置（直流水）	(L/台班)·马力（0.735kW）	120～300	
13	内燃机动力装置（循环水）	(L/台班)·马力（0.735kW）	25～40	
14	锅驼机	(L/台班)·马力（0.735kW）	80～160	不利用凝结水
15	锅炉	(L/h)·t	1000	以小时蒸发量计
16	锅炉	(L/h)·t	15～30	以受热面积计
17	点焊机 25型	L/h	100	实测数据
	50型	L/h	150～200	实测数据
	75型	L/h	250～300	
18	冷拔机	L/h	300	
19	对焊机	L/h	300	
20	凿岩机 01—30（CM—56）	L/min	3	
	01—45（TN—4）	L/min	5	
	01—38（KIIM—4）	L/min	8	
	YQ—100	L/min	8～12	

表 6-10 生活区昼夜全部用水定额（N_4）

序号	用水对象	单位	耗水量 N_4
1	工地全部生活用水	L/(人·日)	100～200
2	生活用水（盥洗生活用水）	L/(人·日)	25～30
3	食堂	L/(人·日)	15～20
4	浴室（淋浴）	L/(人·次)	50
5	淋浴带大池	L/(人·次)	30～50
6	洗衣	L/人	30～35
7	理发室	L/(人·次)	15
8	小学校	L/(人·日)	12～15
9	幼儿园 托儿所	L/(人·日)	75～90
10	医院	L/(病床·日)	100～150

表 6-11 施工现场消防用水量

序号	用水名称	火灾同时发生次数	单位	用水量
1	居民区消防用水			
	5000 人以内	一次	L/s	10
	10 000 人以内	二次	L/s	10～15
	25 000 人以内	三次	L/s	15～20
2	施工现场消防用水			
	施工现场在工 1/4km^2 以内	一次	L/s	10～15
	每增加 1/4km^2 递增	一次	L/s	5

2. 选择水源

建筑工地临时供水水源，有供水管道和天然水源两种。应尽可能利用现场附近已有供水管道，只有在工地附近没有现成的供水管道或现成给水管道无法使用以及给水管道供水量难以满足使用要求时，才使用江河、水库、泉水、井水等天然水源。应根据下列情况确定水源：

(1) 利用现成的城市给水或工业给水系统。此时需注意其供水能力能否满足最大用水量，如果不能满足，则可利用一部分作为生活用水，而生产用水则利用地面水或地下水，这样可减少或不建临时给水系统。

(2) 在新开辟地区没有现成的给水系统时，应尽量先修建永久性的给水系统，至少是供水的外部中心设施，如水泵站、净化站、升压站以及主要干线等。但应注意某些类型的工业企业，在部分车间投产后，可能耗水量很大，不易同时满足施工用水和部分车间生产用水。因此，必须事先做出充分的估计，采取措施，以免影响施工用水。

(3) 当没有现成的给水系统，而永久性给水系统又不能提前完成时，必须设立临时性给水系统。但是，临时给水系统的设计也应注意与永久性给水系统相适应，例如管网的布置可以利用永久性给水系统。

3. 确定供水系统

临时供水系统可由取水设施、净水设施、贮水构筑物（水塔或蓄水池）、输水管和配水管线综合而成。

（1）确定取水设施。取水设施一般由进水装置、进水管和水泵组成。取水口距河底（或井底）一般0.25～0.9m，与冰层下表面的距离不得小于0.25m。给水工程所用水泵有离心泵、隔膜泵及活塞泵三种。所选用的水泵应具有足够的抽水能力和扬程。水泵应具有扬程，按下列公式计算：

1）将水送至水塔时的扬程为

$$H_p = (Z_t - Z_p) + H_t + a + h + h_s \quad (6-11)$$

$$h = h_1 + h_2$$

$$h_1 = iL$$

式中 H_p——水泵所需扬程，m；

Z_t——水塔处的地面标高，m；

Z_p——泵轴中线的标高，m；

H_t——水塔高度，m；

a——水塔的水箱高度，m；

h——从泵站到水塔间的水头损失，m；

h_1——沿程水头损失，m；

h_2——局部水头损失，m；

i——单位管长水头损失，mm/m；

h_s——水泵的吸水高度，m。

2）将水直接送到用户时其扬程为

$$H_p = (Z_y - Z_p) + H_y + h + h_s \quad (6-12)$$

式中 Z_y——供水对象的最大标高；

H_y——供水对象最大标高处必须具有的自由水头，一般为8～10m；

h——水头损失，m。

（2）确定储水构筑物。一般有水池、水塔或水箱。在临时供水时，如水泵房不能连续抽水，则需设置储水构筑物。其容量以每小时消防用水决定，但不得少于10～20m³。储水构筑物（水塔）高度与供水范围、供水对象位置及水塔本身的位置有关，可用下式确定

$$H_t = (Z_y - Z_t) + H_y + h \quad (6-13)$$

式中符号意义同式（6-12）。

（3）确定供水管径。在计算出工地的总需水量后，可计算出管径，公式如下

$$D = \sqrt{\frac{4Q \times 1000}{\pi v}} \quad (6-14)$$

式中 D——配水管内径，mm；

Q——用水量，L/s；

v——管网中水的流速，m/s，见表6-12。

表 6-12　　临时水管经济流速表

序号	管　径	流　速（m/s）	
		正常时间	消防时间
1	支管 $D<0.01$m	2	
2	生产消防管道 $D=0.1$m～0.3m	1.3	>3.0
3	生产消防管道 $D>0.3$m	1.5～1.7	2.5
4	生产用水管道 $D>0.3$m	1.5～2.5	3.0

（4）选择管材。临时给水管道，根据管道尺寸和压力大小进行选择，一般干管为钢管或铸铁管，支管为钢管。

五、建筑工地供电业务组织

建筑工地临时供电组织包括：计算用电总量、选择电源、确定变压器、确定导线截面面积并布置配电线路。

1. 工地用电量计算

施工现场用电量大体上可分为动力用电和照明用电两类。在计算用电量时，应考虑以下几点：

（1）全工地使用的电力机械设备、电气工具和照明的用电功率；

（2）施工总进度计划中，施工高峰期同时用电的机械设备最大数量；

（3）各种电力机械设备的利用情况。

总用电量可按下式计算

$$P=1.05\sim1.1\left(K_1\frac{\sum P_1}{\cos\alpha}+K_2\sum P_2+K_3\sum P_3+K_4\sum P_4\right) \tag{6-15}$$

式中　P——供电设备总需要容量，kVA；

P_1——电动机额定功率，kW；

P_2——电焊机额定容量，kVA；

P_3——室内照明容量，kW；

P_4——室外照明容量，kW；

$\cos\alpha$——电动机的平均功率因数（施工现场最高为 0.75～0.78，一般为 0.65～0.75）；

K_1、K_2、K_3、K_4——需要系数，见表 6-13。

2. 电源选择

工地临时用电电源通常有以下几种情况：

（1）完全由工地附近的电力系统供给；

（2）工地附近的电力系统只能供给一部分，工地需增设临时电站以补不足；

（3）工地位于新开辟的地区，没有电力系统，电力完全由临时电站供给。

3. 变压器的确定

变压器功率可由下式计算

$$W=K\frac{\sum P}{\cos\alpha} \tag{6-16}$$

式中 W——变压器输出功率，kVA

K——功率损失稀疏，取 1.05；

$\sum P$——变压器服务范围内的总用电量，kV；

$\cos\alpha$——功率稀疏，一般为 0.75。

表 6-13 **需要系数（K_1、K_2、K_3、K_4）**

用电名称	数量	需要系数		备注
		K	数值	
电动机	3～10 台	K_1	0.7	如果施工中需要电热时，应将其用电量计算进去。为使计算结果接近实际，式中各项用电根据不同性质分别计算
	11～30 台		0.6	
	30 台以上		0.5	
加工厂动力设备			0.5	
电焊机	3～10 台	K_2	0.6	
	10 台以上		0.5	
室内照明		K_3	0.8	
室外照明		K_4	1.0	

根据计算所得容量，可从变压器产品目录中选用相近的变压器。

导线截面的确定：

导线的断面先根据电流强度进行选择，再根据电压损失及力学强度进行校核。

（1）按机械强度选择。导线必须具有足够的机械强度，以防治导线不会因一般机械损伤而被折断。可按不同用途和铺设方式（参考有关资料）确定导线机械强度所容许的最小截面。

（2）按允许电流选择。三相四线制线路上的电流可按下式求得

$$I=\frac{P}{\sqrt{3}V\cos\alpha} \tag{6-17}$$

二线制线路可按下式计算

$$I=\frac{P}{V\cos\alpha} \tag{6-18}$$

式中 I——电流值，A；

P——功率，W；

V——电压，V；

$\cos\alpha$——功率因数，临时管网取 0.75。

生产厂家根据导线的容许温升，确定了各类导线在不同敷设条件下的持续容许电流值，选择导线时，导线中的电流不能超过此值。

当按允许电压降确定时：

导线上引起的电压降必须限制在一定限度内。配电导线的面积可按下式确定：

$$S=\frac{\sum PL}{C\varepsilon} \tag{6-19}$$

式中 S——导线截面积，mm^2；

P——负荷电功率或线路输送的电功率，kW；

L——电路距离，m；

C——系数，视导线材料、送电电压及配电方式而定；

ε——容许的相对电压降（线路的电压损失百分比）；照明电路中容许电压降不应超过2.5%～5%。

第七节　施工总平面图

施工总平面图就是拟建工业建设项目或民用建筑群的施工场地总布置图，是施工部署在空间上的反映，主要解决建筑群施工所需各项设施和永久建筑相互间的合理布局。

施工总平面图是将已建的和拟建的永久性房屋和构筑物，以及施工时所需设置的附属生产企业、仓库、生活福利与行政管理用临时建筑物、临时给排水系统、电力网、通讯网、蒸汽和压缩空气管线、临时运输道路等在平面图上进行规划和布置。施工总平面图的范围除包括建设项目所占有的地段外，还应包括施工时所必须使用的工地附近的某些地区。

许多规模巨大的建设项目，其建设工期往往很长，建筑施工的情况是一个变化的过程，随着工程的进展，建筑工地的面貌将不断地改变。因此，宜按不同阶段分别绘制若干施工平面图。或者，根据工地的变化情况，及时对施工总平面图进行调整和修整，以便符合不同时期的要求。

图幅大小和绘图比例应根据工地大小及布置内容来确定。图幅一般可选用1～2号图之大小，比例一般采用1∶1000或1∶2000。

一、施工总平面图的设计原则和依据

（1）在保证施工顺利进行的前提下，尽量不占、少占或缓占土地。

（2）在满足施工要求的条件下，最大限度地降低工地的运输费，材料和半成品等仓库尽量靠近使用地点，保证运输方便，减少二次搬运。

（3）尽量降低临时工程的修建费用。为此，要充分利用各种永久性建筑物为施工服务。对需要拆除的原有建筑物也应酌情加以利用，暂缓拆除。此外，要注意尽量缩短各种临时管线的长度。

（4）要满足防火与技术安全的要求。为此，应将各种临建设施，尤其是易燃物仓库、加工厂（站）等布置在合理的位置上。设置消防站或必要的消防设施。临时建筑物与在建工程以及临时建筑物之间的距离应符合防火要求。为保证生产上的安全，在规划道路时应尽量避免交叉。

（5）要便于工人生产与生活，临时设施布置不能影响正式工程的施工，还应使工人在工地的往返时间短；这主要在于正确合理地布置生活福利方面的临时设施。

二、施工总平面图的设计资料

（1）厂址位置图、区域规划图、厂区地形图、厂区测量报告、厂区总平面图、厂区竖向布置图及厂区主要地下设施布置图等。

（2）全厂建设总工期、工程分期情况与要求。

（3）施工部署和主要建筑物施工方案。

（4）建筑施工总进度计划。

（5）大宗材料、半成品、构件和设备的供应计划及其现场储备周期，材料、半成品、构件和设备的供货与运输方式。

（6）各类临建设施的项目、数量和外廓尺寸等。

三、施工总平面图的设计步骤

设计全工地性施工平面图的步骤，主要取决于大宗材料、构件、设备等的场外、场内运输方式，一般可按下列顺序：

1. 研究大批量材料、半成品和零件的供应情况和运输方式

当大批材料由铁路运入工地时，应先解决铁路由何处引入及可能引到何处的方案。标准宽轨铁路的特点是转弯半径大，坡度限制严，引入时应注意铁路的转弯半径和竖向设计；假如大批材料是由水路或公路运入工地，因河流是固定的，就可以考虑在码头附近布置生产企业或转运仓库；对公路来说，因其可以灵活布置，就应该先解决仓库及生产企业的位置；使其尽可能布置在最合理最经济的地方，然后再来布置通向场外的汽车路线。

2. 决定仓库位置

当有铁路线时，仓库的位置是很容易决定的，可以沿着铁路线布置，此时要注意是否有足够的卸货前线，如果不可能取得足够的卸货前线时，必须考虑设备转运站（或转运仓库），以便临时卸下材料，然后再转运到工程对象仓库中去。当布置沿铁路线的仓库时，仓库的位置最好设在靠近工地一侧，以免将来在使用材料时，内部运输越过铁路线。同时还应注意到在坡道与弯道上不宜卸货。需要经常进行装卸作业的材料仓库，应该布置在支线尽头或专用线上，以免妨碍其他工作。仓库位于平坦、宽敞、交通便利之处，且遵守安全技术和防火要求。

3. 加工厂的布置

加工厂的位置的主要要求是零件及半成品由生产企业运到需要地点的运输费用为最少，并且照顾到生产企业有较好的工作条件，使其生产与建筑安装工程的施工不致互相干扰，并要考虑其将来的扩建和发展。在布置加工厂时，主要集中设置在工地边缘，而且多数情况均与材料的来源和运输方式有密切关系。

4. 布置内部运输道路

工地内部运输道路是联系各加工厂、仓库同各施工对象之间的通道。当加工厂和仓库的位置选定后应着手研究物流图，要根据运输量的不同来区别主要道路和次要道路，然后进行道路的规划、为节约修筑临时道路的费用，以及使车辆行驶安全、方便，应尽量利用拟建的永久性道路，或先修永久性道路路基并铺设简易路面。主要道路应按环形线路布置；次要道路可布置成单行线，但应设置回车场。要尽量避免与铁路交叉。

5. 选择各种临时设施的位置

全工地行政管理用的总办公室应设在工地入口处，以便于接待外来人员，而施工人员办公室则应尽可能靠近施工对象，工人用的生活福利设施，如商店、小卖部、俱乐部等应设在工人聚集较多的地方或工人出入必经之处。食堂可以布置在工地内部，应视具体情况而定。还应适当设立浴室、商店、食堂以及文化体育设施。

6. 布置临时水电管网

根据工程所在地的水电供应情况，分别考虑不同的布置方案。首先利用已有水源、电源

时，从外面接入工地，主要管网沿主干道布置，然后与各单位工程沟通；其次当无法利用当地的水源和电源时，应自行设计临时发电设备、开发地上和地下水源，并设立输送管网。临时水池、水塔应设在地势较高处，临时给排水干管和输电干线应沿主要干道布置、最好形成环形线路。

7. 布置安全防火设置

根据防火规定，应设立消防站，其位置应在易燃建筑物（木材仓库等）附近，必须有畅通的出口和消防车道（应在布置运输道路时同时考虑），其宽度不得小于6m，与拟建房屋的距离不得大于25m，也不得小于5m，沿着道路应设置消防栓，其间距不得大于120m，消防栓与邻近道路边的距离不得大于2m。

思　考　题

1. 简述施工组织总设计的作用。
2. 简述施工组织总设计的编制依据。
3. 施工组织总设计的内容有哪些？其编制程序如何？
4. 简述施工总进度计划的编制步骤。
5. 简述施工总平面图的设计原则和依据。
6. 简述施工总平面图的设计资料。
7. 简述施工总平面图的设计步骤。

第七章　公路工程施工组织设计

学习要点

熟悉公路工程施工方案的选择、施工进度计划的编制、施工平面图设计；了解临时设施与工地运输、机械化施工组织设计。

第一节　概　　述

一、施工组织设计的编制依据、原则

1. 施工组织设计的编制者

当施工单位中标后，施工单位必须编制施工组织设计。

(1) 应遵守"谁施工，谁编制"的原则，一般应由项目部总工（或技术负责人）组织，施工技术主管负责，主要分部分项工程施工技术人员参加编制。重大工程可由公司总工程师负责组织，公司有关人员编制（项目部必须派人参加）或以项目部有关人员为主，公司派人参加编制。

施工项目实行总包和分包的，由总包单位负责编制施工组织设计或者分阶段施工组织设计。分包单位在总包单位的总体部署下，负责编制分包工程的施工组织设计。施工组织设计应根据合同工期及有关的规定进行编制，并且要广泛征求各协作施工单位的意见。

(2) 对结构复杂、施工难度大以及采用新工艺和新技术的施工项目，要进行专业性的研究，必要时组织专门会议，邀请有经验的专业工程技术人员参加，集中群众智慧，为施工组织设计的编制和实施打下坚定的群众基础。

(3) 在施工组织设计编制过程中，要充分发挥各职能部门的作用，吸收他们参加编制和审定；充分发挥公路企业的技术能力和管理水平，统筹安排、扬长避短，充分发挥建筑业企业的优势，合理安排施工工序。

(4) 当比较完整的施工组织设计方案提出之后，应组织参加编制的人员及单位进行讨论，逐项逐条的研究，修改后确定，最终形成正式文件，送主管部门审批。

2. 施工组织设计的编制依据

(1) 合同文件（包括设计文件、设计技术交底会议纪要）；

(2) 现场调查资料或报告；

(3) 国家和行业现行的相关施工技术规范、试验规程、工程质量检验评定标准；

(4) 现行相关的专业预算定额、施工定额。

3. 施工组织设计的编制原则

(1) 严格遵守合同条款或上级下达的施工期限，保质保量按期完成施工任务。对工期较长的关键项目，要根据施工情况对大、中桥（涵）编制单项工程的施工组织设计，以确保总工期。

(2) 科学而合理地安排施工程序，在保证质量的基础上，尽可能缩短工期，加快施工

进度。

（3）应用科学的计划方法确定最合理的施工组织方法，根据工程特点和工期要求，因地制宜地采用快速施工、平行作业。对于复杂工程及控制工艺的大中桥（涵）及高填方部位，通过网络计划找出最佳的施工组织方案。

（4）采用先进的施工方法和技术，不断提高施工机械化，预制装配化，减轻劳动强度，提高劳动生产率。

（5）精打细算、开源节流，充分利用现有设施，尽量减少临时工程，降低工程成本，提高经济效益。

（6）落实冬、雨季施工的措施，确保全年连续施工，全面平衡工人、材料的需用量，力求实现均衡生产。

（7）妥善安排施工现场，确保施工安全，实现文明施工。

4. 施工组织设计的编制要求

（1）项目部技术负责人应组织有关施工技术人员、物资装备管理人员、工程质检人员学习合同文件和设计文件，将编制任务分工落实，限时完成并有考核措施；

（2）施工组织设计应有目录，并应在目录中注明各部分的编制者；

（3）尽量采用图表和示意图，做到图文并茂；

（4）应附有缩小比例的工程主要结构平面和立面图；

（5）若工程地质情况复杂，可附上必要的地质资料（图表、岩土力学性能试验报告）；

（6）多人合作编制的施工组织设计，必须由工程技术主管统一审核，以免重复叙述或遗漏等；

（7）如果选择的施工方案与投标时的施工方案有较大差异，选择的施工方案应征得监理工程师和业主的认可；

（8）一般工程的施工组织设计应在收齐图纸后一个月内完成，重大工程项目在两个月内完成或按监理工程师要求的时间完成。

二、施工组织设计的编制程序

编制施工组织设计要遵循一定的程序，按照施工的客观规律，协调和处理好各个影响因素的关系，用科学的方法进行编制。一般编制程序为：

（1）分析设计资料，选择施工方案和方法；

（2）编制工程进度图；

（3）计算人工、材料、机具需要量，制定供应计划；

（4）临时工程、供水、供电、供热计划；

（5）工地运输组织；

（6）布置施工平面图；

（7）编制技术措施计划与计算技术经济指标；

（8）编写说明书。

施工组织的编制程序根据对象不同可分为：

（1）施工组织总设计的编制程序如图 7 - 1 所示；

（2）单位工程施工组织设计的编制程序如图 7 - 2 所示；

（3）分部（项）工程施工组织设计的编制程序如图 7 - 3 所示。

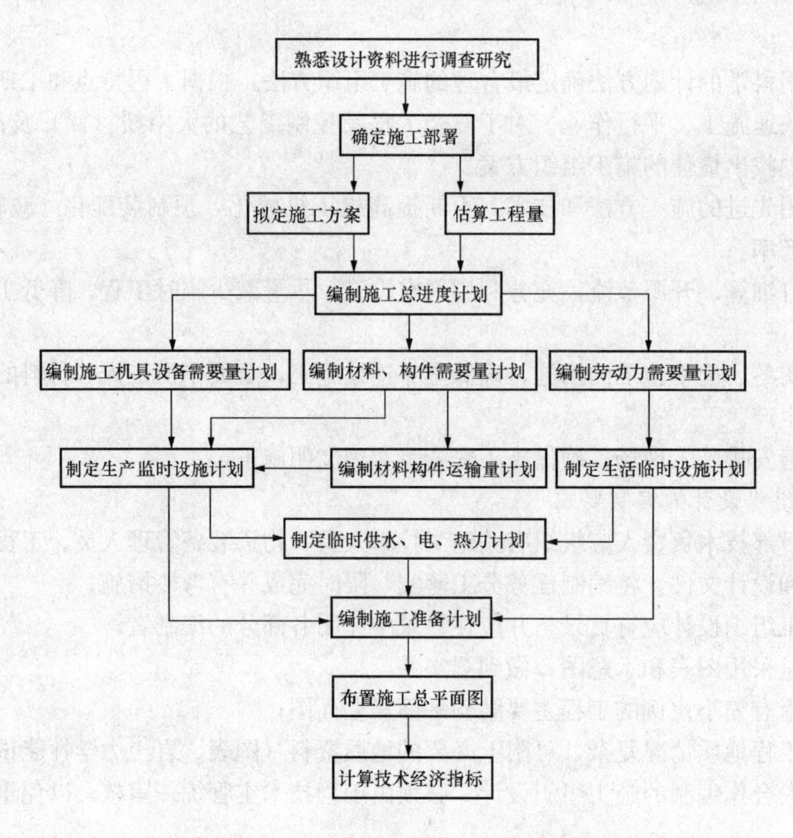

图 7-1 施工组织总设计编制程序

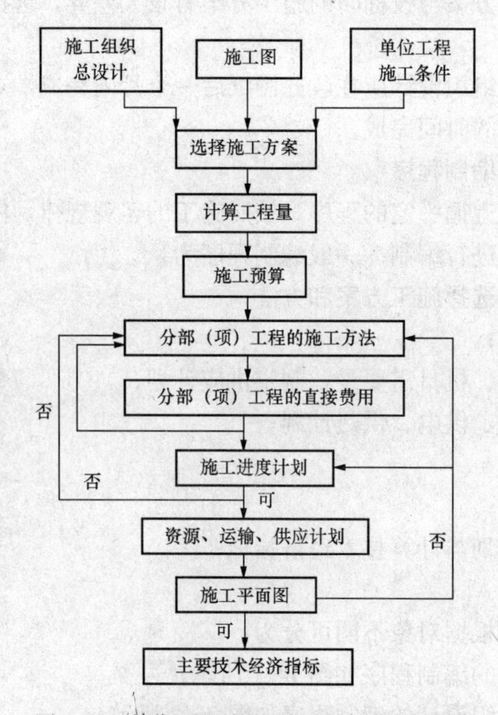

图 7-2 单位工程施工组织设计的编制程序

由图 7-1～图 7-3 可以看出，在编制施工组织设计时，除了要采用正确合理的编制方法外，还要采用科学的编制程序，同时必须注意有关信息的反馈。施工组织设计的编制过程是由粗到细，在反复协调中进行的，最终达到优化施工组织设计的目的。施工组织设计的贯彻、检查、调整程序如图 7-4 所示。

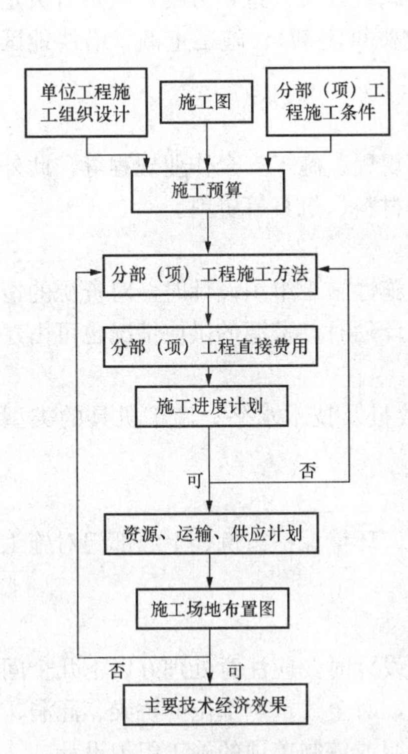

图 7-3　分部（项）工程施工组织设计的编制程序

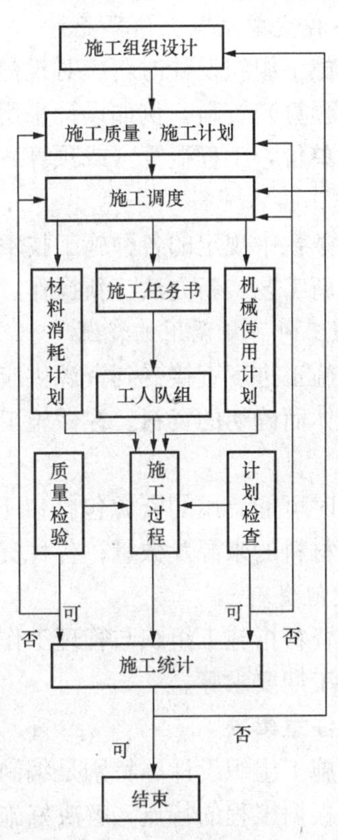

图 7-4　施工组织设计的贯彻、检查调整程序

三、施工组织设计的资料准备

为编制施工组织文件所进行的收集和研究有关资料的活动，是施工组织设计的基础。为了做好施工组织与概预算工作，必须事先进行资料调查工作。在公路建设生产实践中，施工组织资料调查与预算资料调查一般是同时进行的，而且调查资料也可互相使用。

资料的调查在设计阶段由勘测队的调查组负责，具有勘察、调研的性质；在施工准备阶段是由专门的调查组负责，具有复查和补充的性质。调查方法主要采用现场勘测、走访、座谈、函调等方式进行。

1. 自然条件和经济调查资料

道路勘测设计阶段对沿线自然条件和经济状况调查的原始文件（也是施工组织设计的资料），特别是以下几点在编制前应组织有关人员补充收集：道路沿线的地形、地貌、土壤、地质、水文和气象条件，当地筑路材料、劳动力和能源的分布情况，对外交通运输现状，沿线村镇、居民点、厂矿企业、其他工程建设的分布情况。

2. 工程设计文件及合同条款

除了设计说明书、计算书、图表必须齐全外，还应详细了解：各项工程的结构形式和细部构造特点；各分项工程的工程数量及其分布情况；工程所需的各种材料与构件、成品的数量和规格；个别工程对施工的特殊要求。

3. 各种定额及概、预算资料

编制施工组织设计时，应对投标前所做的施工组织设计文件进行分析，收集有关定额及概算（或预算）资料，例如设计采用的预算定额（或概算定额）、施工定额、沿线地区性定额，预算单价，工程概算（或预算）的编制依据等。

4. 施工技术资料

合同条款中规定的各种施工技术规范、施工操作规程、施工安全作业规程等，此外还应收集施工新工艺、新方法、新操作、新技术以及新型材料、机具等资料。

5. 施工时可能调用的资源

由于施工进度直接受到资源供应的限制，在做实施性施工组织设计时，对资源的情况应有十分具体而确切的资料。在做施工方案和施工组织计划时，资源的供应情况也可由建设单位提供。

施工时可能调用的资源包括以下内容：劳动力数量及技术水平；施工机具的类型和数量；外购材料的来源及数量；各种资源的供应时间。

6. 其他资料

其他资料指施工组织与管理工作的有关政策规定、环境保护条例、上级部门对施工的有关规定和工期要求等。

四、注意事项

编制施工组织设计，特别是编制实施性施工组织设计时，应注意处理好以下几个问题：

（1）根据工程的特点，解决好施工中的主要矛盾，对全线重点部位的桥梁、涵洞、灰土拌和站和沥青拌和站等在施工组织设计中都应重点说明或编制单项的施工组织设计。

（2）认真细致地做好工程排序工作，安排工程进度。各项工程的施工顺序和搭接关系以及重点工程的保障措施等是施工组织设计必须解决的关键问题。

（3）留有余地，便于调整。由于影响施工的因素很多，所以在计划执行时必然会出现不可预见的问题，这就要求编制时力求可行，执行时又可根据现场具体情况进行修改、调整、补充。施工初期计划安排更应留有余地，以免造成人、财物的浪费。

（4）注意为工地运输创造条件，如新建公路可逐段通车，方便工程物资与生活资料的补给。

第二节 施工方案的选择

施工方案是按照设计图纸及国家规范的要求，实施并完成工程技术上的措施及方案，是指导施工生产的重要文件，通过编制施工方案，对设计图纸要求、现场自然条件、施工机械设备、施工人员等各方面因素进行全面考虑，确定投入的施工力量、施工顺序、进度计划、材料数量、重点部位工序的施工方法等，用以指导施工生产，完成工程项目。

在菲迪克条款管理体制下，施工方案还作为承包商报请监理工程师审批开工的依据，作为施工过程中管理检查的依据，同时也是工程结算的依据。

一、编制施工方案的要求

在工程总体施工方案即总体施工组织设计中，应对工程总量、施工总体进度安排、单位工程控制工期、材料总量、机械设备和人员投入总量、重点部位关键工序施工方法、总体质量标准及质量保证措施等进行全面、整体、概括、综合的反映。在单位工程、分部工程施工方案中，应针对具体项目做更加具体的安排，对工程细部做更为详细的反映。

针对高速公路的工程特点，在总体施工组织设计中应对施工控制测量、原材料及成品实验、路基土方填筑、大型桥梁结构物施工、预制构件制作、路面基层底基层施工、沥青混凝路面施工等重点工程项目作较全面的反映。

拟定施工方案时，应着重研究以下几方面的问题。

1. 确定各单位工程或分部工程的施工次序

由于公路工程施工点多线长，结构各异，自然条件复杂，所以合理确定建设项目中各单位工程或关键项目的施工顺序，是确定施工方案的首要问题，对工程的经济效益具有决定性的影响。

确定施工顺序，不仅需要从时间上和空间上定性地分析判断，而且要利用各种手段和方法（如数学方法）来定量地分析确定。确定工程项目的施工顺序，可参考下列原则：

（1）首先要考虑影响全局的关键工程的合理施工顺序。如路线工程中的某大桥、某隧道、某深路堑，若不在前期完成，将导致其他工程无法施工（如无法运输材料、机械等）而拖延工期，此时应集中力量首先完成关键工程。

（2）必须充分考虑自然条件的影响。安排工程项目施工顺序时，必须考虑水文、地质、气象等的影响。如桥梁的基础工程一定要安排在汛期之前完成或安排在汛期之后进行等。

（3）施工顺序要与施工方法、施工机具协调一致。如现浇钢筋混凝土上部构造的施工顺序与采用架桥机进行装配化施工顺序就显然不同。

（4）要考虑施工组织条件对施工顺序的影响。如某种关键机械能否按时供应，某拆迁工程能否按时拆迁，高寒山区的生活条件或生活供应能否按时解决等。

（5）必须符合工艺要求。公路工程项目的各施工过程或工序之间，存在着一定的工艺顺序要求。如钻孔灌注桩在钻孔后应尽快灌注水下混凝土，以防坍孔，所以两道工序必须紧密衔接。

（6）必须考虑施工质量要求。在安排施工顺序时，要以能确保工程质量作为前提条件之一，否则要重新安排或采取必要的技术措施。

（7）必须考虑安全生产的要求。在安排施工顺序时，必须力求各施工过程的衔接不至于产生不安全因素，以防安全事故的发生。

（8）体现施工过程组织的基本原则，即施工过程的连续性、协调性、均衡性以及经济性。

2. 确定各施工过程的施工方式、方法及施工机具

正确地选择施工方法是确定施工方案的关键。各个施工过程，可采用不同的施工方法进行施工，而每一种方法都有其各自的特点。我们的任务在于从若干可行的施工方法中，选择一个最先进、最可行、最经济的施工方法。选择施工方法的依据有：

（1）根据工程特点。主要是指工程项目的规模、构造、工艺要求、技术要求等方面的特点。

（2）根据工期要求。要明确本工程的总工期或分部工程的工期是属于紧迫、正常、充裕三种情况中的哪一种。

（3）根据施工组织条件。主要指气候等自然条件，施工单位的技术水平和管理水平，所需设备、材料、资金等供应的可能性。

对任何工程项目，均有多种施工方法可供选择。例如，沥青表面处治路面的施工，可采用层铺法和拌和法两种；开挖基坑可分为人工开挖和机械开挖两种；主梁安装可采用木扒杆、单导梁、跨墩门架、架桥机等多种施工方法。但究竟采用何种方法，将对施工方案的内容产生较大的影响。

选择施工方法主要是针对主导工程而言。所谓主导工程是指对工期起关键作用的工程项目或工序。制定施工方案，选择施工方法时，一定要抓住关键、突出重点。

在确定施工方法的同时，应明确提出技术措施、质量标准、安全要求。

3. 进行总体设想与安排

其中主要包括空间组织、时间组织、技术组织、生产力组织、施工条件组织、物资组织以及资金组织等方面的总体设想和安排。

二、施工方案编制的步骤及一般方法

编制施工方案，首先要熟悉设计图纸。高速公路的设计图纸一般由道路平面设计、道路纵断面设计、结构物及附属工程设计、标准图集、数据汇总表等几部分构成。首先应把平面、纵断面、结构、标准图集各方面联系起来，对照、穿插，形成对工程整体印象，然后对结构工程进行详细的研究，对路面工程的细部设计做详细了解，对照工程数量表进行计算，在仔细研读设计图纸的基础上计算工程量及材料用量，作为编制施工方案及组织生产的依据。

在熟悉图纸的同时，要搜集与工程有关的国家规范、技术规程、实验标准等资料，国际工程还要搜集有关国家的技术标准，与此同时，对本单位的机械设备、实验设备仪器、施工人员等做详细的调查，取得详实可靠的第一手资料。

在此基础上，对施工现场及周围自然环境情况进行调查，收集水源、电源、道路、驻地气候、地质、料场等情况，对外界因素做全面了解。

结合设计图纸、规范、外在因素、本单位的具体情况对重点工程、重点工序提出详细的施工方案。如桥梁桩基工程、桥梁梁体预制工程、砌石工程、土方填筑工程、路面基层底基层施工、路面沥青混凝土搅拌、沥青混凝土摊铺等工序及部位，针对各自的特点、要求制定完整的方案，对质量标准及保证措施提出明确的要求。

在总体施工组织设计中，应根据工程量及施工顺序安排，分别提出单位工程的控制工期，安排施工进度，找出控制工期的关键工程。根据总体施工组织设计的安排，具体制定出各单位工程施工组织设计。单位工程施工组织设计应力争详细、全面、切实可行，用以指导各单位工程的施工。

在高速公路施工中，路面工程基层、底基层、沥青混凝土面层等工序均应安排一定长度的施工实验路段，用以检验施工组织、技术方案的合理性，对机械设备、人员配备等取得直接经验，指导大面积施工。在实验路段施工完成后，应根据实验路段中取得的数据、经验，及时修改、完善施工组织设计，使之在大面积施工时发挥作用。

三、选择施工方法和施工机械

选择施工方法和施工机械是施工方案中的关键问题，它直接影响施工进度、施工质量和安全，以及工程成本，编制施工组织设计时，必须根据工程的桥型结构、抗震要求、工程量的大小、工期长短、资源供应情况、施工现场的条件和周围环境，制定出可行方案，并且进行技术经济比较，确定出最优方案。

（一）选择施工方法

选择施工方法时，应着重考虑影响整个单位工程施工的分部分项工程，如工程量大且在单位工程中占重要地位的分部（分项）工程，施工技术复杂或采用新技术、新工艺及对工程质量起关键作用的分部（分项）工程和不熟悉的特殊结构工程或由专业施工单位施工的特殊专业工程的施工方法等；而对于按照常规做法和工人熟悉的分项工程，则不必详细拟定，只要提出应注意的特殊问题即可。

通常，施工方法选择的内容有：

1. 土石方工程

（1）计算土石方工程量，确定土石方开挖或爆破方法，选择土石方施工机械；

（2）确定放坡坡度系数或土壁支撑形式和打设方法；

（3）选择排除地表水、降低地下水位的方法，确定排水沟、集水井或井点布置；

（4）确定土石方平衡调配方案。

2. 基础工程

（1）浅基础中垫层、混凝土基础和钢筋混凝土基础施工的技术要求；

（2）桩基础施工的施工方法以及施工机械选择。

3. 防护工程

（1）浆砌块（片）石的砌筑方法和质量要求；

（2）弹线及样板架的控制要求；

（3）确定脚手架搭设方法及安全网的挂设方法。

4. 钢筋混凝土工程

（1）确定模板类型及支撑方法，对于复杂的还需进行模板设计及绘制模板放样图；

（2）选择钢筋的加工、绑扎和焊接方法；

（3）选择混凝土的搅拌、输送及浇筑顺序和方法，确定混凝土搅拌、振捣和泵送方法等，设备的类型和规格，确定施工缝的留设位置；

（4）确定预应力混凝土的施工方法、控制应力和张拉设备。

5. 桥梁安装工程

（1）确定桥梁安装方法和起重机械；

（2）确定梁板构件的运输方式及堆放要求。

6. 路面工程

（1）确定路面摊铺机和拌和站生产能力；

（2）确定路面施工机械组合方式。

（二）选择施工机械

选择施工方法必然涉及施工机械的选择问题。机械化施工是改变建筑工业生产落后面貌，实现建筑工业化的基础，因此施工机械的选择是施工方法选择的中心环节。选择施工机械时，应着重考虑以下几方面：

(1) 选择施工机械时，应首先根据工程特点选择适宜的主导工程的施工机械。如在选择桥梁安装用的起重机类型时，当工程量较大而集中时，可以采用生产率较高的架桥机（或安装门架）；但当工程量小或工程量虽大却相当分散时，则采用吊车较经济；在选择起重机型号时，应使起重机在起重臂外伸长度一定的条件下能适应起重量及安装高度的要求。

(2) 各种辅助机械或运输工具应与主导机械的生产能力协调配套，以充分发挥主导机械的效率。如土方工程中采用汽车运土时，汽车的载重量应为挖土机斗容量的整数倍，汽车的数量应保证挖土机连续工作。

(3) 在同一工地上，应力求建筑机械的种类和型号尽可能少一些，以利于机械管理。为此，工程量大且分散时，宜采用多用途机械施工，如挖土机既可用于挖土，又能用于装卸和起重。

(4) 机械选择应考虑充分发挥施工单位现有机械的能力。当本单位的机械能力不能满足工程需要时，则应购置或租赁所需新型机械或多用途机械。

(三) 施工方案的技术经济评价

对施工方案进行技术经济评价是选择最优施工方案的重要环节之一。因为任何一个分部（分项）工程，都有几个可行的施工方案，而施工方案的技术经济评价的目的就是对每一分部（分项）工程的施工方案进行优选，选出一个工期短、质量好、材料省、劳动力安排合理、工程成本低的最优方案。

施工方案的技术经济评价涉及的因素多而复杂，一般只需对一些主要分部工程的施工方案进行技术经济比较，当然有时也需对一些重大工程项目的总体施工方案进行全面技术经济评价。

一般来说，施工方案的技术经济评价有定性分析评价和定量分析评价两种。

1. 定性分析评价

施工方案的定性技术经济分析评价是结合施工实际经验，对若干施工方案的优点进行分析比较。如技术上是否可行、施工复杂程度和安全可靠性如何、劳动力和机械设备能否满足需要、是否能充分发挥现有机械的作用、保证质量的措施是否完善可靠、对冬季施工带来多大困难等。

2. 定量分析评价

施工方案的定量技术经济分析评价是通过计算各方案的几个主要技术经济指标，进行综合比较分析，从中选择技术经济指标较佳的方案。定量分析评价通常分为两种方法。

(1) 多指标分析方法。它是用价值指标、实物指标和工期指标等一系列单个的技术经济指标，对各个方案进行分析对比从中选优的方法。

定量分析的指标通常有：

1) 工期指标。当要求工程尽快完成以便尽早投入生产或使用时，选择施工方案就要在确保工程质量、安全和成本较低的条件下，优先考虑缩短工期。

2) 劳动量指标。它能反映施工机械化程度和劳动生产率水平。通常，在方案中劳动消耗量越小，机械化程度和劳动生产率越高。劳动消耗指标以工日数计算。

3) 主要材料消耗指标。反映若干施工方案的主要材料节约情况。

4）成本指标。反映施工方案的成本高低，一般需计算方案所用的直接费和间接费。

（2）单指标分析法。该方法多用于建筑设计方案的分析比较。

四、编制施工方案时应注意的一些问题

（1）要紧密结合当地的实际情况。例如雨季进行土方施工时要考虑土方晾晒时间，对特殊地质情况如钙质风化岩、膨胀土等要有相应的处理方法；石料供应应与当地的开采生产量相适应等。

（2）要充分考虑布置施工道路。高速公路是带状线形工程，大量材料需要运输，运输车辆通行和构筑物施工与附近农民的农业生产会产生许多矛盾，在安排施工时，要充分考虑，采取措施，保证施工车辆的畅通。

（3）对设计图纸中存在的问题要及时提出修改意见，以便取得对施工及工程有利的方案。设计图纸中往往有一些与现场实际情况、与施工单位机械设备情况不一致的问题，或设计人员考虑问题时有一些不周全的地方，施工单位技术人员在工程施工前应仔细分析，提出合理建议，会同设计人员找出最佳方案。

（4）在计划安排上要充分估计可能遇到的各种情况，留有余地。高速公路施工受自然、社会条件、原材料供应等影响很大，在计划安排上要有所考虑。

（5）要吃透规范，对实验内容、标准、施工方法、检验手段、质量标准等要逐项分析，提出详细的实施要求。

（6）要注意吸收、推广、应用先进的机械、设备、工艺、方法，把科研与施工生产结合起来，解决施工生产中遇到的问题。在桥梁基桩承载力检测、桥梁预制梁预应力张拉、桥梁涵洞台背回填、结构物伸缩缝制作安装、沥青混凝土搅拌摊铺等方面都有比较先进的工艺方法，应注意学习应用。

五、施工方案、施工组织设计、施工工艺设计之间的联系与区别

施工单位在承接桥涵施工任务前，一般已由其业务开发部门对设计文件和图纸资料进行了初步了解和研究。但在正式承接桥涵施工任务后，具体参加施工的人员必须对设计文件、图纸、资料进行了解和研究，并进行现场核对，必要时还须进行补充调查，以便编制符合实际情况的施工方案和施工组织设计。

核对和补充调查的内容一般为：河流水文、河床地质、两岸地形、气候条件、自采加工料场、当地材料、可利用的房屋、当地劳力、工业加工能力、运输条件与当地运输工具、施工场地、水源、电源、生活物质供应、卫生防疫状况、当地风俗习惯等。以上内容为编制施工组织设计时所必需的，设计文件中可能简略或不完善，故施工单位在开工前必须进行核对和补充。

大桥、特大桥的实施性施工组织设计，应根据施工方案单独编制，其内容比施工方案明确、详尽。主要内容包括：工程特点、主要施工方法、技术措施、施工进度、工程数量、完成工作量计划、材料设备及劳力计划、施工现场平面布置图、施工图纸、施工安全和施工质量保证措施等。

一般中、小桥涵的实施性施工组织设计，应配合路基施工方案编制，以便路基施工和桥涵施工统一安排，内容可以适当简化。

实施性施工组织设计中规划的临时设施，应包括生产用房、生活房屋、施工便桥、工程现场内外交通道路、工地供电和供水设备、临时通信设施、临时供热设施（生产供热和生活保暖）及其他小型临时设施等，宜在桥梁正式开工前完成。

施工方案与实施性施工组织设计方案的区别是：前者是原则性的，后者则比较详尽，应尽量符合实际，以起指导具体施工的作用。

实施性施工组织设计的主要内容有：

（1）工程特点。简要叙述工程结构特点，地质、水文、气候等因素对工程的影响及施工中拟采取的措施；

（2）主要施工方法和技术措施。根据工程特点，简要叙述主要工程的施工方法和保证工程质量、施工安全、节约以及推广新工艺、新技术、新材料的技术措施；

（3）施工布置。包括工程数量、施工进度、机械设备、材料数量等，应按统筹方法编制工程总进度图和各主要工程的施工顺序；对控制全桥进度的关键工程项目，应充分注意。开工后，施工组织设计因故发生大的变化时，应及时调整；

（4）施工现场平面布置图。图中包括用地范围、临时性生产房屋和生活房屋、预制构件加工场和堆放场、水电供应及设备、大中型机械设备、施工道路及其他临时设施的布置等；

（5）施工图纸补充。包括设计文件和标准图中没有包括的施工结构详图、辅助设备图、大型临时设施的设计图等。

这里有必要简述一下施工方案、施工组织设计、施工工艺设计之间的联系与区别。

施工方案：针对工程特点确定施工方法，选择施工机械，编写施工工艺梗概；

施工组织设计：施工组织设计是施工总体规划性、实施性、强制性文件。原则上以施工方案为基础，强调施工组织，即工程施工所需要的各种资源，简要叙述施工工艺过程，简单讲就是方案加组织。

施工工艺设计：以施工方案为基础，强调施工工艺流程，即选择施工方法，确定工艺流程，对一些重要或关键部位要有详细的工程计算及说明。

第三节　施工进度计划的编制

在市场经济建立和运行过程中，企业要提高竞争力，关键是要苦练内功，加强管理，而管理的精髓又在于高效有序的计划管理，使各生产要素达到最优化的调配和运转。完成高速公路工程，只有加强计划管理，才能在合同限定的期限内，多快好省地完成施工任务，创造出最佳的企业社会效益和经济效益。

一、施工进度计划的分类

施工进度计划分为工程总计划、年度和季度计划、月旬作业计划。

1. 工程总计划

在工程承包合同指导下编制工程总计划，必须报请建设单位（业主）、工程监理审批，一经批准就具有法律约束力，受建设单位（业主）、工程监理的监督。工程总计划的对象是整个工程项目，是全局性的施工战略部署，应突出预见性、战略性和纲领性。必须确定各单位工程（如土方填筑、构造物等）的施工顺序、开竣工时间及其相互衔接关系，找出重点、难点组织攻关。同时确定重要构件厂（如较大型混凝土板预制厂、桥梁预制厂等）、材料供应站（如灰土拌和站、沥青拌和站等）的选址定位及主要机械设备和施工人员的配备和进出场顺序。要尽可能地考虑到施工条件的优势和不利因素，扬长避短，做好统筹安排，以利于工程顺利进行。

2. 年度和季度计划

工程的年度和季度施工计划必须经过业主、监理工程师审查批复，方可组织实施。在工程实施的过程中，业主依据年度和季度计划到现场进行考察，督促工程进度，评定工程质量。因此，年度和季度计划是计划管理工作的重点。

年、季度计划，应特别注意道路工程的阶段性和季节密切相关的特点，合理部署施工重点，兼顾一般，以利于工程的良性循环。修筑高速公路，一般均会破坏或影响原有排水体系，因此要在汛期前重点做好桥涵等构筑物，以保证汛期排水通畅。施工的黄金时间是降水少、气温高的时节，更应抓紧施工任务的计划与组织落实。冬季相对来说是高速公路工程的清闲时期，应抓紧职工的培训，重点是特种机械手的培训和机械设备的维修保养，以及各种原材料和构件的储备。

3. 月旬作业计划

月旬作业计划要突出可操作性，找出关键点和难点。一般由项目经理部或作业队自行编制，经指挥部工程计划部门审核批准。

二、编制的依据与原则

1. 编制的依据

（1）招投标文件和工程承包合同中规定的工期、进场设备、材料、人员等；

（2）企业的经营方针和经营目标；

（3）施工设计图纸和有关的定额资料（如工期定额、概算定额、预算定额及企业内部的施工定额等）；

（4）设备、材料的供应和到货情况；

（5）施工单位可能投入的力量（如劳动力、设备等）；

（6）主导工程的施工方案（施工顺序、施工方案、作业方式）；

（7）施工外部条件；

（8）与施工相关的经济、技术条件。

2. 编制的原则

（1）保证重点，统筹兼顾；

（2）采用先进技术，保证施工质量；

（3）科学安排施工计划，组织连续、均衡施工；

（4）严格遵守施工规范、规程和制度；

（5）因地制宜，扬长避短。

三、施工进度计划的编制方法

1. 确定施工项目

在编制施工进度计划时，首先要对有关作图参数予以计算或确定，要划分生产过程的细目，即划分工序。列项时应注意：

（1）所列项目要依选用的施工方法而定；

（2）分项目粗细程度一般宜与定额子目相应；

（3）按施工顺序填列，不可漏列、重列、错列。

选择施工方法首先要考虑工程的特点与机械的性能，其次考虑施工单位所具有的机械条件和技术状况，最后考虑技术操作上的合理性，确定施工方法后，应根据具体条件选择最先进的合理的组织方法。

2. 工程量计算

将施工过程细目列出后，即可根据设计图纸，并依照有关工程量计算规则，逐项计算工程量。也可采用编制概（预）算时的工程量计算成果。

3. 劳动量计算

所谓劳动量，就是工程细目的工程量与相应时间定额的乘积；或等于施工时实际使用的机械台数与作业时间的乘积。劳动量可按式（5-2）计算。

【例7-1】 某沥青路面工程进行中粒式沥青混合料铺筑，工程量为6000m^3，采用机械摊铺，混合料拌和设备能力为150t/h，在施工图设计阶段，确定其劳动量。

解 在施工图设计阶段，采用预算定额，查得每100m^3路面实体的定额值为：

人工9.6工日，6～8t光轮压路机0.74台班，12～15t光轮压路机0.74台班，8.5m以内沥青混合料摊铺机0.37台班，9～16t轮胎式压路机0.37台班；则

劳动量（人工）： $D_r = 6000/100 \times 9.6 = 576$(工日)

机械作业量：6～8t光轮压路机 $D_A = 6000/100 \times 0.74 = 44.4$(台班)

12～15t光轮压路机 $D_B = 6000/100 \times 0.74 = 44.4$(台班)

8.5m沥青混合料摊铺机 $D_C = 6000/100 \times 0.37 = 22.2$(台班)

9～16t轮胎式压路机 $D_D = 6000/100 \times 0.37 = 22.2$(台班)

4. 主导工期及作业班制的选择

当某生产过程（指工序或操作过程）的人工以及各种机械劳动量确定后，可根据所投入的人工、机械数量计算得出人工作业或机械作业的工期。其中工期最长的作业叫主导作业。主导作业的工期叫主导工期，一个生产过程的工期主要取决于主导工期。用网络图表示进度计划时，主导作业一般就是关键工作，主导工期便是关键工作的工作时间。

在路桥工程中，土石方工程一般为主导作业；在大、中桥施工中，基础工程一般为主导作业。对于主导作业，在条件允许的情况下，应尽量采用机械化施工，在24h内组织二班或三班制作业，其他作业则可调节机械投入量或班制。

5. 作业工期和所需人工、机械数量计算

（1）根据人工、机械数量确定工期，见式（5-4）。

（2）根据工期确定作业人数和机械台数，见式（5-5）。

【例7-2】 仍以上例说明，若路面施工队有20人，8t光轮压路机2台，15t光轮压路机1台，8.5m以内沥青混合料摊铺机1台，16t轮胎式压路机1台，则

（1）当采用1班制时，计算其生产周期。

（2）若上级要求20天完成，当采用1班制时，计算所需人工、机械数量。

解 （1）人工 $t=\dfrac{P}{RZ}=\dfrac{576}{20\times1}=28.8$（天）

8t 光轮压路机　$t=\frac{44.4}{2\times1}=22.2$（天）

15t 光轮压路机　$t=\frac{44.4}{1\times1}=44.4$（天）

8.5m 沥青混合料摊铺机　$t=\frac{22.2}{1\times1}=22.2$（天）

16t 轮胎式压路机　$t=\frac{22.2}{1\times1}=22.2$（天）

15t 光轮压路机为 44.4 天，是主导工期，故生产周期按 44.4 天控制。

（2）人工　$R=\frac{576}{20\times1}=28.8$（人）

8t 光轮压路机　$R=\frac{44.4}{20\times1}=2.2$（台）

15t 光轮压路机　$R=\frac{44.4}{20\times1}=2.2$（台）

8.5m 沥青混合料摊铺机　$R=\frac{22.2}{20\times1}=1.11$（台）

16t 轮胎式压路机　$R=\frac{22.2}{20\times1}=1.11$（台）

当采用 2 班制时：

人工　$R=\frac{576}{20\times2}=14.4$（人）

8t 光轮压路机　$R=1.11$（台）

15t 光轮压路机　$R=1.11$（台）

8.5m 沥青混合料摊铺机　$R=0.555$（台）

16t 轮胎式压路机　$R=0.555$（台）

当编制计划说明时，应将小数进为整数。从上面的计算情况来看，要想按规定工期完成生产任务，需要增加人工和机械的数量，或采用增加作业班次等措施。

四、进度计划的编制步骤

网络图的表示方法详见第四章，这里仅就用横道图编制进度计划加以阐述。

（1）绘制空白图表。

（2）根据设计图纸、施工方法、定额进行列项，并按施工顺序填入工程名称栏内。

（3）逐项计算工程量。

（4）逐项选定定额，将其编号填入表中。

（5）进行劳动量计算。

（6）按施工力量（作业队、班、组人数、机械台数）以及工作班制计算所需施工周期（即工作日数）；或按限定的日期以及工作班制、劳动量确定作业队、班（组）的人数或机械台数，将计算结果填入表中相应栏内。

（7）按计算的各施工过程的周期，并根据施工过程之间的逻辑关系，安排施工进度日期。其具体做法是：按整个工程的开竣工日历，将日历填入表日程栏内，然后即可按计算的周期，用直线或绘有符号的直线绘进度图。

(8) 绘劳动力安排曲线。

(9) 进行反复调整与平衡，最后择优定案。在安排施工进度时可采用工程进度计划三分法：确定总体工期后，按工程形象进度安排，上一道工序的分项工程工作量完成三分之一，即可进行下一道工序的分项工程的施工。例如，墩柱完成量是基桩完成量的三分之一，盖梁完成量是墩柱完成量的三分之一，下部工程完成后，主梁安装达到主梁安装总量的三分之一，主梁预制剩余量为主梁预制总量的三分之一。

(10) 施工进度图的评价。编制施工进度图时，应当搞几个方案，绘制几个施工进度草图，经过反复平衡、比较评价后。确定最终方案。其比较、评价要点是：

1) 工期能否满足合同或业主的需要；

2) 施工顺序是否合理；

3) 劳动力、机械、材料等资源的供应能否保证，消耗是否均衡；劳动力消耗均衡性用劳动力不均衡系数 K 表示，它的值大于或等于1，一般不超过1.5，其值按式 (5-6) 计算；

4) 是否符合合理组织生产过程的四项原则；

5) 是否充分估计了客观因素的影响，可行性如何；

6) 各项安排是否既先进合理又留有余地。

五、资源需要量计划

施工进度计划确定后，还要根据其编制工、料、机需要量计划等。

1. 劳动力需要量计划

根据已确定的施工进度计划，可计算出各个施工项目单位时间内所需的劳动力数量，将同一时间内所有施工项目的人工数累加，就可以绘出劳动力需要量图，同时编制劳动力需要量计划。劳动力需要量计划表的形式见表 7-1。

表 7-1　劳动力需要量计划表

序号	机具名称及规格	数量		使用期限		年								备注
		台班	台辆	开始日期	开始日期	一季度		二季度		三季度		四季度		
						台班	台辆	台班	台辆	台班	台辆	台班	台辆	

2. 主要材料需要量计划

主要材料指公路工程施工过程中用量较大的材料，如钢材、水泥、砂、石料、木材、沥青、石灰等，特殊工程使用的外掺剂、加筋带等也列入计划。主要材料计划是运输组织和布置工地仓库的依据，先按工程量与定额计算材料用量，然后根据施工进度编制材料计划。主要材料计划表的形式见表 7-2。

表 7-2　主要材料计划表

序号	材料名称及规格	单位	数量	来源	运输方式	年					年					备注
						一季度	二季度	三季度	四季度	合计	一季度	二季度	三季度	四季度	合计	

3. 主要施工机具、设备需要量计划

在确定施工方法时，已经考虑了各个施工项目需用何种施工机械或设备。进度计划确定

后，为做好机具、设备的供应工作，应根据已确定的施工进度，将每个施工项目采用的机械名称、规格和需用数量以及使用的日期等综合汇总，编制施工机具、设备计划。主要施工机具、设备计划的形式见表 7-3。

表 7-3　　主要施工机具、设备计划

序号	机具名称及规格	数量		使用期限		年								备　注
		台班	台辆	开始日期	开始日期	一季度		二季度		三季度		四季度		
						台班	台辆	台班	台辆	台班	台辆	台班	台辆	

4. 技术组织措施计划

为保证工程质量、提高劳动生产率、缩短生产工期、降低成本、安全生产，根据企业下达的要求和指标，编制技术组织措施计划。技术组织措施计划的形式见表 7-4。

表 7-4　　技术组织措施计划

措施名称及内容摘要	经济效果（元）	计划依据	负责人	完成日期

工、料、机计划是根据工程进度计划编制的，而资源的均衡性又反映工程进度的合理性，因此在实际工程中，工、料、机计划是结合进度计划的编制、调整、优化同时进行的。

第四节　临时设施与工地运输

为保证公路与桥梁施工的正常进行，在开工前除合理安排施工进度外，还要作好临时设施和工地运输的组织。

一、主要临时设施的确定

临时设施主要有：工地加工场地、仓库、料场、临时房屋、工地运输、施工用水、供电、供热及通信设施等。

（一）工地加工场地的确定

木材加工场，钢筋加工场等建筑面积要根据设备尺寸、工艺过程、设计和安全防火等要求，通常可参照有关经验指标来确定。也可按以下公式计算

$$F=\frac{KQ}{TSa} \tag{7-1}$$

式中　F——所需建筑面积，m^2；

T——加工总工期，月；

Q——加工总量，m^3，t 等；

K——不均衡系数，取 1.3～1.5；

S——每平方米场地的月平均加工量；

a——场地或建筑面积利用系数，取 0.6～0.7。

水泥混凝土搅拌站面积

$$F=NA=\frac{KQA}{TR} \tag{7-2}$$

式中 F——搅拌站面积，m^2；

N——搅拌机的台数，台；

Q——混凝土总需要量，m^3；

A——每台搅拌机所需的面积，m^2/台；

K——不均衡系数，取 1.5；

T——混凝土工程施工总工作日；

R——混凝土搅拌机台班产量，m^3。

对于大型水泥混凝土搅拌设备的场地面积，宜根据设备说明书的要求确定。

（二）临时仓库的确定

1. 材料储备量的确定

材料储备量的大小既要考虑保证连续施工的需要，又要避免材料大量积压，以免仓库面积过大，增加投资，积压资金。通常情况下，材料储备量宜根据现场条件、供应条件和运输条件来确定。对场地狭小、运输方便的现场可少储备；对供应不易保证、运输困难、受季节影响大的材料宜多储备。

常用材料，如砂、石、水泥、钢材和木材等，其储备量可按式（6-1）计算。

对于用量少、不经常使用或储备期较长的材料，可按年度需要量的百分比储备。

2. 仓库面积的确定

一般确定仓库面积可按式（6-2）计算。

（三）办公及生活用房屋

办公及生活用房屋包括办公室、传达室、汽车库、职工宿舍、招待所、食堂、浴室、小卖部、医务室等。建筑面积主要取决于建筑工地的人数，包括职工和家属的人数。建筑面积按式（6-3）计算。

在进行施工组织设计时，应尽量利用施工现场及附近的已有的建筑物，或提前修筑可以利用的永久性房屋，对不足部分再考虑修筑临时房屋。

临时房屋的设计原则是节约、适用、装拆方便，并考虑当地的气候条件、材料来源、工期长短等。通常有帐篷、活动房屋和就地取材的简易工棚等。

（四）临时用水、用电

1. 临时用水

(1) 用水量计算。施工期间的工地供水应满足工程施工用水（q_1）、施工机械用水（q_2）、施工现场生活用水（q_3）、生活区生活用水（q_4）和消防用水（q_5）等 5 个方面的需用。

1）工程施工用水量（q_1）按式（6-4）计算。

2）施工机械用水量（q_2）按式（6-5）计算。

3）施工现场生活用水量（q_3）按式（6-6）计算。

4）生活区生活用水（q_4）按式（6-7）计算。

5）消防用水量（q_5），见表 6-11。

6）总用水量 Q，按式（6-8）～式（6-10）计算。

(2) 水源选择。首先考虑当地自来水作水源，如不可能才另选天然水源。临时水源应满足以下要求：水量充足稳定，能保证最大需水量供应；符合生活饮用和生产用水的水质标准，取水、输水、净水设施安全可靠，施工安装、运转、管理和维护方便。

(3) 临时供水系统。供水系统由取水设施、净水设施、储水构造物、输水管网几部分组成。

取水设施由取水口、进水管及水泵站组成。取水口距河底（或井底）不得小于0.25～0.9m，距冰层下部边缘的距离也不得小于0.25m。水泵要有足够的抽水能力和扬程。

当水泵不能连续工作时，应设置储水构造物，其容量以每小时消防用水量确定，但一般不得小于10～20m³。有关内容见第六章第七节。

输水管网应合理布局，干管一般为钢管或铸铁管，支管为钢管。输水管的直径必须满足输水量的需要。

2. 工地临时供电

(1) 用电量。工地用电可分为动力用电和照明用电两类，用电量可用式（6-15）计算。

(2) 选择电源，确定变压器。无论由当地电网供电还是在工地设临时电站解决，或者各供给一部分，选择电源都应根据工程具体情况经过比较确定。考虑当地电源能否满足施工期间最高负荷；电源距离经济性；设临时电站，供电能力应满足需用，避免造成浪费或供电不足，电源位置的设置应在设备集中、负荷最大而输电距离又短的地方。

一般首先考虑将附近的高压电通过工地的变压器引入，变压器的功率按式（6-16）计算。

(3) 选择导线截面。合理的导线截面应满足三个方面的要求：其一，足够的机械强度，即在各种不同的敷设方式下，确保导线不致因一般机械损伤而折断或损坏漏电；其二，应满足通过一定的电流强度，即导线必须能承受电流长时间通过所引起的温度升高；其三，导线上引起的电压降必须限制在容许范围之内。按这三项要求，选其截面最大者。有关内容见第六章第七节。

(4) 配电线路的布置。线路宜架设在道路的一侧，并尽可能选择平坦路线。线路距建筑物的水平距离应大于1.5m。在380/220V低压线路中，木杆间距为25～40m。分支线及引入线均应从电杆处接出。临时布线一般都用架空线，因为架空线工程简单、经济、便于检修。电杆及线路的交叉跨越要符合有关输变电规范。配电箱要设置在便于操作的地方，并有防雨、防晒设施。各种施工用电机具必须单机单闸，绝不可一闸多用。闸刀的容量按最高负荷选用。

二、工地运输组织计划

工地运输组织计划的主要内容包括：

1. 确定运输布局，计算运输总量

运输总量按工程的实际需要量来确定。每日的货运量可按式（7-3）计算

$$q=\frac{\sum Q_i L_i K}{T} \tag{7-3}$$

式中　q——每日运输量，t·km；

Q_i——各种物资的年度或季度需用量；

L_i——运输距离，km；

T——工程年度或季度计划运输天数；

K——运输工作不均衡系数，公路运输取1.2，铁路运输取1.5。

2. 选择运输方式

工地运输主要有汽车、拖拉机、兽力车等，这些运输方式应根据当地具体条件加以选择和组织，但应注意以下要求：

（1）运距短，运输量小，力求直达工地。

（2）装卸迅速，转运方便。

（3）运输工具与所运物资的性能价值、要求等相适应，并充分发挥工具的运载能力。

（4）尽量利用原有交通条件。

（5）符合安全技术规定。

3. 确定运输工具数量

运输方式确定后，即可计算运输工具的需要量。运输工具数量可按式（7-4）计算，即

$$R=\frac{QK_1}{qTnK_2} \tag{7-4}$$

式中 R——所需的运输工具台数；

Q——年度或季度最大运输量，t；

K_1——运输不均衡系数，场外运输一般采用1.2，场内运输一般采用1.1；

T——工程年度或季度的工作天数；

K_2——运输工具供应系数，一般采用0.9；

q——汽车台班产量根据运距按定额确定，t/台次；

n——每日的工作班数。

4. 编制运输工具调度计划

为了按施工进度计划进行物资和材料的供应的运输工作，必须在施工机构的统一安排下，编制调度计划，规定出一台运输工具在施工过程中的使用地点的期限，运输任务和性质，检修要求和日期，对主要运输工具应排列运行图。

5. 设置辅助设施

根据运输工作的要求，设置临时道路、车库、加油站、检修车间等辅助设施。

第五节　施工平面图设计

根据施工过程空间组织的原则，对施工过程所需工艺流程、施工设备、原材料堆放、动力供应、场内运输、半成品生产、仓库料场、生活设施等项，进行空间的、特别是平面的规划与设计，并以平面图的形式加以表达。这项工作就叫施工平面图设计，也是施工过程空间组织的一种具体成果。

一、施工平面图的类型

1. 根据施工对象分

（1）施工总平面图。施工总平面图是以整个施工管理范围为对象的平面设计方案、它是加强现场文明施工的重要依据，主要反映工程沿线的地形情况、料场位置、运输路线、生活设施等的位置和相互关系。常用比例为1∶5000或1∶2000，施工总平面图形式如图7-5所示。

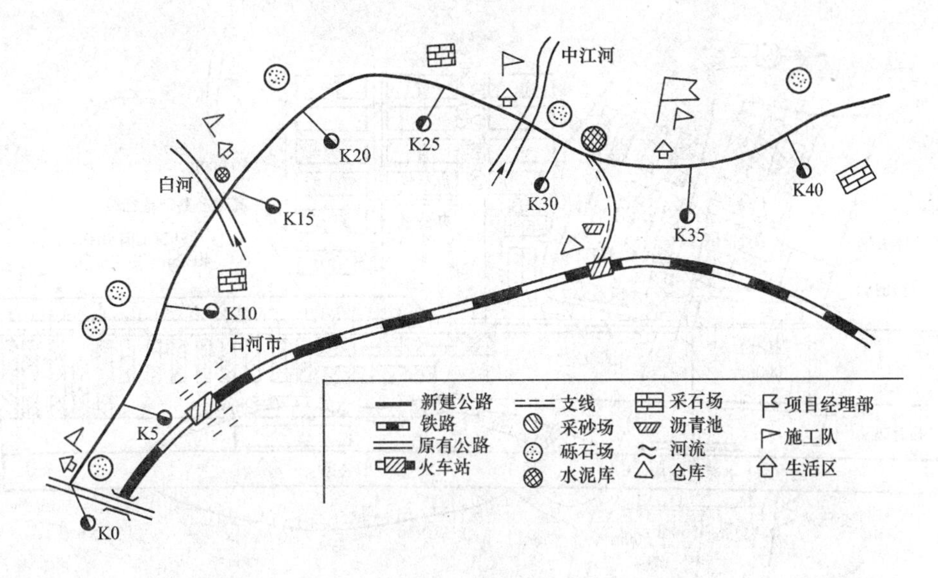

图 7-5　某公路施工总平面图

(2) 单位工程或分部（分项）工程施工平面图。它是以单位工程或分部（分项）工程为对象的空间组织的平面设计方案，比施工总平面图更加深入、具体。一般包括：

1) 重点工程施工平面图。如基础工程施工平面图、主梁吊装施工平面图等。

2) 沿线砂石料场平面图。

3) 大型附属场地平面图。

4) 临时供水、供电、供热基地及管线分布平面图。

2. 按主体工程形态分

(1) 线型工程施工平面图。公路工程施工平面图是沿路线全长绘制的一个狭长的带状平面图。公路施工平画图即可以按道路中线为假想的直线进行相对的展绘，还可按路线实际走向展绘，有时还可以在平面图的下方展绘出道路纵断面。线型工程施工平面图图内容包括：

1) 重要的地形、地物。如河流、交通路线、通讯线路、居住区、工地附近的永久建筑物等。

2) 拟建工程主要施工项目及用地范围。拟建路线里程，重点工程位置如沿线大中桥、渡口、隧道、大型土石方等，养护及运管建筑物位置。

3) 临时设施及位置。如临时便桥、便道、电线，临时料场、加工场、仓库、机械库、生活用房等。

4) 施工管理机构。现场指挥部、监理部、工程处、施工队等。

5) 其他与施工有关的内容。地质不良地段、国家测量标志、气象台、防洪、防火、安全设施等。

(2) 集中型工程施工平面图。这类工程施工平面图，既可以是施工总平面图、又可以是单项工程分项工程的施工平面图，其总的特点是工程范围比较集中（包括局部线型工程），反映的内容比较深入具体。如桥梁施工平面图、砂料场施工平面图，加工厂或顶制厂平面布置图等。这类施工平面的内容一般包括：原有地形地物；生产、行政、生活等区域的规划及其设施，用地范围；主要测量及水文标点；基本生产、辅助生产、服务生产的空间组织成果；场区运输设施；安全消防设施等；如图 7-6 所示。

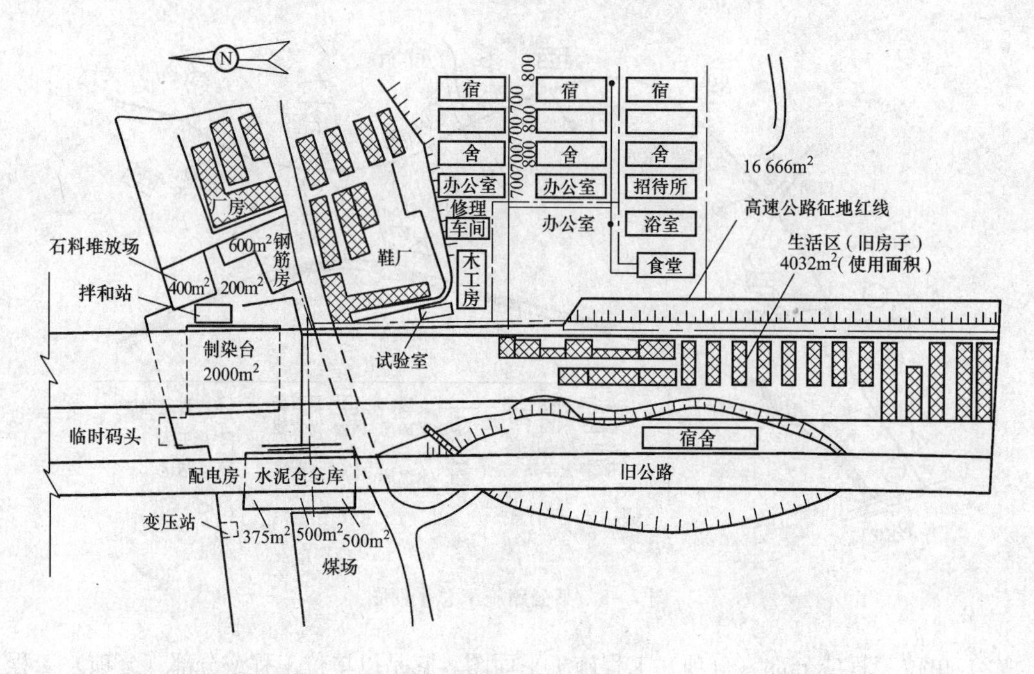

图 7-6　某独立大桥施工平面图

施工场地平面的布置没有固定的模式，必须因地制宜，密切联系实际，充分搜集资料，根据工程特点及现场的环境条件，才能编制出切实可行的场地布置图。

二、施工平面图布置的原则、依据、步骤

1. 施工平面图布置的原则

（1）在保证施工顺利的前提下，充分利用原有地形、地物，少占农田，因地制宜，以降低工程成本。

（2）充分考虑洪水、风、地质等自然条件的影响。

（3）场区规划必须科学合理。从所采用的施工手段和施工方法出发对基本生产区域进行布设，对于辅助生产区域的布设，必须方便基本生产、在内部满足工艺流程的需要，并使其靠近原料产地或汇集点；对于生活区域的布设，应方便工人的休息和生活；对于施工指挥机构的布设，必须有利于工程全面的管理。

（4）在材料运输过程中，减少二次搬运和运距，将大型预制构件或材料设置在使用点附近，使货物的运量和起重量减到最小。

（5）现场的布局必须适应施工进度、施工方法、工艺流程及所采用新技术、新工艺和科学组织生产的需要。

（6）施工平面图必须符合安全生产、保安防火和文明生产的规定和要求。

2. 施工平面图布置的依据

（1）地形图。

（2）设计资料及施工组织调查资料。

（3）施工进度计划，材料、半成品的供应计划及运输方式。

（4）辅助生产、服务生产的规模和数量。

（5）其他有关资料。

3. 施工平面图布置的步骤

（1）分析和研究设计图纸、施工方法、工艺设计、自然条件等资料。

（2）进行平面规划分区。

（3）合理进行起重、吊装、运输机械的布置。

（4）确定混凝土、沥青混凝土搅拌站的位置。

（5）确定各类临时设施、堆料场地的位置和尺寸。

（6）布置水电线路。

（7）确定临时便道、便桥的位置、长度、标准。

（8）进行多方案分析比较，确定最优方案。

第六节　机械化施工组织设计

一、机械化施工组织设计任务和内容

（一）机械化施工组织设计任务

公路建设离不开机械，随着现代施工技术的发展，机械化的程度会越来越高，为了使机械施工发挥更大的效益，降低劳动强度，提高工程质量，就必须在施工前编制机械化施工组织设计。机械化施工组织设计，以机械化施工本身的特点降低外界因素影响，保证机械的最大使用率，从而缩短工期，降低成本，主要任务如下：

（1）根据各种施工机械的性能和用途，在不同环境条件和施工方案下，保证机械的最佳配合。

（2）确定机械施工数量和调配计划。

（3）合理安排机械化施工的进度计划。

（4）对分部分项工程的机械进行平面组织。

（5）机械的保养与施工进度相统一。

（二）机械化施工组织设计内容

机械化施工组织设计内容对整个项目来讲分为机械化施工总体计划和分部分项工程计划。

1. 机械化施工总体计划内容

（1）确定施工计划总工期。

（2）机械化施工的步骤和操作规程、相关的机械管理人员。

（3）机械最佳配置、各季度计划台班数量。

（4）机械施工平面设置与机械占地布设。

（5）确定机械作业的总体进度计划。

2. 机械化施工分部分项工程计划内容

（1）分部分项工程日进度计划图表。

（2）工程项目机械配合施工的安排计划（施工方法、机械种类）。

（3）机械施工技术、安全保证措施。

（4）机械检修、保养计划和措施。

（5）机械的临时占地布设和现场平面组织措施。

二、机械的选型与配套

目前，世界各国施工机械的发展日新月异，更新换代的周期大大缩短，因此如何正确选择适合承包工程使用的高效、耐用、多能、价低的先进设备，是先要解决的问题。

1. 机械选型的原则

（1）选用的施工设备必须与施工现场、施工对象、施工方法相适应，力求高效，保证耐用。

（2）在施工条件允许的情况下，要尽量选用大型、快速、多能、高效的设备。

（3）要注重经济效益，所选机械要寿命长，效率高，周期费用和作业消耗成本要低。单机选用的一般原则是：

1）生产性：单位时间内的生产量高，舒适，安全。

2）经济性：整机购置费用低，综合效率高。

3）可靠性：故障率低，停机时间少，出勤率高。

4）节能性：能耗低，在高原地区应配涡轮增压。

5）维修性：可修，易修，维修费用低。

6）耐用性：零配件耐磨，易买，便宜，整机使用寿命长。

7）成套性：辅机齐全，配套，易组成生产流水线。

8）环保性：环境污染低，有废气净化装置，噪声小。

（4）所选择的机械，要整机性能优良，工序之间相互配套，以提高整体生产水平，大幅度地提高施工机械化水平。

（5）先国内，后国外的原则。凡有国内已生产、性能过关的设备，就不买国外的产品，凡有引进技术和部分进口部件或组装的设备，就不买国外同类型的整机，以达到降低工程成本的目的。

2. 机械配套原则

（1）合理选择工程的主导机械，其他机械必须围绕主导机械进行配套。

（2）尽量减少配套机械的数量。

（3）各配套机械的工作能力必须与主导机械匹配。

（4）采用合理的施工组织方案。

（5）同一作业要尽量使用同一型号的机械，以便于维修管理。

在选择机械和进行配套设置时，重点是主导机械，主导机械决定着施工方式、方法、质量、进度，并决定着整套机械的效率。配套机械的工作效率、工作饱和度要保持相对平衡，同时注意合理搭配机械的数量，因为在其他条件都相同的情况下，配套机械的数量越多，整套机械的效率就越低。

三、施工机械选型方法

在公路工程施工过程中，影响因素很多，应根据机械性能，针对各项作业的具体情况，合理的选择机械。

1. 根据作业内容选配

公路工程的每个分部分项工程都包含着相应的作业内容，每种作业都由相应的施工机械完成，在具体选择时，首先选择主要机械，然后根据其生产能力、工作参数及工程的环境、施工条件选择配套机械。通常，对于中小型工程，选择通用性较好的机械。

2. 根据工程性质选配

在土石方施工中，土的性质和状态直接影响施工机械作业的质量、工效、成本等，因此，工程性质不同的土质，施工时应选择不同的机械。对于铲土运输机械，除考虑土的状态、性质、工程量等因素外，还应结合现场条件和运输距离等。如在土路不平的现场条件下，履带推土机适应在运距在 80m 以内，而自行式铲运机的经济运距为 200～1000m。

3. 根据气象条件选配

降水直接影响土的状态，使机械的工作性能受到影响，所以气象条件是影响机械施工的因素之一，如在干旱时使用轮胎式机械，在雨季应使用履带式机械。

在选择机械时，除考虑作业内容、工程特点、气象等内容外，还应考虑与施工间接相关的其他条件，如多项工程同时施工时，要制定出计划，使同样的施工项目不增加机械的种类，平时机械可在同一项目施工，空闲时转移到其他工程上，减少机械的空置时间，增加机械的效率，降低成本。

第七节　某高速公路工程施工组织设计实例

一、工程概况

1. 概述

某高速公路，起点位于 107 国道株易路口，止于邵阳市周旺铺，和 320 国道相接，全长 217.763km。

本路段全长 11.7km，起讫里程 K56＋300～K68＋000，双向四车道，高速全封闭全立交。

2. 主要技术指标

本工程按山岭重丘区高速公路技术标准进行设计。全线采用四车道高速公路标准，路基宽度 26.0m，行车道宽 4×3.75m；设计荷载为汽车—超 20 级、挂车—120；计算行车速度为 100km/h；最小平曲线半径为 7000m，最大纵坡 3.4%。

3. 主要工程数量（表 7－5）

表 7－5　　主要工程数量表

项目			工程数量	单位
路基	挖方	土方	793 155	m^3
		石方	571 697	m^3
填方			1 107 792	m^3
大桥			118.4/1	m/座
小桥			62.2/2	m/座
互通立交			1	处
分离式立交			462.28/9	m/座
人行天桥			71/2	m/座
通道			589/21	m/道
涵洞			1675.64/43	m/道
路面			219 000	m^2
防护及排水圬工			31 700	m^3

4. 沿线自然条件

工程处在我国地势由西向东降低的第二级阶地与第三级阶地的交接地区，地形上呈西高东低，K56＋300～K64＋000为平原微丘区，K64＋000～K68＋000为重丘区。

路线所经区域属华南准台地构造单元，本路段为湘乡盆地构造，地质构造运动微弱，构造形迹明显，从河流阶地发育情况和河床变化特征来看，整体上表现为缓慢的上升运动。

沿线地质复杂，经受了从前震旦纪至第四纪以来的多次运动，出露地层较多，由新至老主要有新生界第四系、第三系、中生界白垩系、古生界二叠系、石炭系、泥盆系等。

根据《中国地震烈度区划图（1990）》，全线均小于坡区，构造物仅做简单抗震设防即可。

本区位于北回归线以北，属亚热带暖温季风性气候。春季天气变化大，阴晴不定，夏季炎热，常有高温出现，秋季凉爽，冬季阴冷。年平均气温16.1～17.4℃，最高温度36～40℃，最低气温－10.1℃。年降雨量1100～1437mm。全年无霜期270天左右。

本路段经过石狮江东干流等河流，流域内降水量充沛，雨量多集中在4～6月份，河水位受降雨量影响明显。地下水按其埋藏条件和含水特征可分为上层滞水、第四系孔隙水、基岩孔隙裂隙水、岩溶裂隙水等。地表水和地下水对混凝土、钢筋均无侵蚀性。

5. 沿线筑路材料和运输条件

(1) 砂料：主要集中在湘乡市石狮江，储量丰富，砂质坚硬，开采条件好，运输方便。

(2) 石料：工程所在地湘乡段石料储量大，沿途已开采的石料场较多。较大的灰岩料场主要有湘乡水泥厂采石场，运输条件好。

(3) 水泥：湘乡市有国家大型水泥厂，质量可靠，品种齐全。

(4) 交通运输条件及水电供应。

本路段沿线有320国道，湘棋公路与其平行，南北方向有省道S1816线，另外沿途地方道路较密集，只需稍做改造即可作为临时便道，交通条件方便。

该地区电力供应充足，工程用电可与当地供电部门协商解决；沿线通信条件较好，乡镇均有国内直拨通信设施。

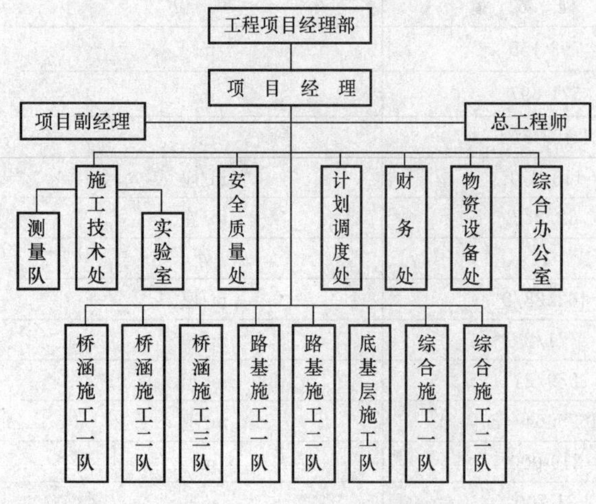

图7-7 组织机构图

二、施工组织机构及机构配置

1. 施工组织机构

实行项目经理负责制，按照项目法组织施工。组织机构框图见图7-7。

2. 机构配置

项目经理部下设8个业务部室，共计58人，下辖8个施工队，以项目工期、安全、质量、效益为目标，以高效精干的组织机构人员为指挥核心，统筹兼顾、快速运作、平行流水交叉作业相结合，强化组织管理职能。各部室人员分配见表7-6。

表 7-6　各部室人员分配表

部室名称	人　数	部室名称	人　数
项目经理	1	项目副经理	1
总工程师	1	施工技术处	14
测量队	5	试验室	2
安全质量处	4	计划调度处	21
财务处	3	物质设备处	3
综合办公室	3	合计	58

三、资源配置计划

1. 机械及试验仪器配置

本路段桥涵工程多，测量试验工作量大，因此必须合理组织分配施工机械。为了充分满足工程任务的需求，确保施工工期，需要一批性能优良、生产率高、故障率低的桥梁安装设备、混凝土施工设备、土石方施工设备及各种测试器材。机械设备和测试仪器见表 7-7 和表 7-8。

表 7-7　主要施工机械表

序　号	设备名称	型号	数量（台）	序　号	设备名称	型号	数量（台）
一	路基、路面机械			4	双导梁架桥机		1
1	推土机	TY220	10	5	卷扬机	2t	4
2	挖掘机	CAT320	10	6	潜水泵		6
3	装载机	Z1 40B	6	7	水泵 48A	12	18
4	压路机	YZ14B	6	8	凿岩机	7655 型	9
5	自行式羊足碾压机	825B	2	9	钢筋调直机	CT4/14	9
6	压路机	ZY8/10	4	10	钢筋弯曲机	GWB40	9
7	稳定土路拌机	WB230	2	11	钢筋切断机	GJ40—1	9
8	稳定土厂拌机	TD—100	1	12	电焊机		9
9	沥青混合料摊铺机	MABG423	1	13	对焊机		3
10	平地机	PY160B	4	三	运输机械		
二	桥梁机械			1	自卸汽车	东风牌	8
1	搅拌机	JS500	15	2	载重机	东风牌	10
2	旋转钻机		1	3	洒水车	15CA141	3
3	吊车	40t	2	4	油罐车	8t	1

表 7-8 材料试验、测量、质检仪器设备表

序号	仪器设备名称	型号	数量（台）	序号	仪器设备名称	型号	数量（台）
1	液塑限联合测定仪	PG-Ⅲ	1	16	数显控温仪	OD100℃	1
2	土壤重型击实仪	SJLDI 型	1	17	水泥稠度及凝结时间测定仪		1
3	平板载荷测试仪	智能型 K30	2	18	砂浆稠度仪	SC145	1
4	土壤压实控制含水量测定仪	TSCDI 型	2	19	针片状规准仪		1
5	核子密湿度计	MCD3	2	20	坍落度筒		4（个）
6	土壤比重计	TMD85	2	21	雷氏夹测定仪	LDD50	1
7	轻型动力触探仪	10K	1	22	混凝土回弹仪	HTD225	2
8	平整度检测尺	2.5m		23	混凝土拔出仪	TYLD2	1
9	压力试验机	YAD2000	1	24	岩石切割机	DQD4	1
10	万能材料试验机	WED600	1	25	工程试验检测车	10210	1
11	雷氏沸煮箱	FZD31	1	26	全站式测量仪	SCKKIA	1
12	水泥胶砂试件抗折机	RIJ5000D	1	27	经纬仪	WILD72	7
13	数显维勃稠度仪	TCSD1	1	28	水准仪	NS3	4
14	电热干燥箱	101D2	2	29	土壤含水量快速测定仪	TWC-1 型	2
15	水泥混凝土标准养护箱	YHD40B	1				

2. 主要施工力量

根据本路段工程内容、数量及工期要求，共需劳动力 781 811 万个工天，平均投入劳力 1000 个，高峰期人数达 1150 人。将组织 8 个施工队进行施工，其中 3 个桥涵队，2 个路基施工队，1 个底基层队，2 个综合施工队，随着工程的进展和情况变化，各施工队实行弹性编制，动态管理。

3. 主要施工材料用量

根据对各种料源、施工现场、周围环境、市场等的调查，本路段主要施工材料要求数量及供应方法见表 7-9。

表 7-9 主要材料需求数量及供应方法

材料名称	单 位	数 量	来 源	运到现场的方法
32.5 水泥	t	22 161	湘乡	汽运
42.5 水泥	t	11 535	湘乡	汽运
52.5 水泥	t	1439	湘乡	汽运
钢筋	t	1965	涟源	汽运
钢绞线	t	62	涟源	汽运
其他钢材	t	186	涟源	汽运
木材	m^3	663	湘乡	汽运
砂	m^3	80 090	湘乡	汽运
石料	m^3	224 175	湘乡	汽运

四、施工准备与临时工程

1. 场地清理

按照图纸所示及现场实际情况，清理工程征地界限范围内阻碍施工的各种构筑物、障碍物以及灌木、树墩、树根等杂物，为临时工程和主体工程施工创造条件。

2. 技术准备

（1）内业技术准备工作主要包括：①认真阅读、审核施工图纸，学习施工规范，编写审核报告；②进行临时工程设计；③编写实施性施工组织设计及质量计划；④编写各种施工工艺标准、保证措施及关键工序作业指导书；⑤结合工程施工特点，编写技术管理办法和实施细则；⑥对施工人员进行必要的岗前培训。

（2）外业技术准备工作主要包括：①现场详细调查与地质水文踏勘；②与设计单位办理现场交桩手续并进行复测与护桩；③各种工程材料料源的调查与合格性测试分析并编写试验报告；④组织进行设计路基横断面复测；⑤施工作业中所涉及的各种外部技术数据搜集。

3. 临时工程设施建设

（1）施工道路。本路段线路与既有 320 国道大致平行，与省道 S1816 线路相交，线路附近乡间道路密集，施工便道需改造既有道路和贯通全管区的乡村道路，以满足施工需要。新建沿主线的纵向及引入便道 12km，便涵 360m。

（2）施工用电。采用电网与自发电相结合，大桥及用电量集中地段采用电网供电，其余用电均以自发电解决。

本路段安装变压器 5 台，总容量 1000kVA，架设临时高压输电线路 1000m，另备 4 台 120kW、4 台 75kW 的发电机以供施工使用和备用，生活用电均由附近村庄接入驻地，就近解决。

（3）通讯联络。本路段拟利用当地的通讯设施，项目部与建设单位采用程控电话沟通，与主要工点亦采用程控电话联系，全路段共设程控电话 6 部。

（4）生产、生活用房。根据“就地取材，节约用地，布局合理，减少干扰，方便施工，结构安全，经济实用”的原则修建临时房屋。

本路段施工高峰期人数高达 1150 人，共需修建生活房屋 4000m^2，并租用部分民房，修建生产房屋 3000m^2，房屋结构采用空心砖墙、石棉瓦屋面及活动房两种。

（5）生产、生活用水设施。本路段沿线附近河流较多，地下水和地表水丰富，施工时可自行抽水或从当地村庄接入，供施工生产用水、生活用水。旱季时可从当地灌溉系统取水。

（6）工地卫生、保健设施。为保证施工人员和现场监理的身体健康，在工地设一个卫生保健室，配备常用的药品和急救设备，以便在人员出现伤病的情况下，及时得到医治，同时加强同附近当地医院或卫生所的联系，必要时取得其帮助。

（7）工地文化、体育娱乐设施。在工地附近设文化、体育娱乐室，配置电视房、报刊杂志阅览室，同时配备一些健身器材，丰富广大施工人员的业余生活。

（8）工地临时排水设施。建造工地生活用房及生产房屋，应选择在雨季期间不受洪水影响的地方，并且地基高出原地面，在房屋四周设置排水沟，以便将场地内积水排入原有水系；同时在线路及施工便道两侧（或单侧）设置临时排水系统，以保证工程的正常进行。

（9）工地污水和垃圾处理。在生活区和施工区域内设垃圾池，将其区域内的粪便、污水、垃圾弃置在垃圾池内并定期喷洒消毒药水，待池满后用密封的垃圾罐车运到监理工程师指定的地点。

(10) 工地防火、防风、防爆及防洪安全设施。工地临建房屋加设缆绳，并采用一些不易下滑的重物压顶以防大风天气损坏房屋，危及人员安全，在施工现场采取一切有效的防火与消防措施，配备一定数量的灭火器材，并在施工机械车辆上也配备适当数量的手持灭火器。

在施工现场人员居住区、材料堆放区、机械设备存放区周围备足沙袋，以备洪水来临时修筑围堰进行挡护、爆炸物品设专人昼夜看护，在其存放区设栅栏或铁丝网进行维护。

五、施工总平面布置

1. 施工总平面布置说明

施工现场总体规划原则：布局合理，节省投资，减少用地，节省劳力，因地制宜，就地取材，方便施工，尽量利用既有设施。

平面规划主要内容：项目部及施工队驻地、施工便道、供电路线、施工用水、生产生活用房、料场、混凝土拌和站、预制厂等。

2. 施工总平面布置图

见图 7-8。

六、施工安排与布置

1. 施工组织安排原则及总体施工方案

(1) 施工组织安排原则。本路段包括桥涵、通道、路基土石方、防护排水等工程，本着先重点后一般的原则，在保证施工安全、工程质量的基础上，优化资源配置，挖掘机械施工潜力，确保在工期内完成施工任务。

(2) 总体施工方案概要。

1) 桥梁工程。钻孔桩基础使用循环回转钻机，扩大基础采用人工配合挖掘机开挖，石方采用浅眼松动爆破，自卸汽车运输；水中墩采用钢板桩围堰、墩及台身外模采用整体大块组合钢模板，特殊部位使用木模内钉铁皮；混凝土采用自动计量拌和机拌和，采用机械提升混凝土或起重机吊运，插入式振捣器振捣，洒水养护。普通空心板梁和 T 梁采用现场预制，40t 汽车吊装，大桥的宽幅空心板梁采用双导梁架桥机架设，箱梁采用满堂支架现浇。

2) 路基土石方施工。机械化作业，即开挖、装运、摊铺、平整，碾压均采用配套机械设备，严格控制土壤含水量，运用试验检测手段，确保土壤最终密实度。

3) 涵洞和通道。涵洞和通道基础采用人工配合挖掘机开挖，石方采用浅眼机动爆破、浆砌片石砌筑采用挤浆法施工，盖板在预制场集中预制，梁就地预制，吊车安装。

4) 防护与排水。防护与排水工程必须同路基填筑和路堑开挖相配合施工，防护与排水工程采用人工和机械协同作业。所有小型混凝土构件集中预制，混凝土边沟用的预制块和空心方块采用机制。

2. 施工总程序安排

(1) 本路段土石方数量较大，高填方路基段应提前安排、突击施工，以保证路基的预留沉落期。

(2) 涵洞工程应尽早安排施工，以保证路基土石方得到较长的施工段，维持排洪和灌溉的使用。

(3) 空心板梁和 T 梁桥头路基应尽早施工，以便作为梁体预制场地。

临时工程数量表

工程项目	单位	数量	备注
新建便道	km	12	
新建便涵	m	360	
新建生产房屋	m^2	4000	
新建生活房屋	m^2	3000	
变压器	台	5	200kVA

图　例

名称	图例	名称	图例
新建公路	——	桥涵队	Q_n
既有便道	══	路基队	l_n
新建便道	— —	综合队	Z_n
项目部		底基层队	DJ
变压器			

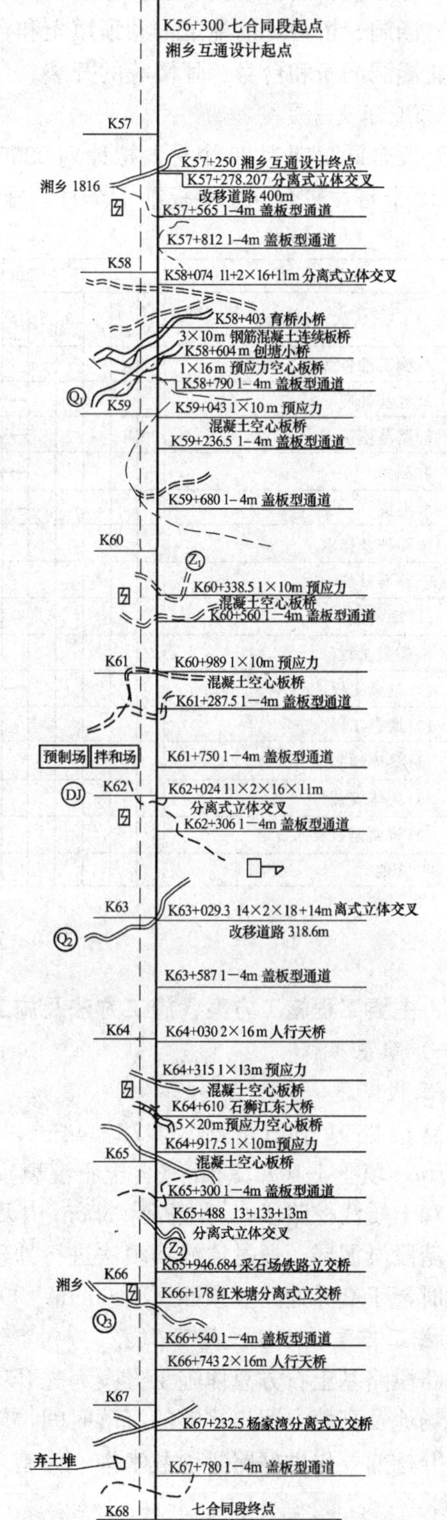

图 7 - 8　施工总平面布置图

（4）做好桥台后渗水土填筑、锥坡填土、台后缺口填土和路基填土等的衔接。

（5）涵洞、桥台提前施工，洞顶填土和台后填土施工完毕后，方可进行大规模的土方填筑。防止涵洞洞身和台身、耳墙等的开裂。

3. 总工期及进度安排

本路段合同工期为 20 个月。拟计划 2000 年 5 月 1 日开工，2001 年 11 月 30 日竣工，总工期为 19 个月，较合同工期提前 1 个月，施工总体进度见图 7 - 9。

年　度	2000 年												2001 年											
主要工程项目 ＼ 月　份	1	2	3	4	5	6	7	8	9	10	11	12	1	2	3	4	5	6	7	8	9	10	11	12
1. 施工准备					—																			
2. 地基处理						—	—	—																
3. 路基填筑						—	—	—	—	—	—	—	—	—	—	—	—	—	—	—				
4. 涵洞						—	—	—	—															
5. 通道						—	—	—	—	—	—	—	—	—	—	—	—							
6. 防护及排水							—	—	—	—	—	—	—	—	—	—	—	—	—	—	—	—		
7. 路面基层																								
(1) 底基层																					—	—	—	
8. 桥梁工程																								
(1) 基础工程						—	—	—	—	—	—	—												
(2) 墩台工程								—	—	—	—	—	—	—										
(3) 梁体预制									—	—	—	—	—	—	—	—								
(4) 梁体安装											—	—	—	—	—	—	—	—	—	—	—			
(5) 桥面铺装及人行道														—	—	—	—	—	—					
9. 其他																							—	

图 7 - 9　施工总体进度

七、主要工程施工方案、施工方法及施工工艺

（一）路基工程

1. 工程概述

本路段路基土石方约 2 472 644m³，其中挖土 793 155m³（含借土开挖），挖石 571 697m，填土 1 107 792m³（含土石混填）；最高填方 12m，最高挖方 15m 左右，对于零填路堤和土质浅挖路段，对上路床 30cm 内及下路堤采用掺 3％石灰土进行处理，对沟间溺谷及水塘段淤泥层，通过清淤换填法进行处理，对路基横向半填半挖较长路段及路基纵向填挖较大时，于交界处路基顶面以下 60cm、90cm 分层铺设两层 CE131 土工格栅。

2. 施工方案、方法及施工工艺

本路段路基土石方总体施工方案为先开工各桥两端的路基及高填方路段，为桥梁施工尽早平出场地及高填方留出足够的沉落时间，施工前恢复线路中桩，复测横断面，测设出开挖边线。开挖前，先做好路堑顶截水沟，为施工做好准备。路基施工以机械施工为主，人力施工为辅。

（1）路堑施工。

1）土方开挖：以机械施工为主，分层开挖，并及时用人工配合挖掘机整刷边坡，对不

便于机械施工的地段，采用人力施工。运距小于80m时采用推土机推土，运距大于80m时，采用挖掘机（或装载机）配合自卸汽车装运。

施工前仔细调查自然状态下山体稳定情况，分析施工期间的边坡稳定性，发现问题及时加固处理。同时做好地下设备的调查和勘察工作。施工测量控制，保持边坡平顺，做好边坡施工防护。路堑基床开挖接近堑底时，鉴别核对土质，然后按基床设计断面测量放样，开挖整修；或按设计采取压实、换填等措施。

2）石方开挖：软石采用挖掘机开挖。次坚石、坚石采用凿岩机或潜孔钻机钻孔爆破开挖。对于开挖深度小于4m的路堑和自然坡度较大，开挖量较小的石方区段，采用浅孔爆破施工；对于开挖深度大于4m的地段，采用中、深孔微差爆破施工；为控制边坡成型，减小爆破震动、保证边坡稳定、控制飞石，可采用光面爆破和微差爆破技术。

（2）路堤施工。

1）路堤填筑施工方法。填筑前首先对路堤基底进行处理，清除所有非适用材料及其他腐殖土，并做好局部基底回填压实工作，当地面横坡小于1∶10时，直接填筑路堤；地面横坡大于1∶10且小于1∶5时，先将表面翻松，再进行填筑；地面横坡大于1∶5时，应将原地面挖成不小于1m宽度的台阶，台阶顶面作成2%～4%的内倾斜坡，再行填筑，对填筑高度小于80cm及零填挖的路段，在挖除表土后，再翻挖30cm，而后分层整平压实。

路堤经过水田、池塘、洼地时，先挖沟排水疏干，挖除淤泥及腐质根茎后，才可进行路堤填筑。

2）路堤填方施工工艺流程如图7-10所示。

3）压实工艺流程（图7-11）。

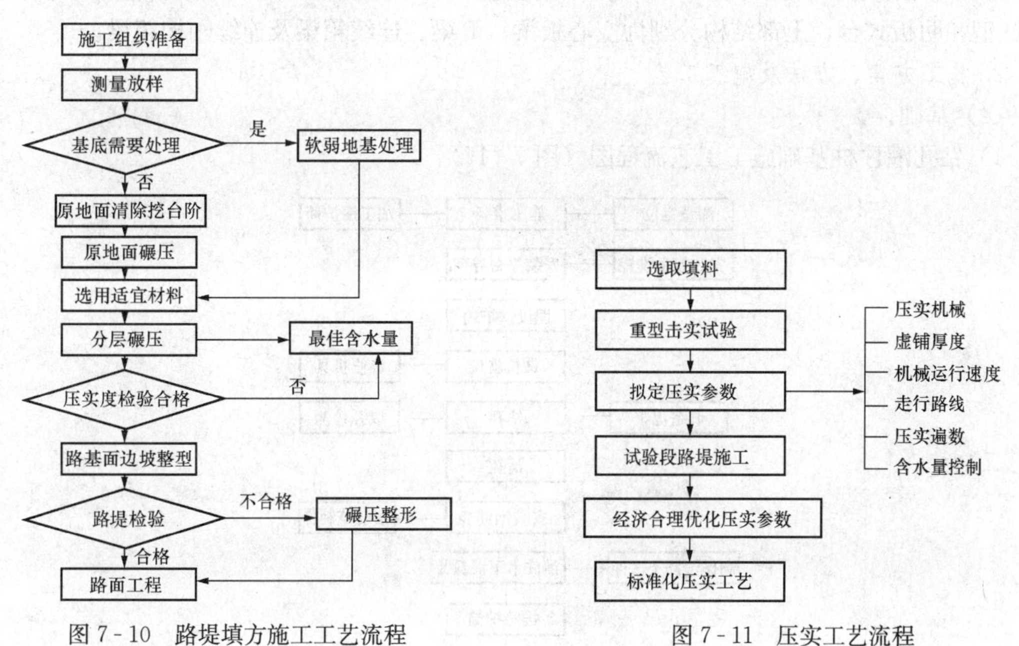

图7-10　路堤填方施工工艺流程　　图7-11　压实工艺流程

（3）路基整修成型。土质路基应用人工或机械切土、补土，配合机械碾压的方法整修成型；深路堑边坡应按设计要求的坡度，自上而下进行刷坡，对于坡面上松动或突出的石块，应及时清除；填石路堤边坡表面，用小石块嵌缝紧密、平整，不得有坑槽和松石；对填土路堤超填部分应予切除，欠填部分，必须分层填补夯实。

（二）特殊地区路基处理

1. 工程概述

本路段软土地基总长 459m，排除淤泥 39 736m^3，换填砂 8437m^3 土工格栅 19 648m^2，路基补强土工格栅 52 828m^2，路基换填 3%灰土 657 023m^3。

2. 施工方案、方法及施工工艺

本路段软土地基主要是线路经过的池塘地段，采用人工配合机械清除全部淤泥后，回填碎石土分层压实，上铺 20cm 厚砂垫层后，再铺土工格栅和 30cm 厚砂砾。施工时应注意：

（1）开工后先铺筑试验段，符合要求并经批准后方可大规模施工。

（2）砂砾料应具有良好的透水性，不含有机质、粘土块和其他有害物质。砂的最大粒径不得大于 53mm，含泥量不得大于 5%；土工格栅应符合《公路土工合成材料应用技术规范》（JTJ/T 019—1998）的规定。

（3）按设计要求，将淤泥挖除换填符合规定要求的材料，应分层铺筑、分层压实，使之达到规定的密实度。

（4）施工时注意排水工作。

（三）桥梁工程

1. 工程概述

本路段有大桥 1 座 118.4m，小桥 2 座 62.2m。互通立交 1 座，分离式立交 9 座 462m，人行天桥 2 座 71m。除 K66＋743 人行天桥的基础为钻孔灌注桩外（ϕ1.0m 钻孔桩 6 根，全长 90m），其余均为明挖扩大基础，墩身采用桩柱式（单排双柱、三柱）和薄壁墩，桥台采用 U 型和肋板式台，上部结构分别为空心板梁、T 梁、连续箱梁及连续刚构箱梁。

2. 施工方案、方法及施工工艺

（1）基础。

1）钻孔灌注桩基础施工工艺流程图（图 7-12）。

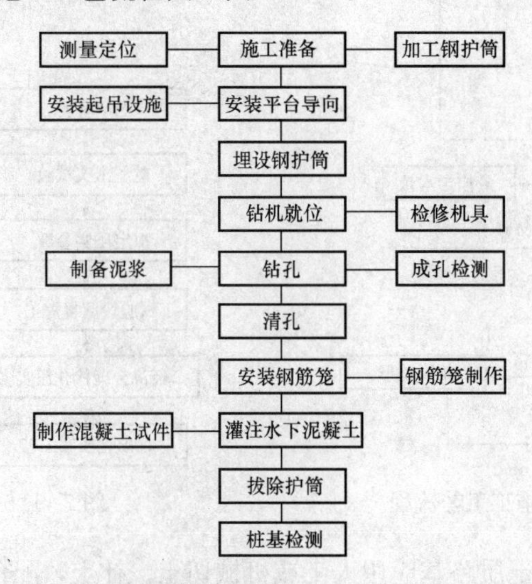

图 7-12 钻孔灌注桩基础施工工艺流程图

2）钻孔灌注桩成桩质量标准。桩基础混凝土达到一定强度后，对桩进行无破损检测，必要时沿桩长钻取大于70mm直径的芯样检测。见表7-10。

表7-10　钻孔灌注桩成桩质量标准

序　号	项　目	允许偏差或规定值	备　注
1	混凝土抗压强度	不低于设计强度	无断层，严重夹层
2	孔的中心位置	≤5cm	用经纬仪查纵、横方向
3	孔径	不小于设计桩径	
4	倾斜度	$H/100$	H为桩长
5	钢筋钢架底标高	±5cm	
6	孔内沉淀土厚度	≤5cm	
7	清孔后泥浆指标	相对密度1.0～1.2，粘度17～20s，含砂＜4%	
8	孔深	达嵌岩要求	

3）明挖扩大基础。采用人工配合机械开挖。依据水文地质资料，结合具体情况制定开挖方案；开挖前应检查测量基础平面位置和现有地面标高，以便于开挖后的检查校核；基础挖方的进度安排应使坑壁的暴露时间不超过30天；水中墩基础采用钢板桩围堰，人工开挖。

（2）墩台。

1）墩台施工工艺。

a. 凿除基础混凝土表面浮浆，整修连接钢筋；测定基顶中线、水平、划出桥墩底面轮廓线；凿除桩顶浮浆，整修钢筋。

b. 清洗模板内侧，涂刷脱模剂，安装墩身模板，接缝严密，支撑连接牢固，确保模板不变形和移动。

c. 钢筋骨架在工地制作，现场焊接，确保骨架竖直。

d. 灌注混凝土时采用卷扬机或提升塔架提升，通过串筒入模，插入式振捣器分层振捣密实，串筒底距混凝土面高度不大于2m，分层厚度不大于45cm。

e. 灌注混凝土时，经常检查模板、钢筋及预埋件的位置和保护层厚度，确保其位置不发生变形。

2）墩台施工工艺流程见图7-13。

（3）梁体预制及架设见图7-14。

1）T梁预制及架设。本路段T梁为后张法预应力钢筋混凝土结构，25m T梁24片，配备模板2套，在4个月内预制完毕。其施工工艺流程见图7-14。

a. 台座准备。施工前先进行场地压实和台座基底处理，台座采用15号混凝土浇筑，其间隔要同模板竖带相对应，上铺5mm钢板作为底模。

b. 模板制作与固定。模板采用钢板和角钢定做加工，模板接缝用海绵条填塞密贴，防止漏浆，模板采用拉撑结合的方法进行固定。

c. 钢筋骨架制作。钢筋按设计在加工间下料、弯制，再在台座上绑扎成型，按照设计布置并固定预应力孔道和各种预埋件。

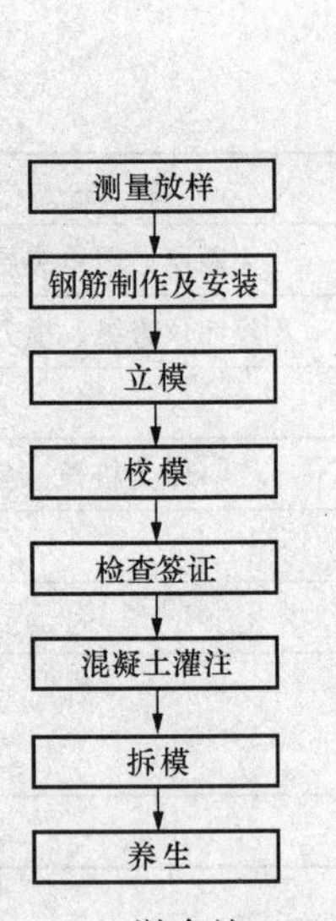

图 7-13 墩台施工工艺

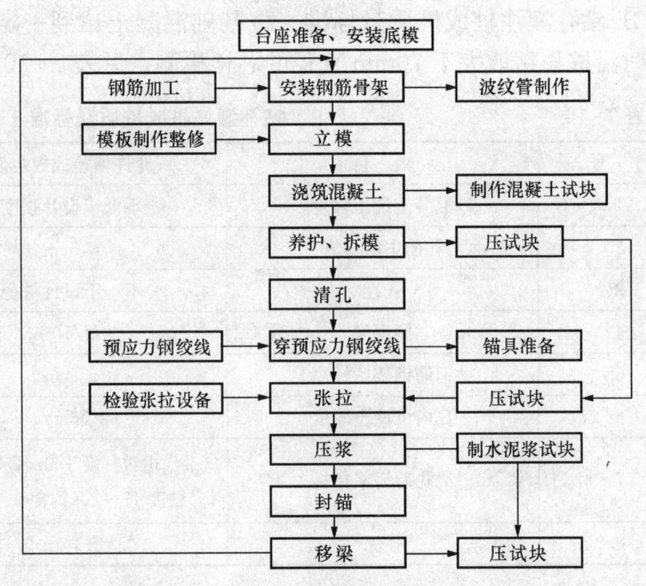

图 7-14 梁体预制及架设

d. 混凝土拌制和浇筑。混凝土采用自动计量拌和机拌和，从梁两端向中间对称、分层浇筑，采用附着式振捣器辅以插入式振动器进行振捣，不得漏捣和振捣过度，也不得损伤波纹管。混凝土浇筑完毕后按要求进行养护和拆模。

e. 张拉。拆模后，待混凝土强度达到设计要求值时，检查清理预应力孔道并穿人钢绞线，装好锚具进行张拉，张拉顺序按设计图的张拉顺序张拉。

张拉时采用张拉力和伸长量双控制，当实际伸长量与设计伸长量相差超过 6%时，应重新检验张拉配套机具，重新张拉。整个预应力张拉施工过程中，千斤顶、油泵、油表等要定期检验，并编号使用。

f. 压浆、封端。张拉完成后及时进行压浆、以防钢绞线锈蚀、松弛造成预应力损失。压浆前先用清水冲洗孔道，再从一端向另一端压浆，待压出浓浆即用木塞堵塞压浆孔，压浆完成后用与梁体同标号混凝土进行封端。

g. 移梁。采用钢垫板和滚钢配合倒链将梁移出台座，并沿移梁轨道顺序存放。

h. 梁的架设。拼装式双导梁架桥机用 64 式军用梁拼装而成。

2）现浇钢筋混凝土箱梁施工。

a. 准备工作。对孔跨内地基进行整平，而后铺设 10cm 道碴并用压路机压实，再铺 20cm 厚 C20 混凝土以保证现浇梁施工时支架的稳定性，提高地基的承载能力，其位置、尺寸由现浇梁投影决定。

b. 支架布置。本工程采用钢管脚手支架，满堂支撑。钢管支架的立杆顺桥向间跨 70cm，横杆间距 1.5m，斜撑间距 3.5m。在顶排的横杆上铺 75mm×200mm 方木，间距 70cm，其上铺设三合板，间距 250mm，面板钉设竹胶板厚 1.5cm。扣件在承重部分全部采用铸铁件，连接部分全部采用马口铁扣件。

c. 支架施工步骤。按墩柱中心线，向左右两侧放出平行于纵轴的最外边线，用石灰粉按立杆的纵横间距和位置布撒纵线和横线，交叉点即为立杆位置。立杆立起之后要进行校正，使其垂直度在 0.1%之内，并按 1.5m 的间距要求设置横杆，而后设置斜撑。支架布置时需考虑支架的沉降，在第一跨梁施工前将采用压重的方法，确定支架的沉降，第一跨梁结束后，支架的布置需取用实测的沉降值作为支架的预留沉降值。

d. 模板的铺设、安装。在支架横杆上铺设完方木及三合板之后，外模全部采用竹胶板，为方便内模的拆除，内模采用定型钢模板与木模板或竹胶板配合使用。为保证内外模板的稳固，采用 ϕ12mm 圆钢作为拉筋。

e. 钢筋的加工绑扎。钢筋加工在钢筋加工场进行，钢筋骨架在该孔跨附近地段焊接，整片吊入，为防止烧焊钢筋引起模板的表面损坏，尽可能避免在模板上进行割焊作业，否则应作相应的保护措施。绑扎钢筋时，要优先保证预应力钢筋的位置正确，非预应力钢筋的位置可适当加以修正调整。

f. 混凝土施工。箱梁混凝土浇筑顺序为底板和腹板，最后浇筑顶板部分。连续梁沿纵向浇筑顺序必须严格按施工流程的要求分段进行，每段先浇筑跨中部分，由跨中向两侧支点扩展，以减少支架沉降的影响。

（四）涵洞及通道工程

1. 工程概述

本路段有涵洞 43 座，其中盖板涵 41 座，1571.54 横延米，倒虹吸 2 座，104.1 横延米；通道共 10 座，532.22 横延米，均为明挖扩大基础，涵台基础及台身均为混凝土。

2. 施工方案、方法及施工工艺

（1）施工方案、方法。基坑开挖土方采用人工配合挖掘机进行，石方开挖采用风枪打眼，浅眼松动爆破开挖，砌体采用挤浆法施工，钢筋混凝土盖板通道盖板均在预制场集中预制，汽车吊装。通道施工前应做好既有道路改移，保证道路的畅通。

（2）施工工艺。

1）准确测设基坑开挖中心线、方向、高程；

2）针对地质情况和开挖深度定出开挖坡度及开挖范围，并做好地表防排水工作；

3）无水基坑底面比设计平面尺寸每边坡放宽不小于 50cm，有水基坑底面每边放宽不小于 80cm；

4）基坑开挖安排在枯水和少雨季节施工，挖到设计标高经监理工程师检验合格，立即进行浆砌片石基础施工。

（3）浆砌圬工。

1）石质应色泽均匀，质地坚硬，无缝隙、开裂及结构缺陷，片石厚度不应小于 15cm，块石应大致方正，上下面基本平整，厚度不小于 20cm；

2）石块在砌筑前浇水湿润，表面泥土、水锈应清洗干净，片石分层砌筑，块石应平砌，竖缝相互错开，不得贯通；

3）砌体采用挤浆法施工，在砂浆初凝后，覆盖养生 7～14 天，期间避免碰撞，振动和承重；

4）沉降缝应里外宽度一致，垂直整齐，不得互相咬合。

（五）路面底基层

1. 工程概述

本路段的路面底基层主要有 20cm 厚的水泥稳定碎石基层 265 449m^2。

2. 施工方案、方法及施工工艺

（1）工艺原理。将松散的具有一定级配的碎石，掺加一定数量的水泥，通过机械拌和、机械摊铺、整形、碾压、养生等一系列施工程序，使水泥、碎石结成为整体，从而达到所需的抗压强度和稳定性要求，起到稳定基层的作用。

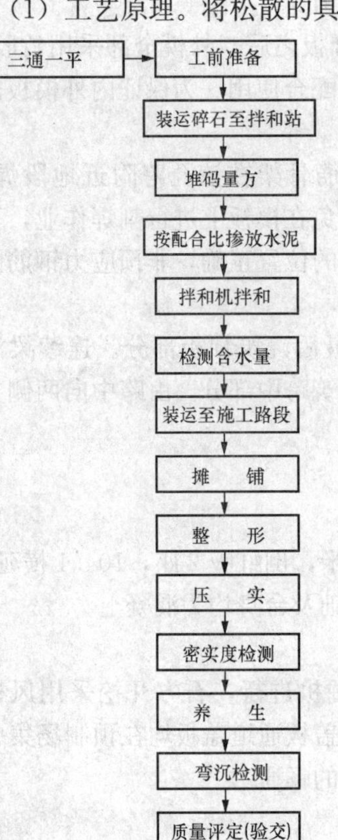

图 7-15　路面底基层工艺流程图

（2）工艺流程见图 7-15。

（3）质量要求及控制措施。

1）基本要求。

a. 碎石应选择质地坚硬，杂质少，干净的石料，各项试验指标满足规范要求，颗粒级配组成在规定的曲线范围之内；

b. 水泥要选用较低标号的普通硅酸盐水泥，终凝时间在 6h 以上，禁止使用快硬，早强及受潮变质的水泥，水泥用量按设计要求控制准确；

c. 如施工时气温较高，用水量应略大于最佳含水量，以补偿施工过程中的水分蒸发，一般宜高于最佳含水量 0.5%～1.0%；

d. 预先放好中线边桩，确保摊铺有效宽度，掌握好木台铺厚度，每层压实厚度不宜超过 20cm；

e. 水泥稳定碎石施工，采用分段流水作业，从加水至碾压终了时间不宜超过 2～3h；

f. 经碾压并检查合格后，即覆盖或洒水养生，养生期不少于 7 天。

2）验收质量标准及施工控制方法见表 7-11。

表 7-11　验收质量标准及施工控制方法

序号	项目	频度	质量标准	控制和处理方法
1	压实度	1000m² 取样 3 次	≥98%	用密度法，未达到标准者继续碾压，不良地点返工重填
2	抗压强度	分批拌和料取 6 个，面积不大于 2000m²	3.0～4.0MPa	拌和场制取试件
3	纵断面高程	每 200m 测 4 处	5～10m	用水准仪检查
4	厚度	每 1000m² 取 3 点	±10mm	钢尺检查
5	宽度	每 200m 测 4 处	不小于设计值	钢尺检查
6	横坡	每 200m 测 4 个断面	±0.3%	水准仪检查
7	平整度	每 200m 测 2 处×10d	10mm	3m 直尺量

（六）防护及排水工程

1. 工程概述

本路段路基填方高度大于 5m 小于 8m，采用路堤浆砌片石肋带内植草护坡；填方高度大于8m，采用衬砌拱内植草防护；填方高度小于5m，采用坡面全植草防护。土质挖方边坡高度不大于10m，采用框格植草防护；挖方边坡高度大于10m时，一般下部采用衬砌拱内植草防护，上部采用框格植草防护。当挖方地段为松散砂砾土层且边坡高度较大时，采用护面墙进行防护。对挖方为岩石的边坡，每级高度不大于10m，每级间设2m宽平台。一般挖方边坡的强风化岩石采用护面墙进行防护。

2. 施工方案、方法及施工工艺

(1) 浆砌片石应用挤浆法分段砌筑，每段砌筑高度不得大于120cm，段与段间的砌缝应大致砌成水平。段内各砌块的灰缝应互相错开，灰缝饱满，并捣插密实；

(2) 面石行列的灰缝应全部用砂浆充满，不得镶嵌碎石或小石子混凝土，施工时灰缝宽2～3cm，面石与腹石之间，应互相交错连成一体；

(3) 腹石石块间砌缝应互相交错，咬搭密实，不得使石块无砂浆直接接触，严禁先干填石料而后铺灌砂浆的作法；

(4) 砌体大面平整，检查时表面灰缝宽不超过4cm，在砌体表面的任何部位，与三块相邻石块相切的内切圆的直径不得大于7cm，两层间错缝不得小于8cm。

八、质量保证措施

施工过程中，自觉接受监理单位及监理人员的监理和建设单位的质量监督，进行自检、互检、交接检，定期不定期地组织质量大检查，严格奖惩制度，奖优罚劣，优质优价，确保创优目标的全面实现。

1. 组织保证措施

配齐专职质检工程师、质检员、施工安全质量监察员，制定相应的对策和质量岗位责任制，推行全面质量管理和目标责任管理，从组织措施上使创优计划落到实处。

2. 思想保证措施

党、政、工、团密切配合，宣传优质高效。把创优工作列入各级工程会、观摩会、总结会的重要议程，及时总结创优经验，分析解决存在问题，引导创优工作健康发展。

3. 技术保证措施

(1) 完善各类工艺、工序技术质量标准细则。结合工程特点，进一步细化制定各类工艺标准和作业指导书。

(2) 坚持设计文件图纸分级会审和技术交底制度，重点工程由总工程师、主管工程师审核；一般工程由专业工程师审核。同时，应认真核对现场，并与建设单位一道优化设计。

(3) 深化全面质量管理，认真贯彻ISO 9002质量管理标准。在施工中做到每个作业环节都处于受控状态，每个过程都有《质量记录》，施工全过程有可追溯性、技术质量管理、施工控制资料详实，能够反映施工全过程并和施工同步，满足竣工验交的要求。

(4) 加强专业技术工种岗前培训，提高实际操作工艺水平。

4. 施工保证措施

选择重点工序、关键工艺作为质量控制点，进行动态管理，定期抽检量测或检查，确保不出质量问题。并在以下工作、工序、部位建立质量管理点：①图纸复核、技术交底、变更设计；②测量、试验、计量；③路基基底处理、涵侧填土、换填深度、填料选择、填土的分层和碾压；④模板制作，钢筋绑扎；⑤浆砌选料、组砌方法；⑥混凝土工程配合比计量施工。

九、安全保证措施

1. 保证安全施工生产的检查程序

（1）广泛开展安全教育，对采用新设备、新技术、新工艺及调换工种的人员，必须进行岗前培训、持证上岗；

（2）加强施工管理人员的教育培训，确定“安全第一，预防为主”的指导思想；

（3）对特种作业人员，必须进行严格的培训，由有关部门组织其安全技术理论考试与实际操作考核，发给特种作业操作证书后方可上岗；

（4）强化施工现场的安全教育，对桥梁、高路堑及防护施工现场必须设立醒目的安全标语口号，施工人员驻地必须设立安全揭示牌，作业场所，库房要设置安全警示牌。

2. 安全保障措施

（1）在施工中对开挖爆破、车辆运输、机械操作、用电、用风、用水等建立作业规章制度。

（2）认真实施标准化作业，搞好文明施工。施工中严格执行操作规程和劳动纪律，杜绝违章指挥与违章操作，保证施工现场安全防护设施的投入。

（3）实施好各种保险措施。在施工时进行工程防护保险、设备保险、第三方保险和工伤事故保障，对用于本工程的机械设备和施工人员投保。

十、工期保证措施

1. 保证工期的一般措施

（1）狠抓分项工程工期，突出重点、难点，确保总工期。

（2）强化施工管理。

（3）应用新技术，采用先进设备。

（4）坚持管理人员跟班作业制度。

2. 施工进度动态信息处理和工期控制

（1）施工现场设专职计划检查人员，每日检查施工计划的执行情况，并根据工程实际进度情况及时对原施工计划予以调整、修正和充实，以确保分项工程的工期。

（2）严密注视关键线路各工程项目的进展情况，对各项目施工过程中出现的各类问题及时处理，避免停工、窝工现象的发生。以保证关键线路上各工程项目按计划完工。

（3）运用计算机网络计划技术对整个工程项目实施动态管理，工地动态监测队密切监视、跟踪现场的动态变化，及时把变化的情况归纳为计算机参数，经计算机运算，立即得出各种处理数据，主要为人员、设备台班、工作时间、材料供应等，运用其计算结果指导施工。

（4）同当地气象预报部门保持密切联系，随时掌握水文气象等自然因素的动态信息，有效利用，发挥对施工现场的超前能动指导作用。

十一、环境保护措施

1. 妥善处理取土场

（1）在取土场开挖排水通道，确保碴土稳定不流失。

（2）及时施工防护工程，防止雨季对边坡的冲刷，杜绝因此造成的水土流失。

（3）对使用后的取土场要进行适当的绿化和防护。

2. 保持河流的畅通和河水的清洁无污染

（1）大桥施工时要设置专用的泥浆循环池，不得向河中倾倒废碴和泥浆。

（2）施工完毕后要及时疏通河道，进行施工场地的清理和恢复。

十二、其他保证措施

（一）夏季施工

由于高温灌注混凝土在不同程度上对其强度、抗渗性、稳定性、磨损和抗化学侵蚀性均有一定影响，因此必须采取措施，在用水量、水泥热量、搅拌工艺、灌注、振捣和湿润养护等方面严加控制。

1. 外加剂的控制

使用缓凝剂可降低混凝土的用水量，并使其具有适当的稠度。使用外加剂需得到监理工程师同意。

2. 操作时间的控制

施工宜在夜间温度低时进行。高温下的搅拌时间应力求缩短，运输应在最短时间内完成。

3. 注意养护

高温下必须连续养护，以洒水法为宜，防止构件表面干燥，使覆盖物在24h内保持湿润状态。

4. 夏季施工其他注意事项

夏季施工中，应和监理工程师商定施工时间，避开高温浇捣，尽量利用下午6时至次日上午10时之间浇筑。

（二）雨季施工措施

（1）雨季施工应保持现场排水设施的畅通，禁止在雨天进行非渗水填料的填筑施工。

（2）雨季填筑路堤时，挖、运、填、压应连续进行，每层填土表面筑成2%～3%的横坡，并在雨前和收工前将铺填的松土碾压密实，另外筑好挡水埂，疏通边沟，做好路基防护。

（3）截水沟、排水沟、边沟、急流槽等排水设施尽量安排在雨季前施工完。

（4）桥涵基础施工，应于坑顶外侧预留一道土埂，防止雨水倒灌，已开挖的基坑应及时施工，并配备排灌用的抽水机，以防止基坑被水浸泡。

（5）雨季施工，要对水泥、炸药仓库等进行重点加固，并做好防潮处理。

（三）农忙季节施工措施

（1）农忙季节农业用电量增大，造成施工用电紧张，故需配备发电机具，备足油料，以备自发电保障施工。

（2）农忙季节部分施工便道的非施工机具流量增大，对施工运输形成干扰，应组织好车辆运输，并在易形成堵塞的位置派专人执勤，并加强对便道的维修养护。

（四）防火灾措施

（1）消除一切可能造成火灾、爆炸事故的根源，严格控制火源，易燃物和助燃物的贮放。

（2）生活区及施工现场配备足够的灭火器材，加强安全防范工作，在施工区设置防火标志，加强平时警戒巡逻。

(3) 生活区及工地重要电器设施周围，要设置接地或避雷装置，防止雷击起火引起火灾。

(4) 对工地及生活区的照明系统要派人随时检查维护养护，防止漏电失火引起火灾。

(五) 防风、防洪度汛措施

(1) 合理安排工序、防止大风和汛期洪水而影响施工。

(2) 修渠筑坝，浆砌防护，合理布局，消除事故隐患。

(3) 配置必需的抢险器材，随时应急处理突发事件。

(4) 健全通信系统，保证各工地与指挥部，与外界之间联络畅通。

(5) 大风来临前要对各种高空施工结构及住地进行全面检查加固。

思 考 题

1. 简述公路工程施工组织设计的编制依据和原则。
2. 简述公路工程施工组织设计的编制程序。
3. 简述公路工程施工组织设计的资料。
4. 拟定公路工程施工方案时，应着重研究哪几方面的问题？
5. 简述实施性施工组织设计的主要内容。
6. 简述公路工程施工进度计划的编制方法。
7. 简述公路工程施工平面图布置的原则和依据。
8. 简述公路工程施工平面图布置的步骤。
9. 简述机械化施工组织设计的任务和内容。

附　录

附表一　　全国雨季施工雨量区及雨季期划分表

省、自治区、直辖市	地区、市、自治州、盟（县）	雨量区	雨季期
内蒙古	哲理木、锡林郭勒盟（多伦、太仆寺、锡林浩特、西乌珠穆沁旗、正兰旗、正镶白旗）、乌兰察布盟（四王子旗、武川线、化德县、察哈尔右翼中旗、察哈尔左翼后旗、兴和、集宁、卓资及以南）、伊克昭盟（准格尔、伊金霍洛、东胜市、搭拉特旗、乌审旗）、呼伦贝尔盟（海拉尔、陈巴尔虎旗、鄂温克旗、满洲里）、呼和浩特、赤峰、包头市（昆都仑区、青山区、东河区、石拐矿区、郊区、土默特右旗、固阳县）	Ⅰ	1
	呼伦贝尔盟（牙克石市、额尔古纳右旗、额伦春、扎兰屯及以东）、兴安盟	Ⅰ	2
山西	全镜	Ⅰ	1.5
河北	张家口、承德地区（围场）	Ⅰ	1.5
	承德（围场以外）、保定、仓州、石家庄、廊坊、邢台、衡水、邯郸地区、唐山、秦皇岛市	Ⅱ	2
北京	全镜	Ⅱ	2
天津	全镜	Ⅱ	2
辽宁	阜新、朝阳市	Ⅰ	2
	大连、鞍山、锦州、营口、辽阳、锦西、盘锦市	Ⅱ	2
	沈阳、抚顺、本溪、铁领市	Ⅱ	2.5
	丹东市	Ⅱ	3
吉林	辽源市、四平市（双辽）、白城地区、延边自治州（延吉、和龙）	Ⅰ	2
	吉林、长春、四平市（双辽除外）、白山市、延边自治州（延吉、和龙除外）、通化市	Ⅱ	2
		Ⅱ	3
黑龙江	全镜（伊春、鹤岗除外）	Ⅰ	2
	伊春、鹤岗市	Ⅱ	2
上海	全镜	Ⅱ	4
江苏	徐州市	Ⅱ	2
	盐城市	Ⅱ	3
	连云港、南京、无锡、常州、淮荫、扬州、镇江、南通、苏州	Ⅱ	4
安徽	淮北、淮南、合肥、宿县、阜阳、巢湖地区	Ⅱ	2
	蚌埠、滁县、六安地区（霍山除外）	Ⅱ	3
	芜湖、安庆、马鞍山市、六安地区（霍山）	Ⅱ	5
	铜陵、池州、黄山市、宜州地区	Ⅱ	6
山东	济南、淄博、潍坊、泰安、齐宁、烟台、文登、莱阳、莱西市、惠民、德州、聊城、菏泽、临沂地区（稆县、沂南、费县及以北）	Ⅱ	2
	青岛、枣庄、日照、威海市、临沂地区（雨季期两个月地区除外）	Ⅱ	3

续表

省、自治区、直辖市	地区、市、自治州、盟（县）	雨量区	雨季期
浙江	盘山市	Ⅱ	4
	嘉兴、湖州市	Ⅱ	4.5
	宁波、绍兴市	Ⅱ	6
	杭州、金华、温州、衢州市、台州、丽水地区	Ⅱ	7
江西	南昌、九江市、吉安地区	Ⅱ	6
	萍乡、景德镇、新余、鹰潭市、上饶、宜春、抚州、赣州地区	Ⅱ	7
福建	厦门市	Ⅱ	5
	福州、宁德、莆田、三明、漳州、泉州市、晋江、龙岩、南平地区	Ⅱ	7
湖南	全境	Ⅱ	6
湖北	十堰、襄樊、郧阳地区、神农架林区	Ⅰ	3
	宜昌（姊归、远安及以北）、荆州地区（京山及以北）	Ⅱ	2
	武汉、黄石、沙市市、孝感、黄岗、咸宁、荆州地区（京山以南）、宜昌（姊归、远安以南）、鄂西自治州	Ⅱ	6
河南	郑州、焦作、鹤壁、新乡、洛阳、三门峡市	Ⅰ	2
	安阳、开封、许昌、平顶山、濮阳、漯河、商丘、周口、驻马店、南阳地区	Ⅱ	2
	信阳地区	Ⅱ	3
广东	全境（梅州、惠州、河源、汕尾、汕头市除外）	Ⅱ	6
	梅州、惠州、河源、汕尾、汕头市	Ⅱ	7
海南	全境	Ⅱ	6
广西	百色、河池、南宁地区	Ⅱ	5
	桂林、玉林、梧州、柳州、钦州地区、北海市	Ⅱ	6
四川	阿坝、甘孜自治州（康定、雅江、理塘、巴塘及以北）	Ⅰ	4
	重庆市（江津除外）、黔江（酉阳、秀山除外）、万县（城口、开县、梁平、忠县除外）、涪陵地区	Ⅰ	5
	成都、攀枝花、自贡、绵阳、内江、重庆（江津）、遂宁、德阳、广元市、凉山、甘孜自治州（康定、雅江、理塘、巴塘及以南）、万县（城口、开县、梁平、忠县）	Ⅱ	4
	达县、南充、宜宾、黔江（酉阳、秀山）、乐山、泸州市	Ⅱ	5
贵州	全境	Ⅱ	5
云南	迪庆自治州	Ⅱ	2
	东川市、昭通、玉溪地区、楚雄、红河自治州（弥勒、个旧、开远、石屏、建水、蒙自、泸西）	Ⅱ	3
	昆明市、丽江、曲靖地区、大理自治州	Ⅱ	4
	保山、临沧、思茅地区、怒江、德宏、文山、红河（绿春、红河、元阳、金平、屏边、河口）、西双版纳自治州	Ⅱ	5

续表

省、自治区、直辖市	地区、市、自治州、盟（县）	雨量区	雨季期
陕西	榆林、延安地区	Ⅰ	1.5
	铜川、西安、宝鸡、咸阳市、渭南地区	Ⅰ	2
	商洛、安康、汉中地区	Ⅰ	3
甘肃	庆阳、平凉、陇南地区（武都、文县除外）、甘南自治州	Ⅰ	2
青海	海东地区（互助、民和）、海北（门源）、果洛（达日、久治、玛多）、玉树自治州（称多、杂多、囊谦、玉树）、河南自治县	Ⅰ	1.5
宁夏	固原地区（六盘山以东、固原及以南）	Ⅰ	1.5
西藏	昌都、山南、那曲、日喀则、林芝地区	Ⅰ	2
	拉萨市	Ⅰ	2.5
台湾	（资料暂缺）		

注　1. 上表中未列的地区除西藏阿里地区因无资料未规划外，其余地区均因降雨天数或平均日降雨量未达到计算雨季施工增加费的标准，故未划雨量区及雨季期。

2. 行政区划依据资料及自治州、市的名称列法同冬季气温区划分说明。

附表二　　**全国冬季施工气温区划分表**

省、自治区、直辖市	地区、市、自治州、盟（县）	气温区	
内蒙古	呼和浩特（托克托）、乌海、包头市（固阳除外）、乌兰察布（清水河、和林格尔、凉城、丰镇、兴河）、巴颜绰尔（乌拉特中、后旗除外）、伊克昭、阿拉善盟（北纬40°以南）	冬三	
	呼和浩特（托克托除外）、赤峰、包头市（固阳）、哲理木、锡林郭勒（镶黄旗、正镶白旗、正蓝旗一带及以南）、乌兰察布（冬三区各地除外）、巴颜绰尔（乌拉特中、后旗）、阿拉善盟（北纬40°以北）	冬四	
	呼伦贝尔（莫力达瓦、阿荣旗、扎兰屯市）、兴安、锡林郭勒（冬四区以外各地）	冬五	
	呼伦贝尔盟（冬五区以外各地）	冬六	
山西	运城地区	冬一	Ⅱ
	阳泉（盂县除外）、长治（黎城）、晋城市（沁水、阳城）、临汾地区（洪洞、临汾、襄汾、翼城、侯马）	冬二	Ⅰ
	太原（娄烦除外）、阳泉（盂县）、长治（黎城除外）、晋城市（沁水、阳城除外）、晋中（寿阳、和顺、左权除外）、吕梁（离石及以北除外）、临汾地区（洪洞、临汾、襄汾、翼城、侯马除外）	冬二	Ⅱ
	吕梁（离石及以北）、忻洲、晋中（寿阳、和顺、左权）、雁北地区（左云、右玉除外）、大同、塑州、太原（娄烦）	冬三	
	雁北地区（左云、右玉）	冬四	

续表

省、自治区、直辖市	地区、市、自治州、盟（县）	气温区	
河北	石家庄、邢台、邯郸、衡水地区（衡水及以北除外）	冬一	Ⅱ
	廊坊、保定（涞源及以北除外）、衡水地区（衡水及以北）	冬二	Ⅰ
	唐山、秦皇岛市	冬三	Ⅱ
	承德（围场除外）、张家口（沽源、张北、尚义、康保除外）、保定（涞源及以北）	冬三	
	承德（围场）、张家口（沽源、张北、尚义、康保）	冬四	
北京	全境	冬二	Ⅰ
天津	全境	冬二	Ⅰ
辽宁	大连市（庄河除外）	冬二	Ⅰ
	沈阳、阜新、本溪（恒仁除外）、鞍山、丹东（宽甸除外）、营口、锦州、辽阳、大连市（庄河）、抚顺（抚顺县）、锦西、朝阳、盘锦市	冬三	
	抚顺（抚顺县除外）、本溪（恒仁）、丹东（宽甸）、铁岭市	冬四	
吉林	长春、四平、通化（挥南除外）、辽源、浑江市（靖宇、抚松除外）、延边自治州（汪清、敦化及以北除外）、白城地区（长岭、通榆）	冬四	
	吉林、通化（挥南）、浑江市（靖宇、抚松）、延边自治州（汪清、敦化及以北）、白城地区（长岭、通榆除外）、榆树市	冬四	
黑龙江	牡丹市（东宁）、绥芬河市	冬四	
	鹤岗、双鸦山、鸡西、齐齐哈尔、哈尔滨、大庆、伊春（嘉荫除外）、牡丹江市（东宁除外）、合江、松花江、黑河（讷河及以北除外）绥化地区	冬五	
	伊春（嘉荫）、大兴安岭、黑河（讷河及以北）	冬六	
上海	全境	准二	
江苏	徐州、连云港市	冬一	Ⅰ
	南京、无锡、常州、淮阴、盐城、扬州、南通、镇江、苏州市	准二	
安徽	淮北市、宿县（宿县及以北）、阜阳地区（亳州）	冬一	Ⅰ
	安庆市、池州地区	准一	
	合肥、蚌埠、马鞍山、铜陵、芜湖、淮南市、巢湖、滁县、六安、阜阳地区（亳州除外）、宿县（宿县以北除外）	准二	
山东	济南、青岛、淄博、枣庄、日照、潍坊、东营、泰安、济宁市、德州（德州及以北除外）、临沂、菏泽、聊城	冬一	Ⅱ
	烟台、威海、德州（德州及以北）、惠民地区（惠民及以北）	冬二	Ⅰ
浙江	杭州、嘉兴、绍兴、宁波、湖州、衢州、舟山、金华市、台州、丽水地区	准一	
江西	南昌、萍乡、景德镇、九江、新余、上饶、抚州、宜春地区	准一	
福建	南平、宁德地区（寿宁、周宁、屏南）	准一	
湖南	全境	准一	

续表

省、自治区、直辖市	地区、市、自治州、盟（县）	气温区	
湖北	武汉、黄石、沙市市、荆门、鄂州市、宜昌、咸宁、黄岗、荆州地区	准一	
	孝感、郧阳地区、十堰、襄樊市、神农架林区	准二	
河南	商丘、周口地区（西华、淮阳、鹿邑及以北）、新乡、三门峡、洛阳、郑州、鹤壁、焦作、濮阳市	冬一	Ⅰ
	安阳市	冬一	Ⅱ
	驻马店、信阳、南阳、周口地区（西华、淮阳、鹿邑及以北除外）、平顶山、漯河、许昌市	准二	
四川	阿坝（北纬32°以南）、甘孜自治州（康定、九龙）	冬一	Ⅱ
	阿坝（北纬32°以南及阿坝、若尔盖除外）、甘孜自治州（康定、九龙、石渠、邓柯、色达除外）	冬二	Ⅱ
	阿坝（阿坝、若尔盖除外）、甘孜自治州（石渠、邓柯、色达）	冬三	
	绵阳市、凉山自治州	准一	
贵州	遵义（赤水除外）、安顺地区、贵阳、六盘水市	准一	
	毕节地区	准二	
云南	迪庆自治州（维西除外）	冬一	Ⅱ
	东川市、丽江、曲靖地区（会泽、宣威）	准一	
	昭通地区、迪庆自治州（维西）	准二	
陕西	西安、宝鸡、渭南、咸阳市（彬县、旬邑、长武除外）、汉中地区（留坝、佛坪）	冬一	Ⅰ
	铜川、咸阳市（彬县、旬邑、长武）	冬一	Ⅱ
	延安（吴旗除外）、榆林地区（清涧）	冬二	Ⅱ
	榆林地区（清涧除外）、延安（吴旗）	冬三	
	商洛、安康、汉中地区（留坝、佛坪除外）	准二	
甘肃	陇南地区（两当、徽县）	冬一	Ⅱ
	兰州、天水、白银市（会宁）、定西、平凉、庆阳、陇南地区（两当、徽县、武都、成县、文县、康县除外）、临夏、甘南自治州（舟曲）	冬二	Ⅱ
	嘉峪关、金昌、白银市（会宁除外）、酒泉、张掖、武威地区、甘南自治州（舟曲除外）	冬三	
	陇南地区（武都、成县、文县、康县、成县）	准二	
宁夏	全境	冬三	
青海	海东地区（民和）	冬二	Ⅱ
	海东地区（民和除外）、海北（海晏）、海南、黄南、海西（都兰、乌兰、天峻及以东和格尔木）、果洛（玛多除外）、玉树自治州（称多、杂多、囊谦、玉树）、西宁市	冬三	
	海北（海晏、托勒除外）、海西（冬三区以外各地）、果洛（玛多）、玉树自治州（冬三区以外各地）	冬四	
	海西（格尔木辖唐古拉山区）、海北自治州（托勒）	冬五	

续表

省、自治区、直辖市	地区、市、自治州、盟（县）	气温区	
新疆	和田、喀什地区（喀什库尔干除外）、克孜勒苏自治州（阿克陶、阿图什）	冬二	Ⅰ
	吐鲁番、阿克苏、哈密地区（哈密、伊吾）、克孜勒苏（阿克陶、阿图什除外）、巴音郭勒、伊犁自治州（直辖行政单位）	冬三	
	克拉玛依、石河子、乌鲁木齐市、塔城、哈密（巴里坤）、喀什地区（喀什库尔干）、昌吉（奇台除外）、博尔塔拉自治州	冬四	
	阿勒泰地区（富蕴、青河除外）、昌吉自治州（奇台）	冬五	
	阿勒泰地区（富蕴、青河）	冬六	
西藏	拉萨市（堆隆德庆、林周、尼木、当雄除外）、昌都（边坝、丁青、洛隆、类乌齐除外）、山南（浪卡子、措美、隆子及以南除外）、日喀则（聂拉木）、林芝地区	冬一	Ⅱ
	拉萨市（堆隆德庆、林周、尼木）、山南（浪卡子、措美、隆子及以南）、昌都（边坝、丁青、洛隆、类乌齐）、日喀则（昂仁、定日、及以西除外）	冬二	Ⅱ
	拉萨市（当雄）、山南（错那）、那曲（巴青、索县、比如、嘉黎、申扎）、日喀则地区（昂仁、定日、及以西、聂拉木除外）	冬三	
	那曲（班戈、那曲、聂荣、安多）、阿里地区	冬四	

注 表中行政区划以1991年地图出版社出版的《中华人民共和国行政区划简册》为准。凡省辖市和地区同名者，该市与地区同属一区不重复列市名。各民族自治州名称亦作简化。

参 考 文 献

[1] 赵仲琪. 建筑施工组织. 北京：冶金工业出版社，1997.

[2] 李宗佳. 公路工程管理（公路与桥梁工程专业用）. 北京：人民交通出版社，1999.

[3] 赵志缙，应惠清. 建筑施工. 上海：同济大学出版社，1997.

[4] 中国建设监理协会. 建设工程进度控制. 北京：中国建筑工业出版社，2003.

[5] 蔡雪峰. 建筑施工组织. 武汉：武汉理工大学出版社，2002.

[6] 严薇. 土木工程项目管理与施工组织设计. 北京：人民交通出版社，1999.

[7] 全国建筑企业项目经理培训教材编写委员会. 施工组织设计与进度管理. 北京：中国建筑工业出版社，2001.

[8] 钱昆润，葛筠圃，张星. 建筑施工组织. 南京：东南大学出版社，2000.

[9] 曹吉鸣，徐伟. 网络计划技术与施工组织设计. 上海：同济大学出版社，2000.

[10] 教育部高等教育司，北京市教育委员会. 高等学校毕业设计（论文）指导手册. 北京：高等教育出版社，1999.

[11] 郭正兴，李金根. 建筑施工. 南京：东南大学出版社，1997.

[12] 中国建筑学会，建筑统筹管理分会. 工程网络计划技术规程教程. 北京：中国建筑工业出版社，2000.

[13] 刑凤歧. 公路工程施工组织与管理. 北京：中国物资出版社，1996.

[14] 交通部第二公路工程局，西安公路交通大学. 公路施工项目管理手册. 北京：人民交通出版社，1999.

[15] 高速公路施工管理与技术编委会. 高速公路施工管理与技术—北京城建集团济青路公路施工实践. 北京：人民交通出版社，1996.

[16] 廖正环. 公路施工与管理. 北京：人民交通出版社，1998.

[17] 马敬坤. 公路施工组织. 北京：人民交通出版社，2002.

[18] 刘武成. 土木工程施工组织学. 北京：中国铁道出版社，2003.

[19] 中华人民共和国建设部. 建设工程项目管理规范（GB/T 50326—2006）. 北京：中国建筑工业出版社，2006.

[20] 路桥集团第一公路工程局. 公路桥涵施工技术规范（JTJ 041—2000）. 北京：人民交通出版社，2000.

[21] 邬晓光. 工程进度控制. 北京：人民交通出版社，2000.

[22] 苏寅申. 桥梁施工及组织管理. 北京：人民交通出版社，1999.

[23] 王洪江，符长青. 公路工程施工组织设计编制手册. 北京：人民交通出版社，2005.

[24] 中国建筑科学研究院. 建筑工程施工质量验收统一标准（GB 50300—2001）. 北京：中国建筑工业出版社，2001.

[25] 邢莉燕，王坚，梁振辉. 工程估价. 北京：中国电力出版社，2004.